中文版
AutoCAD 2020 电气设计 完全自学一本通

高雷娜　编著

电子工业出版社
Publishing House of Electronics Industry
北京·BEIJING

内容简介

本书以 AutoCAD 2020 为平台，从实际操作和应用的角度出发，全面讲述了 AutoCAD 2020 和 AutoCAD Electrical 的基本功能及其在电气工程行业中的应用。

本书包括 15 章，分别对电气工程基础、AutoCAD 2020 的基础操作到实际应用、电气设计做了详细且全面的讲解。读者通过学习本书，可以全面掌握 AutoCAD 2020 的操作技能，以及在实际工程中的应用。本书语言简洁，内容讲解到位，涉及的操作实例具有很强的实用性、操作性和代表性。另外，本书的专业性、层次性和技巧性等特点也比较突出。

本书旨在为机械设计、机电一体化设计等从业者奠定良好的工程设计基础，同时使读者学习相关专业的基础知识。

未经许可，不得以任何方式复制或抄袭本书之部分或全部内容。
版权所有，侵权必究。

图书在版编目（CIP）数据

AutoCAD 2020中文版电气设计完全自学一本通/高雷娜编著．—北京：电子工业出版社，2021.1
ISBN 978-7-121-39876-6

Ⅰ.①A… Ⅱ.①高… Ⅲ.①电气设备－计算机辅助设计－AutoCAD软件 Ⅳ.①TM02-39

中国版本图书馆CIP数据核字（2020）第209960号

责任编辑：田 蕾　　　特约编辑：田学清
印　　刷：北京虎彩文化传播有限公司
装　　订：北京虎彩文化传播有限公司
出版发行：电子工业出版社
　　　　　北京市海淀区万寿路173信箱　　邮编：100036
开　　本：787×1092　1/16　印张：30　字数：768千字
版　　次：2021年1月第1版
印　　次：2023年3月第2次印刷
定　　价：89.00元

凡所购买电子工业出版社图书有缺损问题，请向购买书店调换。若书店售缺，请与本社发行部联系，联系及邮购电话：（010）88254888，88258888。
质量投诉请发邮件至 zlts@phei.com.cn，盗版侵权举报请发邮件至 dbqq@phei.com.cn。
本书咨询联系方式。（010）88254161～88254167转1897。

前言 PREFACE

AutoCAD 是 Autodesk 公司开发的通用计算机辅助绘图和设计软件，被广泛应用于机械、建筑、电子、航天、造船、石油化工、土木工程、冶金、气象、纺织、轻工等领域。在中国，AutoCAD 已成为工程设计领域应用最广泛的计算机辅助设计软件之一。AutoCAD 2020 是适应当今科学技术的快速发展和用户需要而开发的面向 21 世纪的 CAD 软件包。AutoCAD 2020 贯彻了 Autodesk 公司一贯为广大用户考虑的方便性和高效率，为多用户合作提供了便捷的工具、规范和标准，以及方便的管理功能，因此用户可以与设计组密切而高效地共享信息。

本书内容

本书以 AutoCAD 2020 为平台，从实际操作和应用的角度出发，全面讲述了 AutoCAD 2020 和 AutoCAD Electrical 2020 的基本功能及其在电气工程行业中的应用。

本书包括 15 章，分别对电气工程基础、AutoCAD 2020 的基础操作到实际应用，以及 AutoCAD Electrical 2020 的专业电气设计都做了详细、全面的讲解。读者通过学习本书，可以全面掌握 AutoCAD 在电气工程行业中的实际应用。

□ 第 1 章：主要介绍电气工程制图的相关基础知识。

□ 第 2～11 章：主要介绍 AutoCAD 2020 的基本绘图功能，以及 AutoCAD 在电气图形、符号及模型设计中的相关指令与应用等。

□ 第 11～15 章：主要介绍运用 AutoCAD Electrical 2020 进行电气制图的基本功能和实际应用案例。

本书特色

本书从软件的基本应用及行业知识入手，以 AutoCAD 2020 软件模块和电气工程图的应用流程为主线，以实例为引导，按照由浅入深、循序渐进的方式，讲解软件的新特性和软件操作方法，使读者可以快速掌握电气工程绘图技巧。

本书主要包括以下几方面特色。

□ 功能指令全。

□ 穿插海量典型实例。

□ 大量的视频教学，结合书中内容介绍，有助于读者更好地融会贯通。

□ 附送大量有价值的学习资料及练习内容，使读者可以充分利用软件功能进行相关设计。

本书适合即将和已经从事机械、电气、建筑设计的专业技术人员阅读，也可作为快速提高 AutoCAD 绘图技能的作图爱好者的参考用书，还可作为大、中专院校和相关培训机构的教材。

作者信息

本书由成都大学机械工程学院的高雷娜编著。

感谢您选择了本书，希望我们的努力对您的工作和学习有所帮助，也希望您把对本书的意见和建议告诉我们。

读者服务

为了方便解决本书的疑难问题，读者在学习过程中遇到与本书有关的技术问题时，可以发邮件到邮箱 caxart@126.com，或者访问博客 http://blog.sina.com.cn/caxart 并留言，我们会尽快针对相应问题进行解答，并竭诚为您服务。

同时，读者也可以关注"有艺"公众号，通过公众号与我们取得联系。此外，通过关注"有艺"公众号，您还可以获取更多的新书资讯、书单推荐、优惠活动等相关信息。

扫一扫关注"有艺"

资源下载方法：关注"有艺"公众号，在"有艺学堂"的"资源下载"中获取下载链接，如果遇到无法下载的情况，可以通过以下三种方式与我们取得联系。

1. 关注"有艺"公众号，通过"读者反馈"功能提交相关信息；
2. 请发邮件至 art@phei.com.cn，邮件标题命名方式：资源下载 + 书名；
3. 读者服务热线：（010）88254161 ~ 88254167 转 1897。

投稿、团购合作：请发邮件至 art@phei.com.cn。

目录 CONTENTS

第 1 章 电气工程制图基础

- 1.1 电气工程图的种类及特点 ... 2
  - 1.1.1 电气工程的分类 ... 2
  - 1.1.2 电气工程图的种类 ... 2
  - 1.1.3 电气工程图的一般特点 ... 5
  - 1.1.4 绘制电气工程图的规则 ... 7
  - 1.1.5 绘制电气工程图的注意事项 ... 8
- 1.2 电气工程 AutoCAD 制图的规范 ... 10
- 1.3 常见电路图的表达方法 ... 14
- 1.4 电气图形符号的构成和分类 ... 16
  - 1.4.1 电气图形符号的构成 ... 16
  - 1.4.2 电气图形符号的分类 ... 17

第 2 章 AutoCAD 2020 入门

- 2.1 下载 AutoCAD 2020 ... 20
- 2.2 安装 AutoCAD 2020 ... 23
- 2.3 AutoCAD 2020 欢迎界面 ... 26
  - 2.3.1 【了解】页面 ... 27
  - 2.3.2 【创建】页面 ... 30
- 2.4 AutoCAD 2020 工作界面 ... 34
- 2.5 绘图环境的设置 ... 36
  - 2.5.1 选项设置 ... 36
  - 2.5.2 草图设置 ... 47
  - 2.5.3 特性设置 ... 52
  - 2.5.4 图形单位设置 ... 52
  - 2.5.5 绘图图限设置 ... 54
- 2.6 AutoCAD 系统变量与命令 ... 54
  - 2.6.1 系统变量的定义与类型 ... 54
  - 2.6.2 系统变量的查看和设置 ... 55

2.6.3 命令 ··· 56
2.7 入门案例——绘制 T 形图形 ·· 60

第 3 章 快速高效作图

3.1 精确绘制图形 ··· 64
    3.1.1 设置捕捉模式 ··· 64
    3.1.2 栅格显示 ·· 64
    3.1.3 对象捕捉 ·· 65
    3.1.4 对象追踪 ·· 71
    3.1.5 正交模式 ·· 76
    3.1.6 锁定角度 ·· 78
    3.1.7 动态输入 ·· 78
3.2 图形的操作 ·· 82
    3.2.1 更正错误工具 ··· 82
    3.2.2 删除对象工具 ··· 83
    3.2.3 Windows 通用工具 ··· 84
3.3 对象的选择技巧 ·· 85
    3.3.1 常规选择 ·· 85
    3.3.2 快速选择 ·· 86
    3.3.3 过滤选择 ·· 88
3.4 综合案例——绘制基本电路符号 ·· 91

第 4 章 绘制基本曲线

4.1 绘制点对象 ·· 101
    4.1.1 设置点样式 ·· 101
    4.1.2 绘制单点和多点 ·· 102
    4.1.3 绘制定数等分点 ·· 102
    4.1.4 绘制定距等分点 ·· 103
4.2 绘制直线、射线和构造线 ·· 104
    4.2.1 绘制直线 ·· 104
    4.2.2 绘制射线 ·· 105
    4.2.3 绘制构造线 ·· 106
4.3 绘制矩形和正多边形 ·· 106
    4.3.1 绘制矩形 ·· 106
    4.3.2 绘制正多边形 ··· 107

4.4 绘制圆、圆弧、椭圆和圆环 ·· 109
    4.4.1 绘制圆 ·· 109
    4.4.2 绘制圆弧 ··· 111
    4.4.3 绘制椭圆 ··· 117
    4.4.4 绘制圆环 ··· 119
4.5 综合案例——绘制绝缘子 ·· 119

第 5 章 绘制其他曲线

5.1 多线的绘制与编辑 ·· 124
    5.1.1 绘制多线 ··· 124
    5.1.2 编辑多线 ··· 125
    5.1.3 创建与修改多线样式 ·· 130
5.2 多段线的绘制与编辑 ··· 132
    5.2.1 绘制多段线 ·· 132
    5.2.2 编辑多段线 ·· 135
5.3 样条曲线的绘制与编辑 ·· 138
5.4 绘制曲线与参照几何图形命令 ··· 143
    5.4.1 螺旋线 ·· 143
    5.4.2 修订云线 ··· 144
5.5 综合案例 ··· 147
    5.5.1 案例一：将辅助线转化为图形轮廓线 ···································· 147
    5.5.2 案例二：绘制电线杆 ·· 151

第 6 章 填充与渐变绘图

6.1 将图形转换为面域 ·· 161
    6.1.1 创建面域 ··· 161
    6.1.2 对面域进行逻辑运算 ·· 162
    6.1.3 使用 MASSPROP 命令提取面域质量特性 ······························ 165
6.2 填充概述 ··· 165
    6.2.1 定义填充图案的边界 ·· 165
    6.2.2 添加填充图案和实体填充 ·· 166
    6.2.3 选择填充图案 ·· 166
    6.2.4 关联填充图案 ·· 167
6.3 图案填充 ··· 168
    6.3.1 使用图案填充 ·· 168

6.3.2　创建无边界的图案填充 ··· 175
　6.4　渐变色填充 ·· 177
　　　6.4.1　设置渐变色 ·· 177
　　　6.4.2　创建渐变色填充 ·· 179
　6.5　区域覆盖 ·· 180
　6.6　综合案例 ·· 182
　　　6.6.1　案例一：利用面域绘制图形 ·· 182
　　　6.6.2　案例二：为图形填充图案 ··· 184

第 7 章　图形编辑与操作一

　7.1　利用【夹点】命令编辑图形 ·· 188
　　　7.1.1　夹点的定义和设置 ·· 188
　　　7.1.2　利用【夹点】命令拉伸对象 ·· 189
　　　7.1.3　利用【夹点】命令移动对象 ·· 191
　　　7.1.4　利用【夹点】命令旋转对象 ·· 191
　　　7.1.5　利用【夹点】命令比例缩放 ·· 191
　　　7.1.6　利用【夹点】命令镜像对象 ·· 192
　7.2　修改指令 ·· 193
　　　7.2.1　删除对象 ·· 193
　　　7.2.2　移动对象 ·· 193
　　　7.2.3　旋转对象 ·· 194
　7.3　复制指令 ·· 195
　　　7.3.1　复制对象 ·· 196
　　　7.3.2　镜像对象 ·· 197
　　　7.3.3　阵列对象 ·· 199
　　　7.3.4　偏移对象 ·· 202
　7.4　综合案例——绘制电动机供电系统图 ······································ 206

第 8 章　图形编辑与操作二

　8.1　图形修改 ·· 214
　　　8.1.1　缩放对象 ·· 214
　　　8.1.2　拉伸对象 ·· 215
　　　8.1.3　修剪对象 ·· 216
　　　8.1.4　延伸对象 ·· 219
　　　8.1.5　拉长对象 ·· 221

8.1.6　倒角 ··· 223
　　　8.1.7　圆角 ··· 226
　8.2　分解与合并操作 ·· 228
　　　8.2.1　打断对象 ··· 228
　　　8.2.2　合并对象 ··· 229
　　　8.2.3　分解对象 ··· 230
　8.3　编辑对象特性 ·· 230
　　　8.3.1　【特性】选项板 ·· 230
　　　8.3.2　特性匹配 ··· 231
　8.4　综合案例——冷冻泵配电系统及控制原理图 ·· 232

第 9 章　制作电气符号图块

　9.1　块概述 ··· 245
　　　9.1.1　块定义 ··· 245
　　　9.1.2　块的特点 ··· 245
　9.2　创建块 ··· 246
　　　9.2.1　块的创建 ··· 247
　　　9.2.2　插入块 ··· 251
　　　9.2.3　删除块 ··· 252
　　　9.2.4　多重插入块 ·· 253
　9.3　制作基本电气符号图块 ··· 254
　　　9.3.1　绘制导线和连接器件 ·· 254
　　　9.3.2　绘制无源元件符号 ·· 256
　　　9.3.3　绘制半导体管和电子管 ·· 261
　　　9.3.4　绘制电能的发生和转换图形符号 ··· 266
　　　9.3.5　绘制开关、控制和保护装置图形符号 ··· 271

第 10 章　电气图的文字注释

　10.1　文字概述 ·· 277
　10.2　使用文字样式 ·· 277
　　　10.2.1　创建文字样式 ·· 277
　　　10.2.2　修改文字样式 ·· 278
　10.3　单行文字 ·· 279
　　　10.3.1　创建单行文字 ·· 279
　　　10.3.2　编辑单行文字 ·· 280

10.4 多行文字 ……………………………………………………………………………… 282
    10.4.1 创建多行文字 …………………………………………………………… 282
    10.4.2 编辑多行文字 …………………………………………………………… 288
10.5 符号与特殊字符 ……………………………………………………………………… 288
10.6 表格 …………………………………………………………………………………… 289
    10.6.1 新建表格样式 …………………………………………………………… 289
    10.6.2 创建表格 ………………………………………………………………… 292
    10.6.3 修改表格 ………………………………………………………………… 297
    10.6.4 【表格单元】选项卡 ……………………………………………………… 301
10.7 综合案例：绘制小车间电气平面图 ………………………………………………… 305

第 11 章 AutoCAD 电气制图综合案例

11.1 案例一：单片机采样线路图设计 …………………………………………………… 311
11.2 案例二：液位自动控制器电路原理图设计 ………………………………………… 315
    11.2.1 设置绘图环境 …………………………………………………………… 315
    11.2.2 绘制常开按钮开关符号 ………………………………………………… 316
    11.2.3 绘制常闭按钮开关符号 ………………………………………………… 317
    11.2.4 绘制双位开关符号 ……………………………………………………… 318
    11.2.5 绘制电极探头开关符号 ………………………………………………… 319
    11.2.6 绘制信号灯符号 ………………………………………………………… 320
    11.2.7 绘制电源接线端符号 …………………………………………………… 320
    11.2.8 布置和连接元器件 ……………………………………………………… 321
11.3 案例三：三相交流异步电动机控制电气设计 ……………………………………… 324
    11.3.1 供电简图设计 …………………………………………………………… 324
    11.3.2 供电系统图设计 ………………………………………………………… 326
    11.3.3 控制电路图设计 ………………………………………………………… 330
11.4 案例四：建筑电气设计 ……………………………………………………………… 338
    11.4.1 绘制总配电箱电气图 …………………………………………………… 338
    11.4.2 绘制弱电电气图 ………………………………………………………… 340

第 12 章 AutoCAD Electrical 简介

12.1 AutoCAD Electrical 2020 概述 ……………………………………………………… 342
    12.1.1 下载 AutoCAD Electrical 2020 …………………………………………… 342
    12.1.2 AutoCAD Electrical 2020 界面与电气设计工具 ………………………… 343

12.2 项目管理 ········· 344
12.3 元件设计工具 ········· 349
12.3.1 插入原理图元件 ········· 349
12.3.2 插入其他设备元件和符号 ········· 353
12.3.3 插入回路 ········· 357
12.3.4 编辑与操作元件 ········· 362
12.4 导线与线号设计工具 ········· 366
12.4.1 插入导线 ········· 366
12.4.2 插入线号 ········· 371
12.4.3 编辑导线与线号 ········· 374
12.5 面板布置示意图 ········· 375
12.5.1 插入元件示意图 ········· 376
12.5.2 插入端子示意图 ········· 381
12.5.3 编辑示意图 ········· 385
12.6 生成报告 ········· 386
12.6.1 原理图报告 ········· 386
12.6.2 生成面板报告 ········· 390

第13章 电子电路图设计案例

13.1 电路基础知识 ········· 393
13.1.1 电路的分类 ········· 393
13.1.2 模拟电路的特点及类型 ········· 394
13.1.3 数字电路 ········· 394
13.2 案例一：电源欠压过压报警装置模拟电路设计 ········· 395
13.2.1 识读电路原理图 ········· 395
13.2.2 绘制电路图 ········· 395
13.3 案例二：绘制电子仿声驱鼠器电路原理图 ········· 402
13.3.1 识读电路原理图 ········· 403
13.3.2 绘制电路原理图 ········· 403

第14章 电气控制电路设计案例

14.1 控制电气简介 ········· 410
14.1.1 电气原理图 ········· 410
14.1.2 如何看电气控制电路图 ········· 411

14.2 案例一：CA6140 型卧式车床电气设计 ································ 413
    14.2.1 车床主回路设计 ································ 413
    14.2.2 车床控制回路设计 ································ 419
    14.2.3 照明指示回路设计 ································ 423
14.3 案例二：X62W 型铣床电气设计 ································ 425
    14.3.1 主回路设计 ································ 425
    14.3.2 控制回路设计 ································ 432
    14.3.3 照明指示回路设计 ································ 435

第 15 章 电气图纸的打印与输出

15.1 添加和配置打印设备 ································ 439
15.2 布局的使用 ································ 444
    15.2.1 模型空间与布局空间 ································ 444
    15.2.2 创建布局 ································ 446
15.3 图形的输出设置 ································ 449
    15.3.1 页面设置 ································ 450
    15.3.2 打印设置 ································ 452
15.4 输出图形 ································ 453
    15.4.1 从模型空间输出图形 ································ 453
    15.4.2 从布局空间输出图形 ································ 455

附录 A AutoCAD 2020 功能组合键

附录 B AutoCAD 2020 系统变量大全

第1章
电气工程制图基础

本章内容

电气工程图主要用来描述电气设备或系统的工作原理,其应用非常广泛,几乎遍布于工业生产和日常生活的各个环节。国家颁布的工程制图标准对电气工程图的制图规则具有详细的规定,本章主要介绍电气工程图的基本概念、种类、绘制规则及注意事项等。

知识要点

- ☑ 电气工程图的种类与特点
- ☑ 电气工程 AutoCAD 制图的规范
- ☑ 常见电路图的表达方法
- ☑ 电气图形符号的构成和分类

1.1 电气工程图的种类及特点

电气工程图既可以根据功能和使用场合分为不同的类别,也具有某些共同的特点,这些都有别于建筑工程图、机械工程图。

1.1.1 电气工程的分类

电气工程包含的范围很广,如电力、电子、建筑电气、工业控制等。电气工程图主要用来表现电气工程的构成和功能,描述各种电气设备的工作原理,提供安装、接线和维护的依据。从这个角度来说,电气工程主要分为以下几类。

1. 电力工程

电力工程又分为发电工程、变电工程和输电工程,具体如下。

- 发电工程:根据不同的电源性质,发电工程主要分为火电、水电和核电这 3 类。发电工程中的电气工程指的是发电厂电气设备的布置、接线、控制及其他附属项目。
- 变电工程:升压变电站将发电站发出的电能进行升压,以减少远距离输电的电能损失;降压变电站将电网中的高电压降为各级用户能使用的低电压。
- 输电工程:用于连接发电厂、变电站和各级电力用户的输电线路,包括内线工程和外线工程。内线工程指的是室内动力、照明电气线路及其他线路;外线工程指的是室外电源供电线路,包括架空电力线路、电缆电力线路等。

2. 电子工程

电子工程主要是指应用于家用电器、广播通信、电话、闭路电视、计算机等众多领域的弱电信号线路和设备。

3. 建筑电气工程

建筑电气工程主要应用于工业和民用建筑领域的动力照明、电气设备、防雷接地等,包括各种动力设备、照明灯具、电器,以及各种电气装置的保护接地、工作接地、防静电接地等。

4. 工业控制电气

工业控制电气主要应用于机械、车辆及其他控制领域的电气设备,包括机床电气、工厂电气、汽车电气和其他控制电气。

1.1.2 电气工程图的种类

电气工程图用来阐述电气工程的构成和功能,描述电气装置的工作原理,提供安装和维护使用的信息。如果电气工程的规模不同,那么该项工程的电气图的种类和数量也不同。

一般而言,一项电气工程的电气图(通常装订成册)由以下几部分组成。

1. 目录和前言

目录是对某项电气工程的所有图纸按照一定的次序进行排序，好比书的目录，便于资料系统化和检索图样，方便查阅，由序号、图样名称、编号、张数等构成。

前言一般包括设计说明、图例、设备材料明细表、工程经费概算等。

设计说明的主要目的在于阐述电气工程设计的依据、基本指导思想与原则，对图样中未能清楚表明的工程特点、安装方法、工艺要求、特殊设备的安装使用说明及有关的注意事项等进行补充说明。图例就是图形符号，一般在前言中只列出本套图样涉及的一些特殊图例。设备材料明细表列出该项电气工程所需的主要电气设备和材料的名称、型号、规格与数量，可供经费预算和购置设备或材料时参考。工程经费概算用于大致统计出电气工程所需的费用，可以作为工程经费预算和决算的重要依据。

2. 电气系统图

电气系统图用于表示整个工程或该工程某个项目的供电方式和电能输送的关系，也可以表示某个装置各主要组成部分的关系。例如，电动机的供电关系可以采用如图1-1所示的电气系统图。该电气系统由电源L1、L2、L3，以及熔断器FU、交流接触器KM、热继电器KR、电动机M构成，并通过连线表示如何连接这些元件。

3. 电路图

电路图是用图形符号绘制，并按工作顺序排列，详细表示电路、设备或成套装置的全部基本组成部分的连接关系，侧重表达电气工程的逻辑关系，而不考虑其实际位置的一种简图。

电路图主要表示系统或装置的电气工作原理，所以又称为电气原理图。

电路图的用途十分广泛，可以用于详细地理解电路、设备或成套装置及其组成部分的作用与原理，分析和计算电路特性，为测试和寻找故障提供信息，并作为编制接线图的依据，简单的电路图还可以直接用于接线。例如，为了描述电动机的控制原理，要使用如图1-2所示的电路原理图清楚地表示其工作原理。按钮S1用于启动电动机，按下它可让交流接触器KM的电磁线圈通电，闭合交流接触器KM的主触头，使电动机运转；按钮S2用于使电动机停止运转，按下它电动机就停止运转。

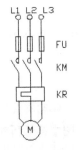
图1-1　电动机电气系统图

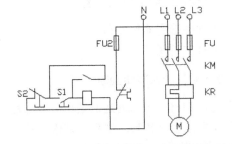
图1-2　电动机控制电路原理图

4. 接线图

接线图是用符号表示电气装置内部各元件之间及其与外部其他装置之间的连接关系的一种

简图，便于安装接线及维护，包括单元接线图、互连接线圈端子接线图、电线电缆配置图等类型。图1-3所示的接线图清楚地表示了各元件之间的实际位置和连接关系，图中的电源（L1、L2、L3）由型号为BX-3×6的导线按顺序接至端子排X、熔断器FU、交流接触器KM的主触头，再经热继电器KR的热元件，接至电动机M的接线端子U、V、W。图1-3所示的接线图与实际电路是完全对应的。

5. 电气平面图

电气平面图主要表示电气工程中电气设备、装置和线路的平面布置，一般是在建筑平面图的基础上绘制出来的。根据用途不同，电气平面图可分为线路平面图、变电所平面图、动力平面图、照明平面图、弱电系统平面图、防雷与接地平面图等。图1-4所示为某车间的电气工程平面图。

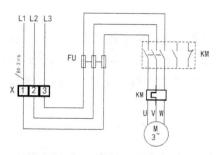

图1-3 电动机主回路接线图

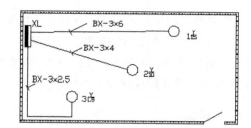

图1-4 某车间的电气工程平面图

6. 设备布置图

设备布置图主要表示各种电气设备和装置的布置形式、安装方式及相互位置之间的尺寸关系，通常由平面图、立面图、断面图、剖面图等组成。

7. 大样图

大样图主要表示电气工程某一部件的结构，用于指导加工与安装，其中一部分大样图为国家标准图。

8. 产品使用说明书用电气图

电气工程中选用的设备和装置，其生产厂家往往随产品使用说明书附上电气图，这种电气图也属于电气工程图。

9. 设备元件和材料明细表

设备元件和材料明细表是把某项电气工程中所需主要设备、元件、材料和有关的数据列成表格，表示其名称、符号、型号、规格、数量。这种表格主要用于说明图中符号所对应的元件名称和有关数据，应与图联系起来阅读。

10. 其他电气图

在电气工程图中，电气系统图、电路图、接线图、平面图是主要的电气工程图。但在一些比较复杂的电气工程中，为了补充和详细说明某一局部工程，还需要使用一些特殊的电气图，如功能图、逻辑图、印制板电路板图、曲线图、表格等。

1.1.3 电气工程图的一般特点

1. 图形符号、文字符号和项目代号是电气图的基本要素

图形符号、文字符号和项目代号是电气图的基本要素，一些技术数据也是电气图的主要内容。电气系统、设备或装置通常由许多部件、组件、功能单元等组成，可以将这些部件、组件或功能单元称为项目。项目一般用简单的符号表示，这些符号就是图形符号，每个图形符号通常都有相应的文字符号。在同一张图中，为了区分相同的设备，需要对设备进行编号，设备编号和文字符号共同构成项目代号。

在一张图中，一类设备只用一种图形符号，如各种熔断器都用同一个符号表示。为了区分同一类设备中不同元件的名称、功能、状态、特征及安装位置，还必须在符号旁边标注文字符号。例如，不同功能、不同规格的熔断器分别标注为 FU1、FU2、FU3、FU4。为了更具体地区分，除了标注文字符号、项目代号，有时还要标注一些技术数据，如熔断器的有关技术数据（RL-15/15A）等。

> **提示：**
> 一般用一种图形符号描述和区分这些项目的名称、功能、状态、特征、相互关系、安装位置、电气连接等，不必画出它们的外形结构。

2. 简图是电气工程图的主要表现形式

简图是采用标准的图形符号和带注释的框或简化外形表示系统或设备中各组成部分之间相互关系的一种图。电气工程图绝大多数都采用简图这种形式。

简图并不是指内容"简单"，而是指形式的"简化"，它是相对于严格按几何尺寸、绝对位置等绘制的机械图而言的。电气工程图中的系统图、电路图、接线图、平面图等都是简图。

3. 元件和连接线是电气图描述的主要内容

一种电气装置主要由电气元件和电气连接线构成，因此，无论是说明电气工作原理的电路图、表示供电关系的系统图，还是表明安装位置和接线关系的平面图与接线图等，都可以用电气元件和连接线作为描述的主要内容。也正是因为对电气元件和连接线有多种不同的描述方法，所以形成了电气图的多样性。

连接线在电路图中通常有多线表示法、单线表示法和混合表示法。每根连接线或导线各用一条图线表示的方法称为多线表示法；两根或两根以上的连接线只用一条图线表示的方法称为单线表示法；在同一张图中，同时使用单线和多线的方法称为混合表示法。

4. 电气元件在电路图中的 3 种表示方法

电气元件的表示方法包括集中表示法、半集中表示法、分开表示法。集中表示法把一个元件的各组成部分的图形符号绘制在一起,如可以把交流接触器的主触头和辅助触头、热继电器的热元件和触点集中绘制在一起。分开表示法把一个元件的各组成部分分开布置,将同一个交流接触器的驱动线圈、主触头、辅助触头,以及热继电器的热元件和触点分别画在不同的电路中,用同一个符号 KM 或 KR 将各部分联系起来。

半集中表示法是介于集中表示法和分开表示法之间的一种表示方法。其特点是,在图中把一个项目的某些部分的图形符号分开布置,并用机械连接线表示出项目中各部分的关系。其目的是得到清晰的电路布局。其中,机械连接线可以是直线,也可以折弯、分支或交叉。

5. 表示连接线去向的 2 种方法

在接线图和某些电路图中,通常要求表示连接线的两端各引向何处,表示连接线去向一般有连续线表示法和中断线表示法。

表示接线端子(或连接点)之间导线的线条是连续的方法,称为连续线表示法;表示接线端子或连接点之间导线的线条中断的方法,称为中断线表示法。

6. 电气工程图基本的布局方法

功能布局法和位置布局法是电气工程图基本的布局方法。功能布局法是指绘图时只考虑元件之间功能关系而不考虑实际位置的一种布局方法,电气工程图中的系统图、电路原理图都采用这种布局方法。位置布局法是指电气图中元件符号的布置对应于该元件实际位置的布局方法,电气工程图中的接线图、设备布置图及平面图通常采用这种布局方法。

7. 电气图的多样性

在某个电气系统或电气装置中,从不同角度、不同侧面来看,各种元件、设备、装置之间存在不同的关系,可以构成如下 4 种物理流。

- 能量流——电能的流向和传递。
- 信息流——信号的流向、传递和反馈。
- 逻辑流——表征相互之间的逻辑关系。
- 功能流——表征相互之间的功能关系。

物理流有的是实有的或有形的,如能量流、信息流;有的则是抽象的,表示的是某种概念,如逻辑流、功能流。

在电气技术领域中,往往需要从不同的目的出发,对上述 4 种物理流进行研究和描述,电气图作为描述这些物理流的工具,当然也需要采用不同的形式。这些不同的形式,从本质上揭示了各种电气图内在的特征和规律。实际上,电气图分为若干种类,构成了电气图的多样性。

例如,描述能量流和信息流的电气工程图包括系统图、框图、电路图、接线图等,描述逻辑流的电气工程图包括逻辑图等,描述功能流的电气工程图包括功能表图、程序图、电气系统说明书用图等。

1.1.4 绘制电气工程图的规则

1. 绘制电气原理图的规则

绘制电气原理图时通常应遵循以下规则。

（1）采用国家规定的统一文字符号标准来绘制，这些标准包括《电气简图用图形符号》（GB/T 4728）、《电气技术用文件的编制　第1部分：规则》（GB/T 6988.1—2008）、《技术产品及技术产品文件结构原则　字母代码　按项目用途和任务划分的主类和子类》（GB/T 20939—2007）。

（2）同一电气元件的各个部件可以不绘制在一起。

（3）触点按没有外力或没有通电时的原始状态绘制。

（4）按动作顺序依次排列。

（5）必须给出导线的线号。

（6）注意导线的颜色。

（7）横边从左到右用阿拉伯数字分别编号。

（8）竖边从上到下用英文字母区分。

（9）分区代号用该区域的字母和数字来表示，如D1、D3等。

2. 绘制电路图的规则

绘制电路图时应遵循以下规则。

（1）绘制电路图时应遵循《电气工程CAD制图规则》（GB/T 18135—2008）的有关规定。电路图用线型主要有4种。

（2）绘制图形符号时应遵循《电气简图用图形符号　第1部分：一般要求》（GB/T 4728.1—2018)的有关规定。在图形符号的上方或左方，应标出代表元件的文字符号或位号，按《工业系统、装置与设备以及工业产品结构原则与参照代号　第1部分：基本规则》（GB/T 5094.1—2018）的规定绘制。简单的电气原理图可以直接注明元件数据，一般需要另行编制元件目录表。

（3）当几个元件接到一根公共零位线上时，各元件的中心应平齐。

（4）电路图中信号流的主要流向应是从左至右，或者从上至下。当单一信号流方向不明确时，应在连接线上绘制箭头符号。

（5）表示导线或连接线的图线都应是交叉和弯折最少的直线。图线可水平布置，各类似项目应纵向对齐；图线也可垂直布置，此时各类似项目应横向对齐。

图1-5所示为典型的电气原理图。

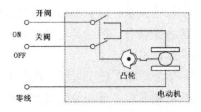

图1-5　典型的电气原理图

3. 元件放置规则

在绘制元件布置图时需要注意以下几个方面。

（1）重量大和体积大的元件应安装在安装板的下部；发热元件应安装在安装板的上部，以利于散热。

（2）强电和弱电要分开，同时应注意弱电的屏蔽问题和强电的干扰问题。

（3）考虑维护和维修的方便性。

（4）考虑制造和安装的工艺性、外形的美观、结构的整齐、操作人员的方便性等。

（5）考虑布线整齐性和元件之间的走线空间等。

图 1-6 所示为电子元件在电路图中的分布。

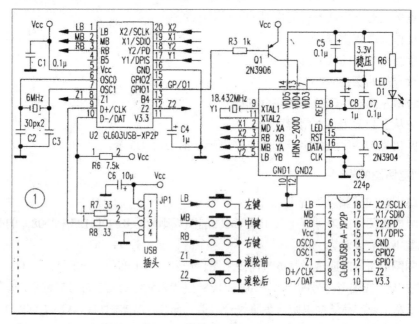

图 1-6　电子元件在电路图中的分布

1.1.5　绘制电气工程图的注意事项

1. 绘制电气简图

简图是由图形符号、带注释的框（或简化的外形）和连接线等组成的，用来表示系统、设备中各组成部分之间的相互关系和连接关系。简图不具体反映元件、部件及整件的实际结构和位置，而是从逻辑角度反映它们的内在联系。简图是电气产品极其重要的技术文件，在设计、生产、使用和维修的各个阶段被广泛使用。

简图应布局合理、排列均匀、画面清晰、便于看图。图的引入线和引出线绘制在图纸边框附近。表示导线、信号线和连接线的图线应尽量减少交叉和弯折。电路或元件应按功能布置，并尽量按工作顺序从上到下、从左到右排列。

简图中采用的图形符号应遵循《电气简图用图形符号》(GB/T 4728)的规定,选取图形符号时需要注意以下几点。
- 图形符号应按国家标准列出的符号形状和尺寸绘制,其含义仅与其形式有关,与大小、图线的宽度无关。
- 在同一张简图中只能选用一种图形形式。有些符号具有多种图形形式,"优选形"和"简化形"应优先被采用。
- 未给出的图形符号,应根据元器件、设备的功能,选取《电气简图用图形符号》(GB/T 4728)给定的符号要素、一般符号和限定符号,按其中规定的组合原则派生出来。
- 图形符号的方位一般选取标准中示例的方向。为了避免折弯或交叉,在不改变符号含义的前提下,符号的方位可以根据布置的需要进行旋转或镜像放置,但文字和指示方向应保持不变。

图形符号一般绘制了引线,在不改变其符号含义的前提下,引线可以选取不同的方向。但当引线取向改变时,符号含义就可能会改变,因此必须按规定方向绘制。例如,电阻器的引线方向改变后,就表示继电器线圈。

2. 绘制电气原理图

电气原理图是表达电路工作的图纸,所以应该按照国家标准进行绘制。图纸的尺寸必须符合标准。图中需要用图形符号和文字符号绘制出全系统所有的电器元件,而不必绘制元件的外形和结构;同时,也不考虑电器元件的实际位置,而是依据电气绘图标准,依照展开图画法表示元器件之间的连接关系。

在电气原理图中,一般将电路分为主电路和辅助电路两部分。主电路是控制电路中的强电流通过的部分,由电机等负载和其相连的电器元件(如刀开关、熔断器、热继电器的热元件和接触器的主触点等)组成。辅助电路中流过的电流较小,一般包括控制电路、信号电路、照明电路和保护电路等,一般由控制按钮、接触器和继电器的线圈及辅助触点等电器元件组成。

绘制电气原理图应遵循以下规则。
- 所有的元件都按照国家标准的图形符号和文字符号表示。
- 主电路用粗实线绘制在图纸的左部或上部,辅助电路用细实线绘制在图纸的右部或下部。电路或元件按照其功能布置,并且尽可能按照动作顺序、因果次序排列,布局遵循从左到右、从上到下的顺序排列。
- 同一个元件的不同部分,如接触器的线圈和触点,可以绘制在不同的位置,但必须使用同一文字符号表示。对于多个同类电器,可采用文字符号加序号表示,如K1、K2等。
- 所有电器的可动部分(如接触器触点和控制按钮)均在没有通电或无外力的状态下绘制。
- 尽量减少或避免线条交叉,元件的图形符号可以按照旋转90°、180°或45°绘制,各导线相连接时用实心圆点表示。
- 绘制要层次分明,各元件及其触点的安排要合理。在完成功能和性能的前提下,应尽量少用元件,以减少耗能。同时,要保证电路运行的可靠性、施工和维修的方便性。

3．绘制系统图和框图

系统图是用线框、连线和字符构成的一种简图，用来概略表示系统或分系统的基本组成、功能及其主要特征。框图是对详细简图的概括，在技术交流及产品的调试、使用和维修时可以提供参考资料。

从原则上看，系统图与框图没有区别，但在实际应用中，系统图通常用于系统或成套装置，框图用于分系统或设备。

绘制框图除应遵循简图的一般原则外，还需要注意以下几点。

1）线框

在框图、系统图中，设备或系统的基本组成部分是用图形符号或带注释的线框组成的，常以方框为主，框内的注释可以采用文字符号、文字及其混合形式。

2）布局及流向

框图的布局要求清晰、匀称、一目了然。绘图时应根据所绘对象各组成部分的作用及相互联系的先后顺序，自左向右排成一行或数行，也可以自上而下排成一列或数列。起主干作用的部分位于框图的中心位置，而起辅助作用的部分则位于主干部分的两侧。框与框之间用实线连接，必要时应在连接线上用开口箭头表示过程或信息的流向。

3）其他注释

可根据需要在框图中加注各种形式的注释和说明，如标注信号名称、电平、频率、波形和去向等。

4．绘制接线图

电气接线图主要用于安装接线和线路维护，通常与电气原理图、电器元件布置图一起使用。电气接线图需要标明各个项目的相对位置和代号、端子号、导线号与类型及截面面积等内容，图中的各个项目包括元器件、部件、组件和配套设备等，均采用简化图表示，但在其旁边需要标注代号（和原理图中一致）。

绘制电气接线图需要注意以下几点。

- 各元件的位置和实际位置应一致，并按照比例进行绘制。
- 同一元件的所有部件需要绘制在一起（如接触器的线圈和触点），并且用点画线图框框在一起，当多个元件框在一起时，表示这些元件在同一个面板中。
- 各元件代号及接线端子序号等必须与原理图一致。
- 安装板引出线使用接线端子板。
- 走向相同的相邻导线可以绘制成一股线。

1.2 电气工程 AutoCAD 制图的规范

电气工程设计部门设计、绘制图样，施工单位按照图样组织工程施工，所以图样必须有设计和施工等部门共同遵守的一定的格式与一些基本规定、要求，包括建筑电气工程图自身的规定和机械制图、建筑制图等方面的有关规定。

本节根据《电气工程 CAD 制图规则》(GB/T 18135—2008) 中常用的有关规定,介绍电气工程制图的规范。

1. 图纸的格式与幅面尺寸

1) 图纸的格式

图幅是指图纸幅面的大小,绘制的所有图形都必须在图纸幅面以内。《电气工程 CAD 制图规则》(GB/T 18135—2008) 包含了电气工程制图图纸幅面及格式的相关规定,绘制电气工程图纸时必须遵循此标准。

一张图纸的完整图面是由边框线、图框线、标题栏、会签栏组成的,其格式如图 1-7 所示。

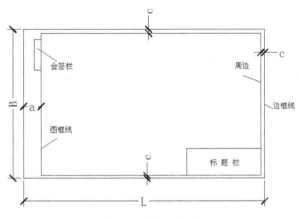

图 1-7 图纸的格式

2) 幅面尺寸

图纸的幅面就是由边框线所围成的图面,幅面尺寸共分为 5 等:A0～A4。基本幅面尺寸如表 1-1 所示。

表 1-1 基本幅面尺寸 　　　　　　　　　　　　单位:mm

幅面代号	A0	A1	A2	A3	A4
宽×长($B \times L$)	841×1189	594×841	420×594	297×420	297×420
变宽(C)	10			5	
装订侧边宽	25				

3) 标题栏

标题栏是用来确定图样的名称、图号、张次、更改和有关人员签署等内容的栏目,位于图样的下方或右下方。图中的说明、符号均应以标题栏的文字方向为准。

目前,我国尚没有统一规定标题栏的格式,各设计部门标题栏的格式不一定相同。通常采用的标题栏格式应有以下内容:设计单位名称、工程名称、项目名称、图名和图号等,如图 1-8 所示是一种标题栏格式,可供读者借鉴。

设计单位名称			工程名称	设计号
总工程师	主要设计人			图号
设计总工程师	技核		项目名称	
专业工程师	制图			
组长	描图		图名	
日期	比例			

图 1-8　标题栏格式

2. 图幅分区

如果电气图中的内容很多，尤其是一些幅面大、内容复杂的图，需要分区，以便在读图或更改图的过程中迅速找到相应的部分。

图幅分区的方法是等分图纸相互垂直的两条边。分区的数目依据图的复杂程度而定，但要求每条边必须为偶数，每个分区的长度一般不小于 25mm，并且不大于 75mm。关于分区代号，竖向方向用大写拉丁字母从上到下编号，横向方向用阿拉伯数字从左到右编号，如图 1-9 所示。分区代号用字母和数字表示，字母在前，数字在后，如 B2、C3 等。

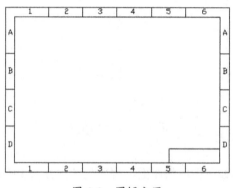

图 1-9　图幅分区

3. 图线

图线是绘制电气图所用的各种线条的统称，常用的图线如表 1-2 所示。

表 1-2　常用的图线

图线名称	图线形式	图线应用	图线名称	图线形式	图线应用
粗实线	——	电气线路、一次线路	点画线	— · — · —	控制线、信号线、围框线
细实线	——	二次线路、一般线路	点画线、双点画线	— ·· — ·· —	辅助围框线
虚线	- - - - -	屏蔽线、机械连线	双点画线	— ·· — ·· —	辅助围框线、36V 以下线路

4. 字体

电气图中的字体必须符合标准，一般汉字常用仿宋体、宋体，字母和数字用罗马字体且为正体。字体的大小一般为 2.5～4.0mm，也可以根据不同的场合使用更大的字体，根据文字所代表的内容不同应用不同大小的字体。一般来说，电气元器件触点号最小，线号次之，元器件名称号最大，需要根据实际情况进行调整。

5. 比例

比例方面，由于图幅有限，而实际的设备尺寸大小不同，因此需要按照不同的比例绘制才能安置在图中。图形与实际物体线性尺寸的比值称为比例。大部分电气工程图是不按比例绘制的，某些位置图则按比例绘制或部分按比例绘制。

电气工程图采用的比例一般为1：10、1：20、1：50、1：100、1：200、1：500。例如，图样比例为1：100，图样上某段线路为15cm，则实际长度为15cm×100=1500cm。

6. 方位

与建筑工程图类似，电气工程图也有方位、安装标高、定位轴线问题。一般来说，电气平面图按上北下南、左西右东来表示建筑物和设备的位置与朝向。但外电总平面图中用方位标记（指北针方向）来表示朝向，这是因为外电总平面图表现的图形不能总是刚好符合某规格的图样幅面，需要旋转一定的角度才行。

7. 安装标高

在电气平面图中，电气设备和线路的安装高度是用标高来表示的，这与建筑工程图类似。

标高有绝对标高和相对标高两种表示方法。绝对标高是我国的一种高度表示方法，又称为海拔高度。相对标高是选定某一参考面为零点而确定的高度尺寸。建筑工程图中采用的相对标高，一般是选定建筑物室外地平面为±0.00m，然后根据这个高度标注出相对高度。

在电气平面图中，也可以选择每层地平面或楼面为参考面，电气设备和线路安装、敷设位置高度以该层地平面为基准，一般称为敷设标高。

8. 定位轴线

电力、照明和电信平面布置图通常是在各建筑物平面图上完成的。由于在建筑平面图中，建筑物都标有定位轴线，因此电气平面布置图也带有轴线。定位轴线编号的原则如下：在水平方向采用阿拉伯数字，由左向右注写；在垂直方向采用拉丁字母（其中I、O、Z不用），由下向上注写，数字和字母分别用点画线引出。定位轴线可以帮助人们了解电气设备和其他设备的具体安装位置，使用定位轴线很容易找到设备的位置，对修改、设计变更图样非常有利。

9. 详图

电气设备中某些零部件、连接点等的结构、做法、安装工艺要求，有时需要单独放大，详细表示，这种图称为详图。

电气设备的某些部分的详图可以画在同一张图样上，也可以不画在同一张图样上。为了将它们联系起来，需要使用一个统一的标记。标注在总图某位置上的标记称为详图索引标志；标注在详图位置上的标记称为详图标志。

1.3 常见电路图的表达方法

在绘制电子工程设计图时，经常会用到同一元器件的不同表示方法，下面介绍电子工程制图中经常用到的一些表示方法。

1. 电路电源表示法

可以用图形符号表示电源，如图 1-10 所示；也可以用线条表示电源，如图 1-11 所示；还可以用电压值表示电源，如图 1-12 所示。

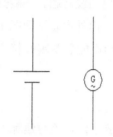

图 1-10　符号电源

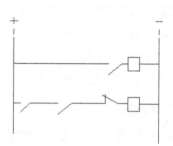

图 1-11　线条电源

用符号表示电源。用单线表达时，直流符号为"-"，交流符号为"～"；用多线表达时，直流正极、负极分别用符号"+"和"-"表示，三相交流相序符号用 L1、L2 和 L3 表示，中性线符号用 N 表示，如图 1-13 所示。

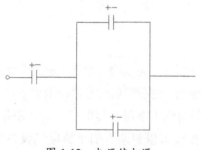

图 1-12　电压值电源

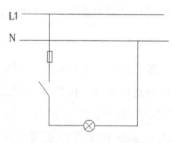

图 1-13　电灯电路

2. 导线连接形式表示法

导线连接有 T 形连接和十字形连接两种形式。T 形连接可加实心圆点，也可不加实心圆点，如图 1-14 所示。

十字形连接表示两根导线相交时必须加实心圆点；表示交叉而不连接的两根导线，在交叉处不加实心圆点，如图 1-14 所示。

元器件和设备的可动部分通常应设置在非激活或不工作的状态或位置，其具体位置的设置如下。

- 开关：在断开位置。带零位的手动控制开关在零位位置，不带零位的手动控制开关在图中规定位置。

- 继电器、接触器和电磁铁等：在非激活位置。
- 机械操作开关：如行程开关在非工作的状态和位置，即没有机械力作用的位置。

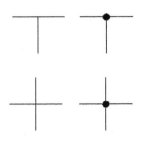

图 1-14　导线连接形式

多重开关器件的各组成部分必须表示在相互一致的位置上，而不管电路的实际工作状态如何。

3．简化电路表示法

电路的简化可分为并联电路的简化及相同电路的简化。

1）并联电路的简化

多个相同的支路并联时，可用标有公共连接符号的一个支路来表示，公共连接符号如图 1-15 所示。

符号的折弯方向与支路的连接情况应相符。因为简化而未绘制出来的各项目的代号，应在对应的图形符号旁全部标注出来，公共连接符号旁加注并联支路的总数，如图 1-16 所示。

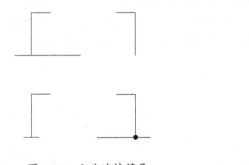

图 1-15　公共连接符号

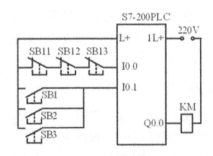

图 1-16　简化电路（一）

2）相同电路的简化

对于重复出现的电路，只需要详细地绘制出其中的一个，并加画围框表示范围即可。相同的电路应绘制出空白的围框，并在框内注明必要的文字注释，如图 1-17 所示。

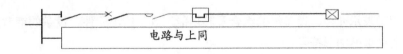

图 1-17　简化电路（二）

1.4 电气图形符号的构成和分类

在按简图形式绘制的电气工程图中，元件、设备、装置、线路及其安装方法等都是借用图形符号、文字符号和项目代号来表达的。分析电气工程图，首先要明了这些符号的形式、内容、含义，以及它们之间的相互关系。

1.4.1 电气图形符号的构成

电气图形符号包括一般符号、符号要素、限定符号和方框符号。

1．一般符号

一般符号是用来表示一类产品或此类产品特征的简单符号，如电阻、电容、电感等，如图 1-18 所示。

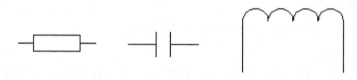

图 1-18　电阻、电容、电感符号

2．符号要素

符号要素是一种具有确定意义的简单图形，必须同其他图形组合构成一个设备或概念的完整符号。例如，真空二极管由外壳、阴极、阳极和灯丝这 4 个符号要素组成。符号要素一般不能单独使用，只有按照一定的方式组合起来才能构成完整的符号。符号要素的不同组合可以构成不同的符号。

3．限定符号

一种用于提供附加信息的加在其他符号上的符号，称为限定符号。限定符号一般不代表独立的设备、器件和元件，仅用来说明某些特征、功能和作用等。限定符号一般不单独使用，当一般符号加上不同的限定符号时，可以得到不同的专用符号。例如，在开关的一般符号上加不同的限定符号可分别得到隔离开关、断路器、接触器、按钮开关、转换开关的符号。

限定符号通常不能单独使用，但一般符号有时也可用作限定符号，如电容器的一般符号加到传声器符号上，即可构成电容式传声器的符号。

4．方框符号

方框符号用于表示元件、设备等的组合及其功能，既不给出元件、设备的细节，又不考虑所有连接的一种简单的图形符号。

方框符号在系统图和框图中使用最多。另外，电路图中的外购件、不可修理件也可以用方框符号表示。

1.4.2 电气图形符号的分类

《电气简图用图形符号 第1部分：一般要求》的国家标准代号为 GB/T 4728.1—2018，其对各种电气符号的绘制做了详细的规定。

采用国际电工委员会（International Electrotechnical Commission，IEC）标准，在国际上具有通用性，有利于对外技术交流。《电气简图用图形符号》（GB/T 4728）分为13个部分。

1．一般要求

本部分内容包括范围、规范性引用文件、概述和一般说明。

2．符号要素、限定符号和其他常用符号

本部分内容包括轮廓和外壳、电流和电压的种类、可变性、力或运动的方向、流动方向、材料的类型、效应或相关性、辐射、信号波形、机械控制、操作件和操作方法、非电量控制、接地、接机壳和等电位、理想电路元件等。

3．导体和连接件

本部分内容包括电线、屏蔽或绞合导线、同轴电缆、端子与导线连接、插头和插座、电缆密封终端头等。

4．基本无源元件

本部分内容包括电阻器、电容器、电感器、铁氧体磁芯、磁存储器矩阵、压电晶体等。

5．半导体管和电子管

例如，二极管、三极管、晶闸管、电子管、辐射探测器件等。

6．电能的发生与转换

本部分内容包括绕组、发电机、变压器、变流器等。

7．开关、控制和保护器件

本部分内容包括触点、开关装置、控制装置、启动器、继电器、接触器、熔断器、避雷器等。

8．测量仪表、灯和信号器件

本部分内容包括指示仪表、记录仪表、热电偶、遥测装置、传感器、灯、电铃、蜂鸣器、喇叭等。

9．电信：交换和外围设备

本部分内容包括交换系统、选择器、电话机、电报和数据处理设备、传真机、换能器、记录和播放机等。

10．电信：传输

本部分内容包括通信电路、天线、波导管器件、信号发生器、激光器、调制器、解调器、光纤传输线路等。

11．建筑安装平面布置图

本部分内容包括发电站、变电所、音响和电视的分配系统、建筑用设备、露天设备、防雷设备等。

12．二进制逻辑元件

本部分内容包括计数器、存储器等。

13．模拟元件

本部分内容包括放大器、函数器、电子开关等。

第 2 章
AutoCAD 2020 入门

本章内容

AutoCAD 是专用于二维绘图的工具软件。学会使用 AutoCAD，我们需要掌握一些基础知识。本章主要介绍入门的软件界面与文件管理方面的知识，为学习后面的内容奠定良好的基础。

知识要点

- ☑ 下载 AutoCAD 2020
- ☑ 安装 AutoCAD 2020
- ☑ AutoCAD 2020 欢迎界面
- ☑ AutoCAD 2020 工作界面
- ☑ 绘图环境的设置
- ☑ AutoCAD 系统变量与命令

2.1 下载 AutoCAD 2020

除了通过正规渠道购买正版 AutoCAD 2020 软件，还可以在 Autodesk 公司的官方网站上下载免费使用版本。

动手操练——AutoCAD 2020 官方网站下载方法

step 01 首先打开您计算机上安装的任意一款浏览器，并输入【http://www.autodesk.com.cn】进入 Autodesk 公司中国官方网站，如图 2-1 所示。

图 2-1 进入 Autodesk 公司中国官方网站

step 02 在首页的标题栏中单击【免费试用版】标签展开 Autodesk 公司提供的所有免费使用软件程序，然后选中【AutoCAD 产品】选项，如图 2-2 所示。

图 2-2 选中【AutoCAD 产品】选项

step 03 进入介绍 AutoCAD 产品的网页，并在左侧单击【下载免费试用版】按钮，如图 2-3 所示，然后进入下载页面。

第 2 章　AutoCAD 2020 入门

图 2-3　单击【下载免费试用版】按钮

step 04　新用户需要注册一个账号才能下载试用版本软件，此外还要填写用户所在单位及所在地信息。如果已经注册了 Autodesk 公司官方网站的账号，可以立即登录，然后在 AutoCAD 产品下载页面设置试用版软件的语言和操作系统，但仍然需要填写用户单位及所在地信息，最后单击【开始下载】按钮，进入在线安装 AutoCAD 2020 的环节。图 2-4 所示为下载 AutoCAD 2020 的安装器。

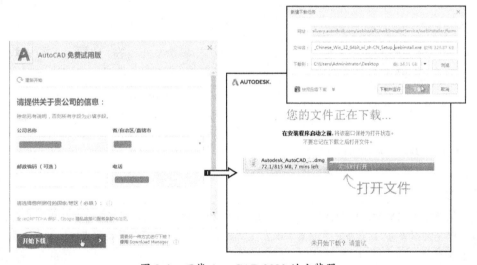

图 2-4　下载 AutoCAD 2020 的安装器

> **提示：**
>
> 在选择操作系统时，一定要查看计算机的操作系统是 32 位还是 64 位。查看方法如下：在 Windows 7/8 操作系统的桌面上用鼠标右键单击【计算机】图标，在打开的快捷菜单中选择【属性】命令，弹出系统控制面板，随后就可以看见计算机的系统类型是 32 位还是 64 位，如图 2-5 所示。

图 2-5　查看计算机的系统类型

step 05　完成安装器的下载后，系统会自动启动安装器，随后弹出安装 AutoCAD 2020 的【Autodesk Download Manager - Install】对话框，选中【I Agree】单选按钮，然后单击【Install】按钮，如图 2-6 所示。

step 06　接下来会自动在线下载并安装 AutoCAD 2020 正式版软件，如图 2-7 所示。

图 2-6　接受许可协议并安装软件

图 2-7　下载并安装 AutoCAD 2020

> **提示：**
> 软件的安装器下载完成后，接着会自动下载 AutoCAD 2020 软件，此时可将软件程序保存在用户的计算机硬盘中（见图 2-8），以备在后期重装软件时重复使用，而不再需要重新到官方网站中下载。

图 2-8　通过迅雷下载

2.2 安装 AutoCAD 2020

AutoCAD 2020 的安装过程分为安装、注册与激活这 2 个步骤，接下来详细介绍 AutoCAD 2020 简体中文版的安装与卸载过程。

在独立的计算机上安装 AutoCAD 2020 之前，请确保计算机满足最低系统需求。

动手操练——安装 AutoCAD 2020

安装 AutoCAD 2020 的操作步骤如下。

step 01 在安装程序包中双击【setup.exe】（如果是在线安装就会自动弹出），AutoCAD 2020 安装程序进入安装初始化进程，并弹出【安装初始化】界面，如图 2-9 所示。

step 02 安装初始化进程结束以后，弹出【AutoCAD 2020】安装窗口，如图 2-10 所示。

图 2-9 安装初始化

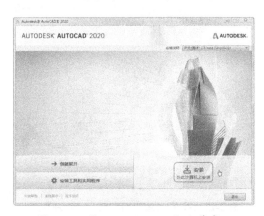
图 2-10 【AutoCAD 2020】安装窗口

step 03 在【AutoCAD 2020】安装窗口中单击【安装】按钮，弹出 AutoCAD 2020 安装"许可协议"的界面窗口，在该窗口中选中【我接受】单选按钮，保留其余选项的默认设置，再单击【下一步】按钮，如图 2-11 所示。

> **提示：**
>
> 如果不同意许可的条款并希望终止安装，可单击【取消】按钮。

step 04 设置产品和用户信息的安装步骤完成后，在【AutoCAD 2020】安装窗口中弹出【配置安装】选项区，若保留默认的配置来安装，则单击窗口中的【安装】按钮（见图 2-12），系统开始自动安装 AutoCAD 2020 简体中文版。在【配置安装】选项区中也可以勾选或取消安装内容的选择。

step 05 随后系统依次安装 AutoCAD 2020 用户所选择的程序组件，并最终完成 AutoCAD 2020 主程序的安装，如图 2-13 所示。

step 06 AutoCAD 2020 的程序组件安装完成后，单击【AutoCAD 2020】安装窗口中的【完成】按钮，结束安装操作，如图 2-14 所示。

图 2-11 接受许可协议

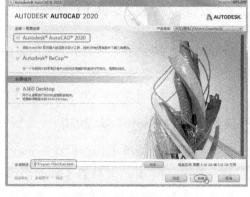

图 2-12 执行安装命令

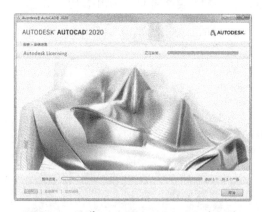

图 2-13 安装 AutoCAD 2020 的程序组件

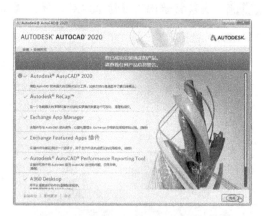

图 2-14 完成 AutoCAD 2020 的安装

动手操练——注册与激活 AutoCAD 2020

用户在第一次启动 AutoCAD 时，将显示产品激活向导。可在此时激活 AutoCAD，也可以先运行 AutoCAD 以后再激活它。

软件的注册与激活的操作步骤如下。

step 01 在桌面上双击【AutoCAD 2020-Simplified Chinese】图标，启动 AutoCAD 2020。AutoCAD 程序开始检查许可，如图 2-15 所示。

step 02 随后弹出软件许可定义界面。选择【输入序列号】方式，如图 2-16 所示。

图 2-15 检查许可

图 2-16 选择许可类型

step 03　程序弹出【Autodesk 许可】对话框，单击【我同意】按钮，如图 2-17 所示。

step 04　如果已经有正版软件许可，接下来请单击【激活】按钮，如图 2-18 所示；否则，单击【运行】按钮进行软件试用。

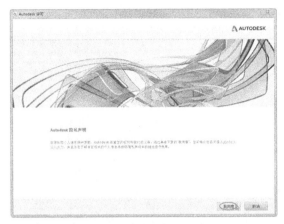
图 2-17　阅读隐私保护政策

图 2-18　单击【激活】按钮激活软件

step 05　在随后弹出的【请输入序列号和产品密钥】界面中输入序列号与产品密钥（买入时产品外包装已提供），然后单击【下一步】按钮，如图 2-19 所示。

图 2-19　输入序列号与产品密钥

> 提示：
> 在此处输入的信息是永久性的，将显示在 AutoCAD 软件的窗口中，由于以后无法更改此信息（除非卸载该产品），因此请确保在此处输入的信息是正确的。

step 06　接着会弹出【产品许可激活选项】界面，该界面提供了 2 种激活方法：一种是通过 Internet 连接来注册并激活；另一种是直接输入 Autodesk 公司提供的激活码。选中【我具有 Autodesk 提供的激活码】单选按钮，并在展开的激活码列表中输入激活码（使用复制、粘贴方法），然后单击【下一步】按钮，如图 2-20 所示。

step 07　随后自动完成产品的注册，单击【Autodesk 许可 - 激活完成】对话框中的【完成】按钮，完成 AutoCAD 产品的注册与激活，如图 2-21 所示。

图 2-20　输入产品激活码

图 2-21　完成 AutoCAD 产品的注册与激活

技巧点拨：
上面主要介绍的是单机注册与激活方法。如果连接了 Internet，则可以使用联机注册与激活的方法，也就是选中【立即连接并激活】单选按钮。

2.3　AutoCAD 2020 欢迎界面

AutoCAD 2020 的欢迎界面延续了 AutoCAD 旧版本的新选项卡功能，启动 AutoCAD 2020 会打开如图 2-22 所示的欢迎界面。

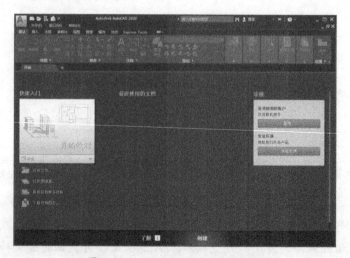

图 2-22　AutoCAD 2020 欢迎界面

图 2-22 所示的 AutoCAD 2020 欢迎界面称为新选项卡页面。启动程序、打开新选项卡（+）或关闭上一个图形时，将显示新选项卡。新选项卡为用户提供便捷的绘图入门功能介绍：【了解】页面和【创建】页面，默认打开的状态为【创建】页面。下面介绍【了解】页面和【创建】页面的基本功能。

2.3.1 【了解】页面

在【了解】页面可以看到【新特性】、【快速入门视频】、【功能视频】、【安全更新】和【联机资源】等功能。

动手操练——熟悉【了解】页面的基本操作

step 01 熟悉【新特性】功能。【新特性】能帮助您观看 AutoCAD 2020 软件中新增的部分功能视频，如果您是新手，那么请务必观看该视频。单击【新特性】中的视频播放按钮，会打开 AutoCAD 2020 自带的视频播放器来播放【新功能概述】，如图 2-23 所示。

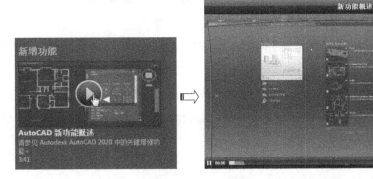

图 2-23 观看版本新增功能视频

step 02 当播放完成或中途需要关闭播放器时，在播放器右上角单击【关闭】按钮即可，如图 2-24 所示。

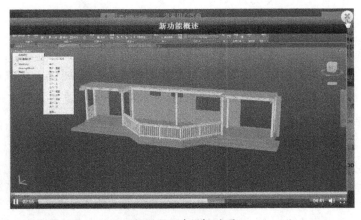

图 2-24 关闭播放器

step 03 熟悉【快速入门视频】功能。在【快速入门视频】列表中，您可以选择其中的视频观看，这些视频是帮助您快速熟悉 AutoCAD 2020 工作空间界面及相关操作的功能指令。例如，单击【漫游用户界面】视频进行播放，会打开【漫游用户界面】的演示视频，如图 2-25 所示。【漫游用户界面】主要介绍 AutoCAD 2020 视图、视口及模型的操控方法。

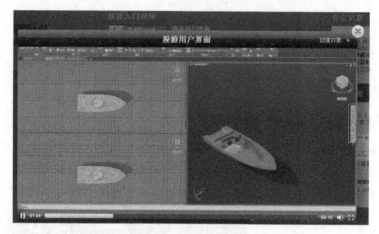

图 2-25　观看【漫游用户界面】演示视频

step 04 熟悉【功能视频】功能。【功能视频】是帮助新手了解 AutoCAD 2020 的高级功能视频。获得 AutoCAD 2020 的基础设计能力后，观看这些视频可以提升您操作软件的水平。例如，单击【改进的图形】视频，会看到 AutoCAD 2020 的新增功能——【平滑线显示图形】。使用旧版本 AutoCAD 绘制圆形或斜线时，会显示极不美观的"锯齿"，有了【平滑线显示图形】功能后，可以非常清晰、平滑地显示图形，如图 2-26 所示。

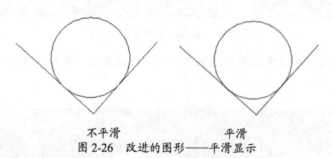

不平滑　　　　　　　平滑
图 2-26　改进的图形——平滑显示

step 05 熟悉【安全更新】功能。【安全更新】是发布 AutoCAD 及其插件程序的补丁程序和软件更新信息的窗口。选择【单击此处以获取修补程序和详细信息】选项可以打开 Autodesk 官方网站的补丁程序的信息发布页面，如图 2-27 所示。

> **提示：**
>
> 默认页面是用英文显示的，要想用中文显示网页中的内容，可以使用如下 2 种方法：一种是使用 Google Chrome 浏览器打开，完成自动翻译；另一种是在此网页右侧语言下拉列表中选择【Chinese (Simplified)】选项，再单击【View Original】按钮，即可翻译成简体中文网页显示，如图 2-28 所示。

第 2 章 AutoCAD 2020 入门

图 2-27 AutoCAD 及其插件程序的补丁下载信息

图 2-28 翻译网页

step 06 熟悉【联机资源】功能。【联机资源】是进入 AutoCAD 2020 联机帮助的窗口。单击【AutoCAD 基础知识漫游手册】图标就可以打开联机帮助文档网页，如图 2-29 所示。

图 2-29 打开联机帮助文档网页

2.3.2 【创建】页面

【创建】页面包括【快速入门】、【最近使用的文档】和【连接】3个引导功能，下面通过操作来演示如何使用这些引导功能。

动手操练——熟悉【创建】页面的功能应用

step 01 【快速入门】功能是新用户进入 AutoCAD 2020 的关键第一步，作用是教会您如何选择样板文件、打开已有文件、打开已创建的图纸集、获取更多联机的样板文件和了解样例图形等。

step 02 如果直接单击【开始绘制】图标，将直接进入 AutoCAD 2020 的工作空间中，如图 2-30 所示。

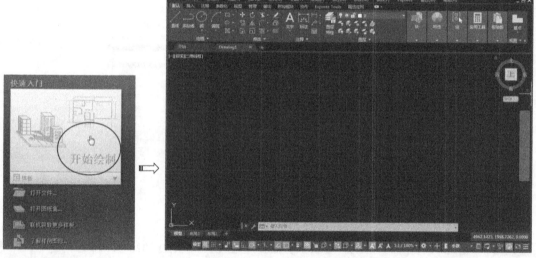

图 2-30　直接进入 AutoCAD 2020 的工作空间中

> **技巧点拨：**
>
> 直接单击【开始绘制】图标，AutoCAD 2020 将自动选择公制的样板进入工作空间。

step 03 若展开样板列表，您会发现有很多 AutoCAD 样板文件可供选择（见图 2-31），选择何种样板将取决于您即将绘制公制或是英制的图纸。

> **技巧点拨：**
>
> 样板列表中包含 AutoCAD 所有的样板文件，大致分为 3 种，如图 2-32 所示。第一种是英制和公制的常见样板文件，凡是样板文件名中包含 iso 的是公制样板，反之则是英制样板；第二种是无样板的空模板文件；第三种是机械图纸和建筑图纸的模板。

第 2 章　AutoCAD 2020 入门

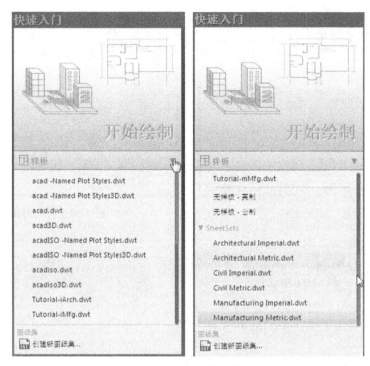

图 2-31　展开样板列表

图 2-32　AutoCAD 样板文件

step 04　如果单击【打开文件】图标，则会弹出【选择文件】对话框。从您的系统路径中找到 AutoCAD 文件并打开，如图 2-33 所示。

step 05　单击【打开图纸集】图标会弹出【打开图纸集】对话框，然后选择用户先前创建的图纸集打开即可，如图 2-34 所示。

step 06　单击【联机获取更多样板】图标，可以到 Autodesk 公司官方网站上下载各种符合您设计要求的样板文件，如图 2-35 所示。

图 2-33 打开文件

图 2-34 打开图纸集

图 2-35 联机获取更多的样板文件

step 07 单击【了解样例图形】图标,您可以在随后弹出的【选择文件】对话框中打开 AutoCAD 自带的样例文件,这些样例文件包括建筑、机械、室内等图纸样例和图块样例。图 2-36 所示是在(AutoCAD 2020 软件安装盘):\Program Files\Autodesk\AutoCAD 2020\Sample\Sheet Sets\Manufacturing 路径下打开的机械图纸样例 VW252-02-0200.dwg。

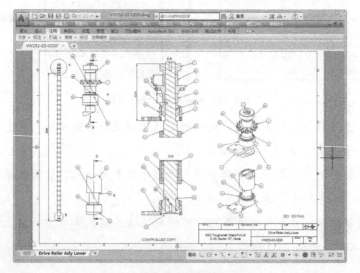

图 2-36 打开的图纸样例文件

第 2 章　AutoCAD 2020 入门

step 08　在【最近使用的文档】功能中，您可以快速打开之前建立的图纸文件，而不用通过【打开文件】的方式去寻找文件，如图 2-37 所示。

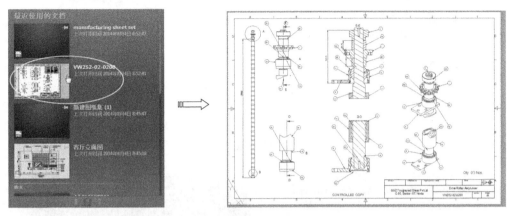

图 2-37　打开最近使用的文档

> **技巧点拨：**
>
> 【最近使用的文档】最下方有 3 个按钮：大图标 、小图标 和列表 ，可以分别显示大小不同的文档预览图片，如图 2-38 所示。

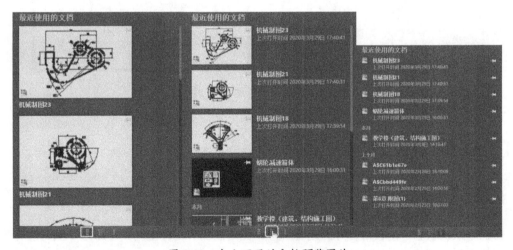

图 2-38　大小不同的文档预览图片

step 09　在【连接】功能中，除了可以在此登录 Autodesk 360，还可以将您在使用 AutoCAD 2020 过程中所遇到的困难或发现的软件自身的缺陷反馈给 Autodesk 公司。单击【登录】按钮，将弹出【Autodesk-登录】[①]对话框，如图 2-39 所示。

step 10　如果您没有账户，则可以单击【Autodesk-登录】对话框下方的【需要 Autodesk ID？】选项，在打开的【Autodesk-创建账户】对话框中创建属于自己的新账户，如图 2-40 所示。

---

① 软件图中"帐户"的正确写法应为"账户"。

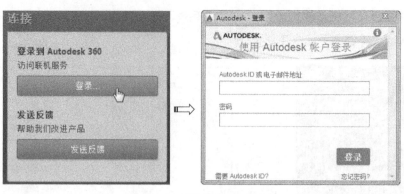

图 2-39 登录 Autodesk 360

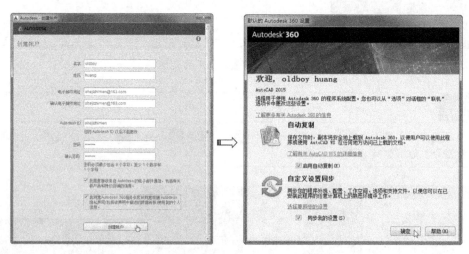

图 2-40 注册 Autodesk 360 新账户

2.4 AutoCAD 2020 工作界面

AutoCAD 2020 提供了【二维草图与注释】、【三维建模】和【AutoCAD 经典】3 种工作空间模式，用户在工作状态下可随时切换工作空间。

在程序默认状态下，窗口打开的是【二维草图与注释】工作空间。【二维草图与注释】工作空间的工作界面主要由快速访问工具栏、信息搜索中心、菜单栏、功能区、文件选项卡、绘图区、命令行、状态栏等元素组成，如图 2-41 所示。

提示：
初始打开 AutoCAD 2020 软件显示的界面为黑色背景，与绘图区的背景颜色一致，如果您觉得黑色不美观，可以通过在菜单栏中选择【工具】|【选项】命令，打开【选项】对话框，然后在【显示】选项卡中将窗口的配色方案设置为【明】即可，如图 2-42 所示。

第 2 章　AutoCAD 2020 入门

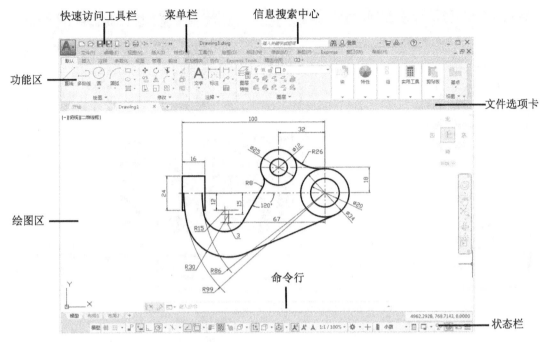

图 2-41　AutoCAD 2020【二维草图与注释】工作空间的工作界面

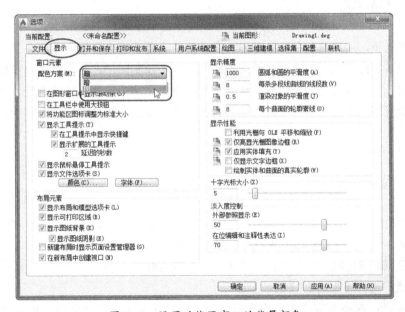

图 2-42　设置功能区窗口的背景颜色

技巧点拨：

同样，如果需要设置绘图区的背景颜色，那么也是在【选项】对话框的【显示】选项卡中进行设置，如图2-43所示。

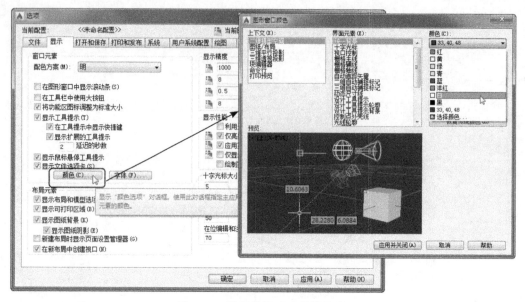

图 2-43 设置绘图区的背景颜色

2.5 绘图环境的设置

在通常情况下，用户可以在 AutoCAD 2020 默认设置的环境下绘制图形，但有时为了使用特殊的定点设备、打印机，或者提高绘图效率，需要在绘制图形之前先对系统参数、绘图环境做必要的设置。这些设置包括系统变量设置、选项设置、草图设置、特性设置、图形单位设置及绘图图限设置等，下面对选项设置、草图设置、特性设置、图形单位设置和绘图图限设置进行详细介绍。

2.5.1 选项设置

选项设置是用户自定义的程序设置，包括文件、显示、打开和保存、打印和发布、系统、用户系统配置、绘图、三维建模、选择集、配置等系列设置。选项设置是通过【选项】对话框来完成的，用户可通过以下命令方式打开【选项】对话框。

- 菜单栏：选择【工具】|【选项】命令。
- 右键菜单：在命令窗口中单击鼠标右键，或者（在未运行任何命令也未选择任何对象的情况下）在绘图区域中单击鼠标右键，然后选择【选项】命令。
- 命令行：输入 OPTIONS。

打开的【选项】对话框如图 2-44 所示。该对话框中包含【文件】、【显示】、【打开和保存】、【打印和发布】、【系统】、【用户系统配置】、【绘图】、【三维建模】、【选择集】和【配置】等选项卡。各选项卡的含义如下。

图 2-44 【选项】对话框

1. 【文件】选项卡

【文件】选项卡不仅列出了程序在其中搜索支持文件、驱动程序文件、菜单文件和其他文件的文件夹，还列出了用户定义的可选设置，如哪个目录用于进行拼写检查。【文件】选项卡如图 2-44 所示。

2. 【显示】选项卡

【显示】选项卡如图 2-45 所示。该选项卡中包括【窗口元素】、【布局元素】、【显示精度】、【显示性能】、【十字光标大小】和【淡入度控制】选项组，其功能含义如下。

- 【窗口元素】选项组：控制绘图环境特有的显示设置。
- 【布局元素】选项组：控制现有布局和新布局的选项，布局是图纸的空间环境，用户可以在其中设置图形进行打印。
- 【显示精度】选项组：控制对象的显示质量，如果设置较高的值提高显示质量，则性能将受到显著影响。
- 【显示性能】选项组：控制影响性能的显示设置。
- 【十字光标大小】选项组：控制十字光标的尺寸。
- 【淡入度控制】选项组：控制影响性能的显示设置。指定在位编辑参照的过程中对象的褪色度值。

【显示】选项卡中还包括【颜色】和【字体】功能设置按钮。【颜色】功能用于设置应用程序中每个上下文的界面元素的显示颜色。单击【颜色】按钮会弹出如图 2-46 所示的【图形窗口颜色】对话框。

在命令行中显示的字体如果需要更改，可以通过【字体】功能来设置，单击【字体】按钮会弹出如图 2-47 所示的【命令行窗口字体】对话框。

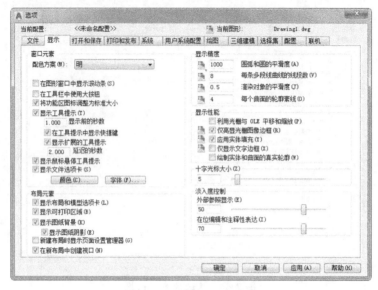

图 2-45 【显示】选项卡

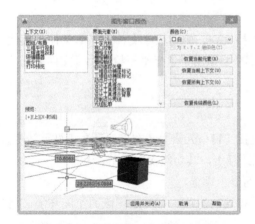

图 2-46 【图形窗口颜色】对话框

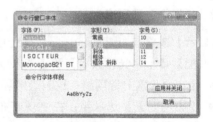

图 2-47 【命令行窗口字体】对话框

提示：
屏幕菜单字体是由 Windows 系统字体设置控制的。如果使用屏幕菜单，那么应将 Windows 系统字体设置设为符合屏幕菜单尺寸限制的字体和字号。

3.【打开和保存】选项卡

【打开和保存】选项卡的功能是控制打开和保存文件，如图 2-48 所示。

提示：
AutoCAD 2004 ~ AutoCAD 2006 版本使用的图形文件格式相同。AutoCAD 2007 ~ AutoCAD 2020 版本使用的图形文件格式相同。

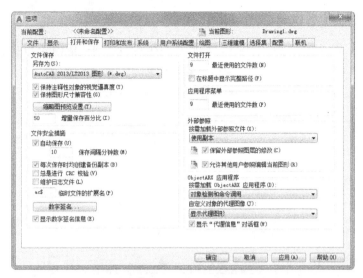

图 2-48 【打开和保存】选项卡

【打开和保存】选项卡中包括【文件保存】、【文件安全措施】、【文件打开】、【应用程序菜单】、【外部参照】和【ObjectARX 应用程序】选项组，其功能含义如下。

- 【文件保存】选项组：控制保存文件的相关设置。
- 【文件安全措施】选项组：帮助避免数据丢失及检测错误。
- 【文件打开】选项组：控制与最近使用过的文件及打开的文件相关的设置。
- 【应用程序菜单】选项组：控制菜单栏的【最近使用的文档】快捷菜单中所列出的最近使用过的文件数，以及【最近执行的动作】快捷菜单中所列出的最近使用过的菜单动作数。
- 【外部参照】选项组：控制与编辑和加载外部参照有关的设置。
- 【ObjectARX 应用程序】选项组：控制【AutoCAD 实时扩展】应用程序及代理图形的有关设置。

在【打开和保存】选项卡中，用户还可以控制保存图形时是否更新缩略图预览。单击【缩略图预览设置】按钮会弹出如图 2-49 所示的【缩略图预览设置】对话框。

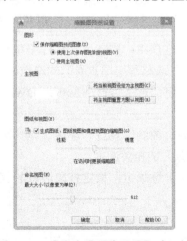

图 2-49 【缩略图预览设置】对话框

4.【打印和发布】选项卡

【打印和发布】选项卡中包含控制与打印和发布相关的选项,如图 2-50 所示。

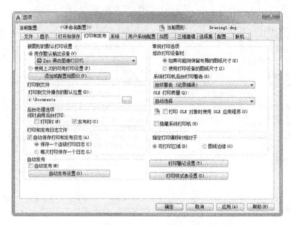

图 2-50 【打印和发布】选项卡

【打印和发布】选项卡中包括【新图形的默认打印设置】、【打印到文件】、【后台处理选项】、【打印和发布日志文件】、【自动发布】、【常规打印选项】和【指定打印偏移时相对于】选项组,其功能含义如下。

- 【新图形的默认打印设置】选项组:控制新图形,或者在 AutoCAD R14 或更早版本中创建的没有用 AutoCAD 2000 或更高版本格式保存的图形的默认打印设置。
- 【打印到文件】选项组:为打印到文件操作指定默认位置。
- 【后台处理选项】选项组:指定与后台打印和发布相关的选项。可以使用后台打印启动要打印或发布的作业,然后立即返回从事绘图工作,系统将在用户工作的同时打印或发布作业。

> 提示:
> 当在脚本(SCR 文件)中使用 -PLOT、PLOT、-PUBLISH 和 PUBLISH 命令时,BACKGROUNDPLOT 系统变量的值将被忽略,并在前台执行 -PLOT、PLOT、-PUBLISH 和 PUBLISH 命令。

- 【打印和发布日志文件】选项组:控制用于将打印和发布日志文件另存为逗号分隔值(CSV)文件(可以在电子表格程序中查看)的选项。
- 【自动发布】选项组:指定图形是否自动发布为 DWF 或 DWFx 文件,还可以控制用于自动发布的选项。
- 【常规打印选项】选项组:控制常规打印环境(包括图纸尺寸设置、系统打印机警告方式和图形中的 OLE 对象)的相关选项。
- 【指定打印偏移时相对于】选项组:指定打印区域的偏移是从可打印区域的左下角开始,还是从图纸的边开始。

5.【系统】选项卡

【系统】选项卡主要控制 AutoCAD 的系统设置。【系统】选项卡如图 2-51 所示。

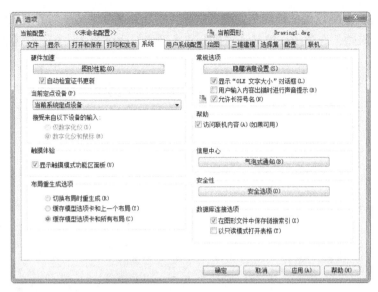

图 2-51 【系统】选项卡

【系统】选项卡中包括【硬件加速】、【当前定点设备】、【触摸体验】、【布局重生成选项】、【常规选项】、【信息中心】、【安全性】、【数据库连接选项】等选项组，其功能含义如下。

- 【硬件加速】选项组：控制与三维图形显示系统的配置相关的设置。
- 【当前定点设备】选项组：控制与定点设备相关的选项。
- 【触摸体验】选项组：控制触摸模式功能区面板是否显示。
- 【布局重生成选项】选项组：指定【模型】选项卡和【布局】选项卡中的显示列表如何更新。对于每个选项卡，更新显示列表的方法可以是切换到该选项卡时重生成的图形，也可以是切换到该选项卡时将显示列表保存到内存并只重生成修改的对象。修改这些设置可以提高性能。
- 【常规选项】选项组：控制与系统设置相关的基本选项。
- 【信息中心】选项组：控制图形区窗口右上角的气泡式通知的内容、频率和持续时间。
- 【安全性】选项组：提供用于控制如何加载包含可执行代码的文件的选项。
- 【数据库连接选项】选项组：控制与数据库连接信息相关的选项。

6．【用户系统配置】选项卡

【用户系统配置】选项卡中包含控制优化工作方式的选项，如图 2-52 所示。该选项卡中包括【Windows 标准操作】、【插入比例】、【超链接】、【字段】、【坐标数据输入的优先级】、【关联标注】和【放弃/重做】选项组，其功能含义如下。

- 【Windows 标准操作】选项组：控制单击和单击鼠标右键操作。
- 【插入比例】选项组：控制在图形中插入块和图形时使用的默认比例。
- 【超链接】选项组：控制与超链接的显示特性相关的设置。
- 【字段】选项组：设置与字段相关的系统配置。
- 【坐标数据输入的优先级】选项组：控制程序响应坐标数据输入的方式。

- 【关联标注】选项组：控制是创建关联标注对象还是创建传统的非关联标注对象。
- 【放弃/重做】选项组：控制【缩放】和【平移】命令的【放弃】与【重做】。

图 2-52　【用户系统配置】选项卡

【用户系统配置】选项卡中还包括【自定义右键单击】、【线宽设置】等其他功能按钮。【自定义右键单击】控制在绘图区域中鼠标右键的作用，单击【自定义右键单击】按钮会弹出【自定义右键单击】对话框，如图 2-53 所示。

【线宽设置】功能按钮用于设置当前线宽和单位，控制线宽的显示和显示比例，以及设置图层的默认线宽值。单击【线宽设置】按钮会弹出【线宽设置】对话框，如图 2-54 所示。

图 2-53　【自定义右键单击】对话框

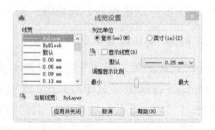

图 2-54　【线宽设置】对话框

7. 【绘图】选项卡

【绘图】选项卡中包含设置多个编辑功能的选项（包括自动捕捉和自动追踪），如图 2-55 所示。

第 2 章 AutoCAD 2020 入门

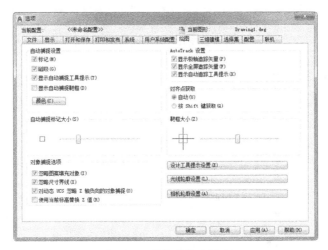

图 2-55 【绘图】选项卡

【绘图】选项卡中包括【自动捕捉设置】、【自动捕捉标记大小】、【对象捕捉选项】、【AutoTrack 设置】、【对齐点获取】和【靶框大小】选项组，以及【设计工具提示设置】、【光线轮廓设置】和【相机轮廓设置】功能按钮，其功能含义如下。

- 【自动捕捉设置】选项组：控制使用对象捕捉时显示的形象化辅助工具（称作自动捕捉）的相关设置。
- 【自动捕捉标记大小】选项组：设置自动捕捉标记的显示尺寸。
- 【对象捕捉选项】选项组：指定对象捕捉的选项。
- 【AutoTrack 设置】选项组：控制与 AutoTrack（自动追踪）方式相关的设置，此设置在极轴追踪或对象捕捉追踪打开时可用。
- 【对齐点获取】选项组：控制在图形中显示对齐矢量的方法。
- 【靶框大小】选项组：设置自动捕捉靶框的显示尺寸。
- 【设计工具提示设置】功能按钮：控制绘图工具提示的颜色、大小和透明度。
- 【光线轮廓设置】功能按钮：显示光线轮廓的当前外观，并在更改时进行更新。
- 【相机轮廓设置】功能按钮：指定相机轮廓的外观。

在【绘图】选项卡中，用户还可以通过【设计工具提示设置】、【光线轮廓设置】和【相机轮廓设置】功能按钮来设置相关选项。【设计工具提示设置】功能按钮主要控制工具提示的外观，单击此功能按钮会弹出【工具提示外观】对话框。通过【工具提示外观】对话框可以设置工具提示的相关选项，如图 2-56 所示。

> **提示：**
> 使用 TOOLTIPMERGE 系统变量可以将绘图工具提示合并为单个工具提示。

【光线轮廓设置】功能按钮用于指定光线轮廓的外观，单击此功能按钮会弹出【光线轮廓外观】对话框，如图 2-57 所示。

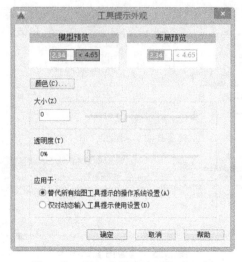

图 2-56 【工具提示外观】对话框

【相机轮廓设置】功能按钮用于指定相机轮廓的外观，单击此功能按钮会弹出【相机轮廓外观】对话框，如图 2-58 所示。

图 2-57 【光线轮廓外观】对话框

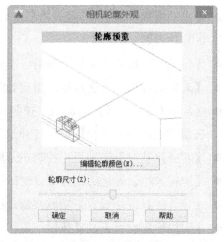

图 2-58 【相机轮廓外观】对话框

8.【三维建模】选项卡

【三维建模】选项卡中包含设置在三维中使用实体和曲面的选项，如图 2-59 所示。

【三维建模】选项卡中包括【三维十字光标】、【在视口中显示工具】、【三维对象】、【三维导航】和【动态输入】选项组，其功能含义如下。

- 【三维十字光标】选项组：控制三维操作中十字光标的显示样式的设置。
- 【在视口中显示工具】选项组：控制 ViewCube 和 UCS 图标的显示。
- 【三维对象】选项组：控制三维实体和曲面的显示的设置。
- 【三维导航】选项组：设置漫游、飞行和动画选项以显示三维模型。
- 【动态输入】选项组：控制坐标项的动态输入字段的显示。

第 2 章 AutoCAD 2020 入门

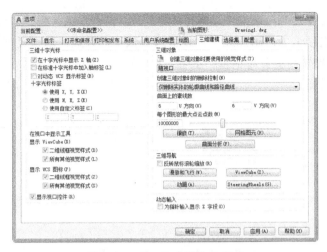

图 2-59 【三维建模】选项卡

9. 【选择集】选项卡

【选择集】选项卡中包含设置选择对象的选项，如图 2-60 所示。

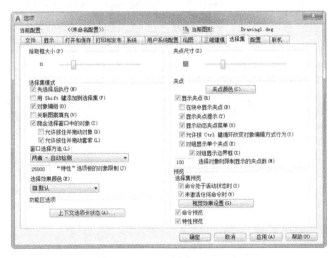

图 2-60 【选择集】选项卡

【选择集】选项卡中包括【拾取框大小】、【选择集模式】、【功能区选项】、【夹点尺寸】、【夹点】、【预览】选项组，其功能含义如下。

- 【拾取框大小】选项组：控制拾取框的显示尺寸。拾取框是在编辑命令中出现的对象选择工具。
- 【选择集模式】选项组：控制与对象选择方法相关的设置。
- 【功能区选项】选项组：控制预选的选择集在上下文选项卡中执行命令后是否激活。
- 【夹点尺寸】选项组：控制夹点的显示尺寸。
- 【夹点】选项组：控制与夹点相关的设置。在对象被选中后，其上将显示夹点，即一些小方块。

- 【预览】选项组：当拾取框经过选择集对象时，是否预览（亮显）对象。

在【选择集】选项卡中，用户还可以设置选择预览的外观。单击【视觉效果设置】功能按钮会弹出【视觉效果设置】对话框，如图2-61所示，该对话框用来设置选择区域预览效果和选择集预览过滤器。

图2-61 【视觉效果设置】对话框

10．【配置】选项卡

【配置】选项卡控制配置的使用。配置是由用户定义的。【配置】选项卡如图2-62所示。

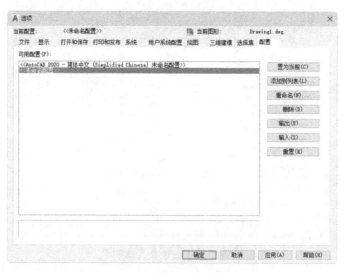

图2-62 【配置】选项卡

【配置】选项卡中各功能按钮的含义如下。
- 【置为当前】按钮：使选定的配置成为当前配置。
- 【添加到列表】按钮：单击此按钮会显示【添加配置】对话框，用其他名称保存选定配置。
- 【重命名】按钮：单击此按钮可以为已有的配置重命名。
- 【删除】按钮：删除选定的配置（除非它是当前配置）。
- 【输出】按钮：将配置文件输出为扩展名为 .arg 的文件，以便可以与其他用户共享该文件。
- 【输入】按钮：输入使用【输出】选项创建的配置文件（文件扩展名为 .arg）。
- 【重置】按钮：将选定配置中的值重置为系统默认设置。

2.5.2 草图设置

草图设置主要是对绘图工作中的一些类别进行设置，如【捕捉和栅格】、【极轴追踪】、【对象捕捉】、【动态输入】和【快捷特性】等。这些类别的设置是通过【草图设置】对话框来实现的，用户可通过以下命令方式打开【草图设置】对话框。

- 菜单栏：选择【工具】|【绘图设置】命令。
- 状态栏：在状态栏绘图工具区域的【捕捉】、【栅格】、【极轴】、【对象捕捉】、【对象追踪】、【动态】或【快捷特性】工具上单击鼠标右键，在弹出的快捷菜单中选择【设置】命令。
- 命令行：输入 DSETTINGS。

执行上述命令后打开的【草图设置】对话框如图 2-63 所示。

图 2-63　【草图设置】对话框

【草图设置】对话框中包含多个选项卡，下面对【捕捉和栅格】、【极轴追踪】、【对象捕捉】、【动态输入】与【快捷特性】选项卡进行简单介绍。

1.【捕捉和栅格】选项卡

【捕捉和栅格】选项卡主要用于指定捕捉和栅格设置，如图 2-63 所示。该选项卡中各选项的含义如下。

- 启用捕捉：打开或关闭捕捉模式。【捕捉】栏用于控制光标移动的大小。

> 提示：
> 用户也可以通过单击状态栏中的【捕捉模式】按钮 、按 F9 键、使用 SNAPMODE 系统变量，来打开或关闭捕捉模式。

- 启用栅格：打开或关闭栅格模式。【栅格】栏用于控制栅格显示的间距大小。

> 提示：
> 用户也可以通过单击状态栏中的【栅格显示】按钮 、按 F7 键、使用 GRIDMODE 系统变量，来打开或关闭栅格模式。

- 【捕捉间距】选项组：控制捕捉位置的不可见矩形栅格，以限制光标仅在指定的 X 轴和 Y 轴间隔内移动。
  - 捕捉 X 轴间距：指定 X 方向的捕捉间距，间距值必须为正实数。
  - 捕捉 Y 轴间距：指定 Y 方向的捕捉间距，间距值必须为正实数。
  - X 轴间距和 Y 轴间距相等：为捕捉间距和栅格间距强制使用同一 X 轴和 Y 轴间距值。捕捉间距可以与栅格间距不同。
- 【极轴间距】选项组：用于设置极轴距离的增量值。

极轴距离：选定【捕捉类型】选项组中的 PolarSnap 时，设置捕捉增量距离。如果该值为 0，则 PolarSnap 距离采用【捕捉 X 轴间距】的值。【极轴距离】设置与极坐标追踪和 / 或对象捕捉追踪结合使用。如果两个追踪功能都未启用，则【极轴距离】选项设置无效。

- 【捕捉类型】选项组：设定捕捉样式和捕捉类型。
  - 栅格捕捉：设置栅格捕捉类型。如果指定点，那么光标将沿垂直或水平栅格点进行捕捉。

> **提示：**
>
> 栅格捕捉类型包括【矩形捕捉】和【等轴测捕捉】。用户如果绘制的是二维图形，则可采用【矩形捕捉】类型；如果绘制的是三维或等轴测图形，则采用【等轴测捕捉】类型绘图较为方便。

  - PolarSnap：将捕捉类型设置为 PolarSnap。如果启用了【捕捉模式】并在极轴追踪打开的情况下指定点，那么光标将沿在【极轴追踪】选项卡中相对于极轴追踪起点设置的极轴对齐角度进行捕捉。
- 【栅格样式】选项组：用于设置在什么位置显示点栅格样式。
  - 二维模型空间：在二维模型空间中显示点栅格。
  - 块编辑器：将块编辑器模式中的栅格样式定义为点栅格。
  - 图纸 / 布局：将图纸和布局空间中的栅格样式定义为点栅格。
- 【栅格间距】选项组：控制栅格的显示，有助于形象化显示距离。
  - 栅格 X 轴间距：指定 X 方向上的栅格间距。如果该值为 0，则栅格采用【捕捉 X 轴间距】的值。
  - 栅格 Y 轴间距：指定 Y 方向上的栅格间距。如果该值为 0，则栅格采用【捕捉 Y 轴间距】的值。
  - 每条主线之间的栅格数：指定主栅格线相对于次栅格线的频率。
- 【栅格行为】选项组：控制当 VSCURRENT 设置为除二维线框外的任何视觉样式时，所显示栅格线的外观。
  - 自适应栅格：缩小时，限制栅格密度；放大时，生成更多间距更小的栅格线。主栅格线的频率确定这些栅格线的频率。
  - 显示超出界限的栅格：显示超出 LIMITS 命令指定区域的栅格。
  - 遵循动态 UCS：更改栅格平面以跟随动态 UCS 的 XY 平面。

2. 【极轴追踪】选项卡

【极轴追踪】选项卡的作用是控制自动追踪设置。

> **提示：**
>
> 单击状态栏中的【极轴追踪】按钮 和【对象捕捉追踪】按钮 ，也可以打开或关闭极轴追踪和对象捕捉追踪。

【极轴追踪】选项卡如图 2-64 所示，该选项卡中各选项的含义如下。

图 2-64　【极轴追踪】选项卡

- 启用极轴追踪：打开或关闭极轴追踪。
- 【极轴角设置】选项组：设置极轴追踪的对齐角度。
  - 增量角：设置用来显示极轴追踪对齐路径的极轴角增量。可以输入任何角度，也可以从列表中选择 90、45、30、21.5、18、15、10 或 5 这些常用角度数值。
  - 附加角：对极轴追踪使用列表中的任何一种附加角度。
  - 角度列表：如果勾选【附加角】复选框，则列出可用的附加角度。要添加新的角度，单击【新建】按钮即可；要删除现有的角度，单击【删除】按钮即可。

> **提示：**
>
> 附加角度是绝对的，而非增量的。

  - 新建：最多可以添加 10 个附加极轴追踪对齐角度。

> **技巧点拨：**
>
> 添加分数角度之前，必须将 AUPREC 系统变量设置为合适的十进制精度以防止不需要的舍入。例如，系统变量 AUPREC 的值为 0（默认值），则输入的所有分数角度将舍入为最接近的整数。

- 【对象捕捉追踪设置】选项组：该选项组用于设定对象捕捉追踪选项。
  - 仅正交追踪：当对象捕捉追踪打开时，仅显示已获得的对象捕捉点的正交（水平/垂直）对象捕捉追踪路径。
  - 用所有极轴角设置追踪：将极轴追踪设置应用于对象捕捉追踪。使用对象捕捉追踪时，光标将从获取的对象捕捉点起沿极轴对齐角度进行追踪。

> **技巧点拨：**
> 在【对象捕捉追踪设置】选项组中，若要绘制二维图形则选中【仅正交追踪】单选按钮，若要绘制三维及轴测图形则选中【用所有极轴角设置追踪】单选按钮。

- 【极轴角测量】选项组：设定测量极轴追踪对齐角度的基准。
  - 绝对：根据当前用户坐标系确定极轴追踪角度。
  - 相对上一段：根据绘制的上一条线段确定极轴追踪角度。

3. 【对象捕捉】选项卡

【对象捕捉】选项卡用于控制对象捕捉设置。使用执行对象捕捉设置（也称为对象捕捉），可以在对象上的精确位置指定捕捉点。选择多个选项后，将应用选定的捕捉模式，以返回距离靶框中心最近的点。按 Tab 键可以在这些选项之间循环。【对象捕捉】选项卡如图 2-65 所示。

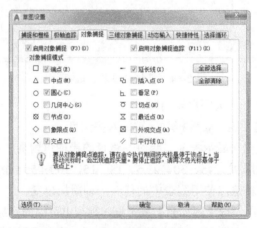

图 2-65　【对象捕捉】选项卡

> **提示：**
> 在精确绘图过程中，【最近点】捕捉选项不能设置为固定的捕捉对象，否则将对图形的精确程度影响至深。

4. 【动态输入】选项卡

【动态输入】选项卡的作用是控制指针输入、标注输入、动态提示及绘图工具提示外观。

【动态输入】选项卡如图 2-66 所示，该选项卡中各选项的含义如下。

- 启用指针输入：打开指针输入。如果同时打开指针输入和标注输入，则标注输入在可用时将取代指针输入。

- 指针输入：工具提示中十字光标位置的坐标值将显示在光标旁边。命令提示输入点时，可以在工具提示中输入坐标值，而不用在命令行中输入。
- 可能时启用标注输入：打开标注输入。标注输入不适用于某些提示输入第二个点的命令。
- 标注输入：当命令提示输入第二个点或距离时，将显示标注和距离值与角度值的工具提示。标注工具提示中的值将随光标移动而更改。可以在工具提示中输入值，而不用在命令行中输入值。
- 动态提示：需要时将在光标旁边显示工具提示中的提示，以完成命令。可以在工具提示中输入值，而不用在命令行中输入值。
  - 在十字光标附近显示命令提示和命令输入：显示【动态输入】工具提示中的提示。
  - 随命令提示显示更多提示：控制是否显示使用 Shift 和 Ctrl 键进行夹点操作的提示。
- 绘图工具提示外观：控制工具提示的外观。

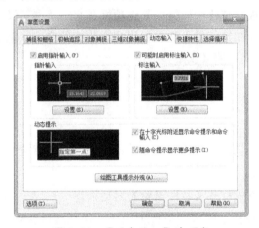

图 2-66　【动态输入】选项卡

5.【快捷特性】选项卡

【快捷特性】选项卡的作用是指定用于显示快捷特性面板的设置。【快捷特性】选项卡如图 2-67 所示，该选项卡中各选项的含义如下。

图 2-67　【快捷特性】选项卡

- 选择时显示快捷特性选项板：根据对象类型打开或关闭【快捷特性】选项板的显示。
- 【选项板显示】选项组：用于设置【快捷特性】选项板的显示位置。
  - 针对所有对象：将【快捷特性】选项板设置为对选择的任何对象都显示。
  - 仅针对具有指定特性的对象：将【快捷特性】选项板设置为仅对已在自定义用户界面（CUI）编辑器中定义为显示特性的对象显示。
- 【选项板位置】选项组：用于设置【快捷特性】选项板的位置。
  - 由光标位置决定：选择此选项，【快捷特性】选项板将显示在相对于光标的位置。
    - 象限点：指定相对于光标的象限之一，以显示相对于光标的【快捷特性】选项板。
    - 距离（以像素为单位）：用光标指定距离以显示【快捷特性】选项板。
  - 固定：选择此选项，在固定位置显示【快捷特性】选项板。
- 【选项板行为】选项组：用于设置【快捷特性】选项板的收拢动作。
  - 自动收拢选项板：使【快捷特性】选项板在空闲状态下仅显示指定数量的特性。
  - 最小行数：为【快捷特性】选项板设置在收拢的空闲状态下显示的特性数量，可以指定 1 至 30 之间的值（仅限整数值）。

2.5.3 特性设置

特性设置是指要复制到目标对象的源对象的基本特性和特殊特性设置。特性设置可以通过【特性设置】对话框来完成。

用户可通过以下命令方式打开【特性设置】对话框。
- 在菜单栏中选择【修改】|【特性匹配】命令，选择源对象后在命令行中输入 S。
- 在命令行中输入 MATCHPROP 或 PAINTER，执行命令并选择源对象后再输入 S。

打开的【特性设置】对话框如图 2-68 所示。在此对话框中，用户可以通过勾选或取消勾选复选框来设置要匹配的特性。

图 2-68　【特性设置】对话框

2.5.4 图形单位设置

绘图时使用的长度单位、角度单位，以及单位的显示格式和精度等参数是通过【图形单位】

对话框来设置的。用户可通过以下命令方式打开【图形单位】对话框。
- 在菜单栏中选择【格式】|【单位】命令。
- 在命令行中输入 UNITS。

打开的【图形单位】对话框如图 2-69 所示。

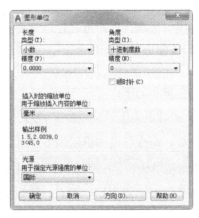

图 2-69　【图形单位】对话框

【图形单位】对话框中各选项的含义如下。
- 长度：指定测量的当前单位及当前单位的精度。
  - 类型：设置测量单位的当前格式，该值包括【建筑】、【小数】、【工程】、【分数】和【科学】。其中，【工程】和【建筑】格式提供英尺与英寸显示，并假定每个图形单位表示 1 英寸（1 英寸≈2.54 厘米）。其他格式可表示任何真实世界单位。
  - 精度：设置线性测量值显示的小数位数或分数大小。
- 角度：指定当前角度格式和当前角度显示的精度。
  - 类型：设置当前角度格式。
  - 精度：设置当前角度显示的精度。
  - 顺时针：以顺时针方向计算正的角度值，默认的正角度方向是逆时针方向。

> **提示：**
> 当提示用户输入角度时，可以单击所需方向或输入角度，而不必考虑【顺时针】设置。

- 插入时的缩放单位：控制插入在当前图形中的块和图形的测量单位。如果块或图形创建时使用的单位与该选项指定的单位不同，则在插入这些块或图形时，将对其按比例缩放。插入比例是源块或图形使用的单位与目标图形使用的单位之比。如果插入块时不按指定单位缩放，则需要选择【无单位】选项。

> **提示：**
> 当源块或目标图形中的【插入比例】设置为【无单位】时，将使用【选项】对话框中【用户系统配置】选项卡的【源内容单位】和【目标图形单位】设置。

- 输出样例：显示用当前单位和角度设置的例子。
- 光源：控制当前图形中光度控制光源强度的测量单位。

2.5.5 绘图图限设置

图限就是图形栅格显示的界限、区域。用户可通过以下命令方式设置图形界限。
- 在菜单栏中选择【格式】|【图形界限】命令。
- 在命令行中输入 LIMITS。

执行上述命令后，命令行操作提示如下：

    指定左下角点或 [开(ON)/关(OFF)] <0.0000,0.0000>:

当在图形左下角指定一个点后，命令行操作提示如下：

    指定右上角点 <277.000,201-500>:

按照命令行的操作提示在图形的右上角指定一个点，随后将栅格界限设置为通过两个点定义的矩形区域，如图 2-70 所示。

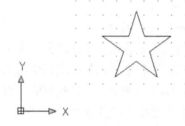

图 2-70　定义的矩形区域图形界限

> **技巧点拨：**
> 要显示通过两个点定义的栅格界限矩形区域，需要在【草图设置】对话框中勾选【启用栅格】复选框。

2.6　AutoCAD 系统变量与命令

AutoCAD 提供了各种系统变量（System Variables），用于存储操作环境设置、图形信息和一些命令的设置（或值）等。利用系统变量可以显示当前状态，也可以控制 AutoCAD 的某些功能和设计环境、命令的工作方式。

2.6.1 系统变量的定义与类型

AutoCAD 系统变量是控制某些命令工作方式的设置。系统变量可以打开或关闭模式，如【捕捉模式】、【栅格显示】或【正交模式】等；也可以设置填充图案的默认比例；还可以存储有关当前图形和程序配置的信息；有时用户使用系统变量来更改一些设置；在其他情况下，还可以使用系统变量显示当前状态。

系统变量通常使用 6～10 个字符的缩写名称，许多系统变量有简单的开关设置。系统变量主要有以下几种类型：整数、实数、点、开 / 关等，如表 2-1 所示。

表 2-1 系统变量类型

类 型	定 义	相关变量
整数	（用于选择） 该类型的变量用不同的整数值来确定相应的状态	如变量 SNAPMODE、OSMODE
	（用于数值） 该类型的变量用不同的整数值来进行设置	如 GRIPSIZE、ZOOMFACTOR 等变量
实数	该类型的变量用于保存实数值	如 AREA、TEXTSIZE 等变量
点	（用于坐标） 该类型的变量用于保存坐标点	如 LIMMAX、SNAPBASE 等变量
	（用于距离） 该类型的变量用于保存 X 方向和 Y 方向的距离值	如变量 GRIDUNIT、SCREENSIZE
开 / 关	该类型的变量有 ON（开）/OFF（关）这 2 种状态，用于设置状态的开关	如 HIDETEXT、LWDISPLAY 等变量

2.6.2 系统变量的查看和设置

有些系统变量具有只读属性，用户只能查看而不能修改只读变量。而对于没有只读属性的系统变量，用户可以在命令行中输入系统变量名或使用 SETVAR 命令来改变这些变量的值。

> **提示：**
>
> DATE 是存储当前日期的只读系统变量，可以显示但不能修改该值。

通常，一个系统变量的取值可以通过相关的命令来改变。例如，当使用 DIST 命令查询距离时，只读系统变量 DISTANCE 将自动保持最后一个 DIST 命令的查询结果。除此之外，用户可通过如下方式直接查看和设置系统变量。

● 在命令行中直接输入变量名。
● 使用 SETVAR 命令指定系统变量。

1. 在命令行中直接输入变量名

对于只读变量，系统将显示其变量值。而对于非只读变量，系统在显示其变量值的同时还允许用户输入一个新值来设置该变量。

2. 使用 SETVAR 命令指定系统变量

SETVAR 命令不仅可以对指定的变量进行查看和设置，还可以使用【?】选项来查看全部的系统变量。此外，对于一些与系统命令相同的变量，如 AREA 等，只能用 SETVAR 命令来查看。

SETVAR 命令可通过以下方式来执行。
- 菜单栏：选择【工具】|【查询】|【设置变量】命令。
- 命令行：输入 SETVAR。

命令行操作提示如下：

```
命令：
SETVAR 输入变量名或 [?]：                      //输入变量以查看或设置
```

提示：

SETVAR 命令可透明使用。AutoCAD 2020 系统变量大全可参考附录 B。

2.6.3 命令

命令的常见执行方式包括在菜单栏中选择命令执行、在命令行中输入命令执行和在功能区中单击命令按钮执行这 3 种。

除了上述 3 种常见方式，下面再介绍几种执行命令的特殊方式。

1．在命令行中输入替代命令

在命令行中输入命令条目，需要输入全名，然后通过按 Enter 键或空格键来执行。用户也可以自定义命令的别名来替代，如在命令行中可以输入 C 代替 CIRCLE 来启动 CIRCLE（圆）命令，并以此来绘制一个圆。命令行操作提示如下：

```
命令：C                                        //输入命令别名
CIRCLE 指定圆的圆心或 [三点(3P)/两点(2P)/切点、切点、半径(T)]：
                                              //在图形窗口中指定圆心
指定圆的半径或 [直径(D)]：200                   //输入圆半径并按 Enter 键
```

绘制的圆如图 2-71 所示。

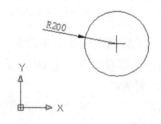

图 2-71　输入命令别名绘制的圆

提示：

命令的别名不同于键盘的快捷键，如 U（放弃）的键盘快捷键是 Ctrl+Z。

2．在命令行中输入系统变量

用户可以通过在命令行中直接输入系统变量来设置命令的工作方式。例如，GRIDMODE 系统变量用来控制打开或关闭点栅格显示。在这种情况下，GRIDMODE 系统变量在功能上等价于 GRID 命令。当命令行显示如下操作提示时：

```
命令:GRIDMODE                                        // 输入变量
输入 GRIDMODE 的新值 <0>:                             // 输入变量值
```

按命令行操作提示输入 0，可以关闭栅格显示；若输入 1，可以打开栅格显示。

3．利用鼠标功能

在绘图窗口，光标通常显示为"十"字线形式。当光标移至菜单选项、工具或对话框中时，它会变成一个箭头。无论光标是"十"字线形式还是箭头形式，当单击或按住鼠标键时，都会执行相应的命令或动作。在 AutoCAD 中，鼠标键是按照下述规则定义的。

- 左键：是指拾取键，用于指定屏幕上的点，也可以用来选择 Windows 对象、AutoCAD 对象、工具栏按钮和菜单命令等。
- 右键：是指回车键，功能相当于键盘上的 Enter 键，用于结束当前使用的命令，此时程序将根据当前绘图状态弹出不同的快捷菜单。
- 中键：按住中键，相当于 AutoCAD 中的 PAN 命令（实时平移）；滚动中键，相当于 AutoCAD 中的 ZOOM 命令（实时缩放）。
- Shift+ 右键：弹出【对象捕捉】快捷菜单（见图 2-72）。对于 3 键鼠标，弹出按钮通常是鼠标的中间按键。
- Shift+ 中键：三维动态旋转视图，如图 2-73 所示。
- Ctrl+ 中键：上、下、左、右旋转视图，如图 2-74 所示。
- Ctrl+ 右键：弹出【对象捕捉】快捷菜单。

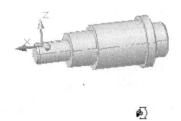

图 2-72 【对象捕捉】快捷菜单　　图 2-73 动态旋转视图　　图 2-74 上、下、左、右旋转视图

4．键盘快捷键

快捷键是指用于启动命令的键组合。例如，可以按 Ctrl+O 组合键打开文件，按 Ctrl+S 组合键保存文件，结果与从【文件】菜单中选择【打开】和【保存】命令相同。表 2-2 列举了【保存】快捷键的特性，其显示方式与在【特性】窗格中的显示方式相同。

表 2-2 【保存】快捷键的特性

【特性】窗格项目	说　　明	样　　例
名称	该字符串仅在 CUI 编辑器中使用，并且不会显示在用户界面中	保存
说明	文字用于说明元素，不显示在用户界面中	保存当前图形
扩展型帮助文件	当光标悬停在工具栏或面板按钮上时，将显示已显示的扩展型工具提示的文件名和 ID	
命令显示名称	包含命令名称的字符串，与命令有关	QSAVE
宏	命令宏。遵循标准的宏语法	^C^C_qsave
键	指定用于执行宏的按键组合。单击【…】按钮可以打开【快捷键】对话框	Ctrl+S
选项卡	与命令相关联的关键字。选项卡可提供其他字段用于在菜单栏中进行搜索	
元素 ID	用于识别命令的唯一标记	ID_Save

> **提示：**
> 快捷键从用于创建它的命令中继承了自己的特性。

用户可以为常用命令指定快捷键（有时称为加速键），还可以指定临时替代键，以便通过按键来执行命令或更改设置。

临时替代键可临时打开或关闭在【草图设置】对话框中设置的某个绘图辅助工具（如【正交模式】、【对象捕捉】或【极轴追踪】模式）。表 2-3 列举了【对象捕捉替代：端点】临时替代键的特性，其显示方式与在【特性】窗格中的显示方式相同。

表 2-3 【对象捕捉替代：端点】临时替代键的特性

【特性】窗格项目	说　　明	样　　例
名称	该字符串仅在 CUI 编辑器中使用，并且不会显示在用户界面中	对象捕捉替代：端点
说明	文字用于说明元素，不显示在用户界面中	对象捕捉替代：端点
键	指定用于执行临时替代的按键组合。单击【…】按钮可以打开【快捷键】对话框	Shift+E
宏 1（按下键时执行）	用于指定应在用户按下按键组合时执行宏	^P'_.osmode 1 $(if,$(eq,$(getvar, osnapoverride),'_.osnapoverride 1)
宏 2（松开键时执行）	用于指定应在用户松开按键组合时执行宏。如果保留为空，那么 AutoCAD 会将所有变量恢复至以前的状态	

用户可以将快捷键与命令列表中的任一命令相关联，还可以创建新快捷键或修改现有的快捷键。

动手操练——定制快捷键

为自定义的命令创建快捷键的操作步骤如下。

step 01 在功能区【管理】选项卡的【自定义设置】面板中单击【用户界面】按钮，程序会弹出【自定义用户界面】窗口，如图 2-75 所示。

图 2-75 【自定义用户界面】窗口

step 02 在【自定义用户界面】窗口的【所有自定义文件】下拉列表中单击【键盘快捷键】项目旁边的【+】图标，将此节点展开，如图 2-76 所示。

step 03 在【按类别过滤命令列表】下拉列表中选择【自定义命令】选项，将用户自定义的命令显示在下方的命令列表框中，如图 2-77 所示。

图 2-76 展开【键盘快捷键】节点

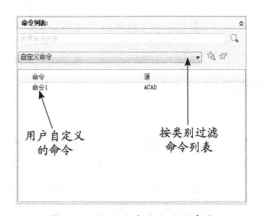

图 2-77 显示用户自定义的命令

step 04 使用鼠标左键将自定义的命令从命令列表框向上移到【键盘快捷键】节点中,如图2-78所示。

step 05 选择上一步骤创建的新快捷键,为其创建一个组合键。然后在【自定义用户界面】窗口右边的【特性】选项板中选择【键】行,并单击【...】按钮,如图2-79所示。

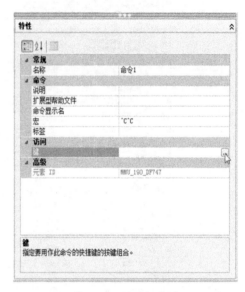

图 2-78　使用鼠标左键移动命令　　　　　　图 2-79　创建组合键

step 06 随后程序弹出【快捷键】对话框,再使用键盘为【命令1】快捷键指定组合键,指定后单击【确定】按钮,完成自定义键盘快捷键的操作。创建的组合快捷键将在【特性】选项板的【键】行中显示,如图2-80所示。

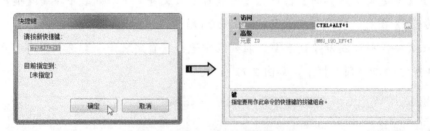

图 2-80　使用键盘创建组合快捷键

step 07 最后单击【自定义用户界面】窗口的【确定】按钮,完成操作。

2.7　入门案例——绘制 T 形图形

通过上面的详细讲述,相信读者对 AutoCAD 2020 已经有大体的了解和认识,下面通过绘制如图2-81所示的 T 形图形,对本章知识进行综合练习和应用。

第 2 章 AutoCAD 2020 入门

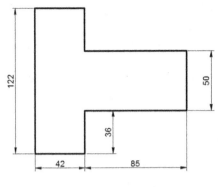

图 2-81 T 形图形

动手操练——绘制 T 形图形

step 01 在快速访问工具栏中单击【新建】按钮,打开【选择样板】对话框。

step 02 在【选择样板】对话框中选择【acadiso.dwt】作为基础样板,新建一个空白文件。

step 03 单击【默认】选项卡中【绘图】面板的【直线】按钮,根据 AutoCAD 命令行的操作提示,绘制图形的外轮廓线。

```
命令: _LINE
指定第一点:                                    // 在绘图区单击,拾取一点作为起点
指定下一点或 [放弃(U)]: @42,0 ✓               // 输入相对坐标,按 Enter 键
指定下一点或 [放弃(U)]: @0,36 ✓
指定下一点或 [闭合(C)/放弃(U)]:@85,0 ✓
指定下一点或 [闭合(C)/放弃(U)]: @0,50 ✓
指定下一点或 [闭合(C)/放弃(U)]: @-85,0 ✓
指定下一点或 [闭合(C)/放弃(U)]: @0,36 ✓
指定下一点或 [闭合(C)/放弃(U)]: @-42,0 ✓
指定下一点或 [闭合(C)/放弃(U)]: C ✓          // 按 Enter 键,闭合图形,绘制结果如图 2-82 所示
```

提示:

"@42,0"表示一个相对坐标点,其中符号"@"表示"相对于",即相对于上一点的坐标,此符号是按 Shift+6 组合键输入的。

step 04 缩放视图。执行菜单栏中的【视图】|【缩放】|【实时】命令,此时当前光标变为一个放大镜形状,结果如图 2-83 所示。

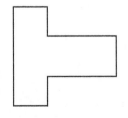

图 2-82 绘制结果

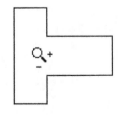

图 2-83 启动实时缩放功能

step 05 按住鼠标左键,慢慢向上方拖曳,此时图形被放大显示,结果如图 2-84 所示。

> **提示：**
> 当拖曳一次鼠标，图形还是不够清楚时，可以连续拖曳，进行连续缩放。

step 06 平移视图。执行菜单栏中的【视图】|【平移】|【实时】命令，激活【实时平移】命令，此时光标变为手状 ✋，按住鼠标左键将图形平移至绘图区中央，结果如图 2-85 所示。

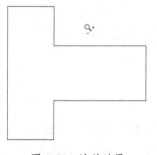
图 2-84　缩放结果

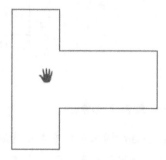
图 2-85　平移结果

step 07 单击鼠标右键，在弹出的快捷菜单中选择【退出】命令，如图 2-86 所示，退出【平移】命令。

step 08 在快速访问工具栏中单击【另存为】按钮，打开【图形另存为】对话框。

step 09 在【图形另存为】对话框中设置保存路径和文件名，如图 2-87 所示，单击【保存】按钮 保存(S) 即可保存图形。

图 2-86　快捷菜单

图 2-87　【图形另存为】对话框

第 3 章
快速高效作图

本章内容

绘制电气电路图与符号图形之前,用户需要了解一些基本的操作,以熟练运用 AutoCAD。本章将对使用 AutoCAD 2020 精确绘制图形的辅助工具应用、图形的简单编辑工具应用、图形对象的选择方法等进行详细介绍。

知识要点

- ☑ 精确绘制图形
- ☑ 图形的操作
- ☑ 对象的选择技巧

3.1 精确绘制图形

在绘图过程中，经常要指定一些已有对象上的点，如端点、圆心和两个对象的交点等。只凭观察来拾取是无法准确地找到这些点的。为此，AutoCAD 提供了精确绘制图形的功能，可以迅速、准确地捕捉到某些特殊点，从而精确地绘制图形。

3.1.1 设置捕捉模式

在绘制图形时，尽管可以通过移动光标来指定点的位置，但是很难精确指定点的某一位置。因此，要精确定位点，必须使用坐标输入或启用捕捉功能。

> **技巧点拨：**
>
> 【捕捉模式】可以单独打开，也可以和其他模式一同打开。【捕捉模式】用于设定鼠标光标移动的间距。使用【捕捉模式】功能，可以提高绘图效率。如图 3-1 所示，打开【捕捉模式】后，光标按设定的移动间距来捕捉点的位置，并绘制图形。

图 3-1 使用【捕捉模式】绘制的图形

用户可以通过如下方式打开或关闭捕捉功能。
- 状态栏：单击【捕捉模式】按钮 。
- 键盘快捷键：按 F9 键。
- 【草图设置】对话框：在【捕捉和栅格】选项卡中，勾选或取消勾选【启用捕捉】复选框。
- 命令行：输入 SNAPMODE。

3.1.2 栅格显示

栅格是一些标定位置的小点，起坐标纸的作用，可以提供直观的距离和位置参照。利用栅格可以对齐对象并直观显示对象之间的距离。若要提高绘图的速度和效率，则可以显示并捕捉矩形栅格，还可以控制其间距、角度和对齐方式。

用户可以通过如下方式打开或关闭【栅格】功能。

- 状态栏：单击【栅格】按钮。
- 键盘快捷键：按 F7 键。
- 【草图设置】对话框：在【捕捉和栅格】选项卡中，勾选或取消勾选【启用栅格】复选框。
- 命令行：输入 GRIDDISPLAY。

栅格可以显示为点，也可以显示为线。仅在当前视觉样式设置为【二维线框】时栅格才显示为点，否则栅格将显示为线，如图 3-2 所示。在三维视图中工作时，所有视觉样式都显示为线栅格。

图 3-2 栅格的显示

技巧点拨：

在默认情况下，用户坐标系的 X 轴和 Y 轴以不同于栅格线的颜色显示。用户可以在【选项】对话框的【绘图】面板中单击【颜色】按钮，在弹出的【图形窗口颜色】对话框中设置栅格线的颜色。

3.1.3 对象捕捉

在绘图过程中，经常需要指定一些已有对象上的点，如端点、中点、圆心、节点等来进行精确定位。对象捕捉功能可以迅速、准确地捕捉到某些特殊点，从而精确地绘制图形。

不论何时提示输入点，都可以指定对象捕捉。在默认情况下，当光标移动到对象捕捉位置时，将显示标记和工具提示，此功能称为 AutoSnap（自动捕捉），提供了视觉提示，指示哪些对象捕捉正在使用。

1. 特殊点对象捕捉

AutoCAD 提供了命令行、状态栏和右键快捷菜单这 3 种执行特殊点对象捕捉的方法。

状态栏中的【对象捕捉】面板如图 3-3 所示。

可以通过同时按 Shift 键和鼠标右键来激活快捷菜单。该快捷菜单中列出了 AutoCAD 提供的对象捕捉模式，如图 3-4 所示。

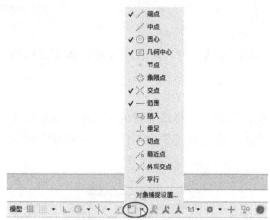

图 3-3 【对象捕捉】面板　　　　　图 3-4 【对象捕捉】快捷菜单

表 3-1 列举了对象捕捉的模式及其功能，与【对象捕捉】面板图标及【对象捕捉】快捷菜单命令相对应，下面对其中的一部分捕捉模式进行介绍。

表 3-1　特殊位置点捕捉

捕捉模式	快捷命令	功　能
临时追踪点	TT	建立临时追踪点
两点之间的中点	M2P	捕捉两个独立点之间的中点
自	FRO	与其他捕捉方式配合使用建立一个临时参考点，作为指出后继点的基点
端点	ENDP	用于捕捉对象（如线段或圆弧等）的端点
中点	MID	用于捕捉对象（如线段或圆弧等）的中点
圆心	CEN	用于捕捉圆或圆弧的圆心
节点	NOD	捕捉用 POINT 或 DIVIDE 等命令生成的点
象限点	QUA	用于捕捉距光标最近的圆或圆弧上可见部分的象限点，即圆周上 0°、90°、180°、270° 位置上的点
交点	INT	用于捕捉对象（如线、圆弧或圆等）的交点
延长线	EXT	用于捕捉对象延长路径上的点
插入点	INS	用于捕捉块、图形、文字、属性或属性定义等对象的插入点
垂足	PER	在线段、圆、圆弧或它们的延长线上捕捉一个点，使之与最后生成的点的连线和该线段、圆或圆弧正交
切点	TAN	最后生成的一个点到选中的圆或圆弧上引切线的切点位置
最近点	NEA	用于捕捉离拾取点最近的线段、圆、圆弧等对象上的点
外观交点	APP	用于捕捉两个对象在视图平面上的交点。若两个对象没有直接相交，则系统自动计算其延长后的交点；若两个对象在空间上为异面直线，则系统计算其投影方向上的交点
平行线	PAR	用于捕捉与指定对象平行方向的点
无	NON	关闭对象捕捉模式
对象捕捉设置	OSNAP	设置对象捕捉

> **技巧点拨:**
>
> 仅当提示输入点时,对象捕捉才生效。如果尝试在命令提示下使用对象捕捉,那么将显示错误信息。

动手操练——利用【对象捕捉】命令绘制图形

绘制如图 3-5 所示的圆的公切线。

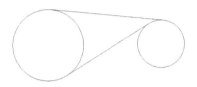

图 3-5 圆的公切线

step 01 单击【绘图】面板中的【圆】按钮 ⊙,以适当的半径绘制两个圆,结果如图 3-6 所示。

图 3-6 绘制两个圆

step 02 在菜单栏中选择【工具】|【绘图设置】命令,弹出【草图设置】对话框,勾选【对象捕捉】选项卡中的【切点】复选框,其余捕捉选项暂时取消勾选。

> **提示:**
>
> 另外,还要在菜单栏中选择【工具】|【工具栏】|【AutoCAD】|【对象捕捉】命令,将【对象捕捉】工具栏调出来,这些捕捉工具可以辅助作图。

step 03 单击【绘图】面板中的【直线】按钮 ╱,绘制公切线。命令行操作提示如下:

```
命令:_LINE 指定第一点:在命令行输入 TAN,或者单击【对象捕捉】工具栏中的【捕捉到切点】
按钮 ○
    TAN 到:选择左边圆上一点,系统自动显示【递延切点】提示,如图 3-7(a)所示
指定下一点或 [放弃(U)]:在命令行输入 TAN,或者单击【对象捕捉】工具栏中的【捕捉到切点】
按钮 ○
    TAN 到:选择右边圆上一点,系统自动显示【递延切点】提示,如图 3-7(b)所示
指定下一点或 [放弃(U)]:↙
```

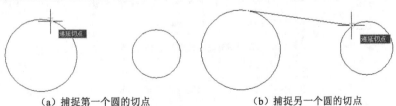

(a)捕捉第一个圆的切点   (b)捕捉另一个圆的切点

图 3-7 绘制第一条公切线

step 04 再次单击【直线】按钮，绘制第二条公切线。先捕捉第一个圆的切点，如图 3-8（a）所示。

step 05 接着捕捉第二个圆的切点，如图 3-8（b）所示。最终完成公切线的绘制。

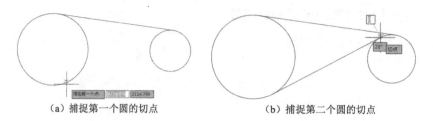

（a）捕捉第一个圆的切点　　　　　　　（b）捕捉第二个圆的切点

图 3-8　绘制第二条公切线

技巧点拨：

无论指定圆上哪一点作为切点，系统都会根据圆的半径和指定的大致位置确定准确的切点位置，并且可以根据大致指定点与内外切点距离，依据距离趋近原则判断绘制的是外切线还是内切线。

2．捕捉设置

在 AutoCAD 中绘图之前，可以根据需要事先设置开启一些对象捕捉模式，绘图时系统就能自动捕捉这些特殊点，从而加快绘图速度，提高绘图质量。

用户可以通过如下方式进行对象捕捉设置。

- 命令行：输入 DDOSNAP。
- 菜单栏：选择【工具】|【绘图设置】命令。
- 面板：单击【对象捕捉】|【对象捕捉设置】按钮。
- 状态栏：单击【对象捕捉】按钮（仅限于打开与关闭）。
- 快捷键：按 F3 键（仅限于打开与关闭）。
- 快捷菜单：选择【捕捉替代】|【对象捕捉设置】命令。

执行上述操作后，系统会打开【草图设置】对话框，切换到【对象捕捉】选项卡，如图 3-9 所示。利用此选项卡可以对对象捕捉模式进行设置。

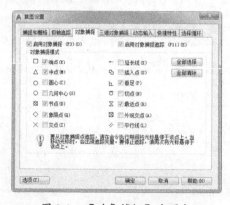

图 3-9　【对象捕捉】选项卡

动手操练——盘盖的绘制

绘制如图 3-10 所示的盘盖。

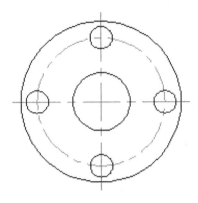

图 3-10　盘盖

step 01　选择【格式】|【图层】命令，设置图层。
- 【中心线】图层：线型为 CENTER，颜色为红色，其余属性采用默认值。
- 【粗实线】图层：线宽为 0.30mm，其余属性采用默认值。

step 02　将【中心线】图层设置为当前图层，然后单击【直线】按钮 绘制垂直中心线。

step 03　选择菜单栏中的【工具】|【绘图设置】命令，打开【草图设置】对话框中的【对象捕捉】选项卡，单击【全部选择】按钮，选择所有的捕捉模式，并勾选【启用对象捕捉】和【启用对象捕捉追踪】复选框，如图 3-11 所示，确认退出。

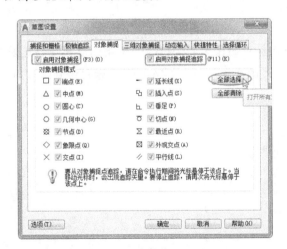

图 3-11　对象捕捉设置

step 04　单击【绘图】面板中的【圆】按钮 ，绘制圆形中心线，如图 3-12（a）所示。在指定圆心时，捕捉垂直中心线的交点，绘制结果如图 3-12（b）所示。

step 05　切换到【粗实线】图层，单击【绘图】面板中的【圆】按钮 ，绘制盘盖外圆和内孔，在指定圆心时，捕捉垂直中心线的交点，如图 3-13（a）所示，绘制结果如图 3-13（b）所示。

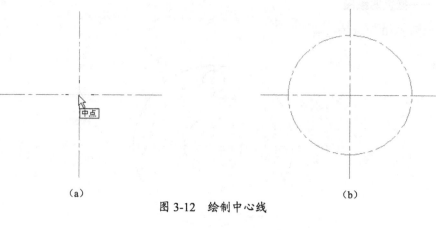

图 3-12 绘制中心线

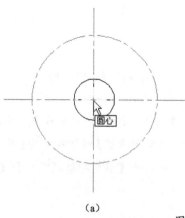 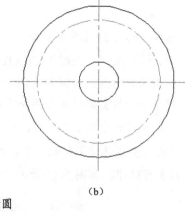

图 3-13 绘制同心圆

step 06 单击【绘图】面板中的【圆】按钮,绘制的螺孔在指定圆心时,捕捉圆形中心线与水平中心线或垂直中心线的交点,如图 3-14(a)所示,绘制结果如图 3-14(b)所示。

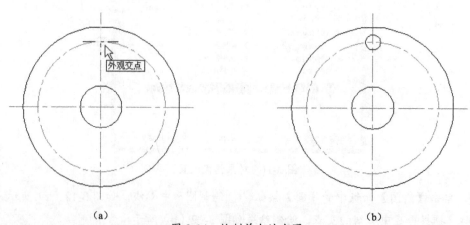

图 3-14 绘制单个均布圆

step 07 运用同样的方法绘制其他 3 个螺孔,绘制结果如图 3-15 所示。

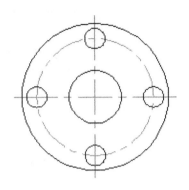

图 3-15　最后结果

step 08　保存文件。在命令行中输入 QSAVE，选择菜单栏中的【文件】|【保存】命令，或者单击快速访问工具栏中的【保存】图标。

3.1.4　对象追踪

对象追踪可按指定角度绘制对象，或者绘制与其他对象有特定关系的对象。对象追踪分为极轴追踪和对象捕捉追踪，是常用的辅助绘图工具。

1．极轴追踪

极轴追踪是按程序默认给定或用户自定义的极轴角度增量来追踪对象点的。如果极轴角度为 45°，那么光标只能按照给定的 45°范围来追踪，也就是说，光标可在整个象限的 8 个位置上追踪对象点。如果事先知道要追踪的方向（角度），那么使用极轴追踪是比较方便的。

用户可以通过如下方式打开或关闭【极轴追踪】功能。

- 状态栏：单击【极轴追踪】按钮。
- 键盘快捷键：按 F10 键。
- 【草图设置】对话框：在【极轴追踪】选项卡中，勾选或取消勾选【启用极轴追踪】复选框。

创建或修改对象时，还可以使用【极轴追踪】功能来显示由指定的极轴角度所定义的临时对齐路径。例如，设定极轴角度为 45°，使用【极轴追踪】功能捕捉的点的示意图如图 3-16 所示。

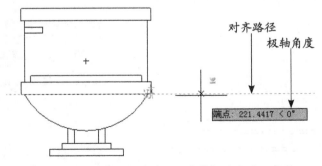

图 3-16　使用【极轴追踪】功能捕捉的点的示意图

> **技巧点拨：**
> 在没有特别指定极轴角度时，默认角度测量值为90°；可以使用对齐路径和工具提示绘制对象；与【交点】或【外观交点】对象捕捉一起使用极轴追踪，可以找出极轴对齐路径与其他对象的交点。

动手操练——利用【极轴追踪】命令绘制图形

绘制如图3-17所示的方头平键三视图。

step 01 绘制方头平键主视图。单击【绘图】面板中的【矩形】按钮，在屏幕中的适当位置指定一个角点，然后指定第二个角点为（@100,11），绘制的方头平键外形如图3-18所示。

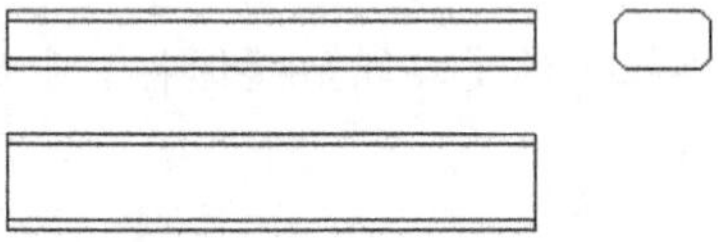

图3-17　方头平键主视图 　　　　　　　　图3-18　绘制的方头平键外形

step 02 单击【绘图】面板中的【直线】按钮，绘制方头平键棱线。命令行操作提示如下：

```
命令：LINE ✓
指定第一点：FROM ✓
基点：              // 捕捉矩形左上角点，如图3-19所示
<偏移>：@0,-2 ✓
指定下一点或 [放弃(U)]：   // 将鼠标光标右移，捕捉矩形右边上的垂足，如图3-20所示
```

图3-19　捕捉角点　　　　　　　　图3-20　捕捉垂足绘制棱线

step 03 同理，以矩形左下角点为基点，向上偏移2个单位，利用基点捕捉绘制下边的另一条棱线，结果如图3-21所示。

step 04 单击状态栏中的【对象捕捉】按钮、【极轴追踪】按钮和【对象捕捉追踪】按钮，启动对象捕捉和追踪功能。执行快捷键命令DS，打开【草图设置】对话框。在【极轴追踪】选项卡中将【增量角】设置为90，在【对象捕捉追踪设置】选项组中选中【仅正交追踪】单选按钮，设置完成后单击【确定】按钮，如图3-22所示。

图3-21　绘制方头平键棱线　　　　　　图3-22　设置【极轴追踪】选项卡

step 05 绘制方头平键俯视图。单击【矩形】按钮,捕捉方头平键主视图图形的左下角点,系统显示追踪线,沿追踪线向下在适当位置指定一点作为俯视图图形的绘制起点(即指定矩形的角点),如图3-23所示。在命令行或动态输入框中输入另一角点,其坐标为(@10,18),按Enter键完成俯视图方头平键外形的绘制,结果如图3-24所示。

图3-23 指定矩形的角点　　　　　　图3-24 绘制俯视图方头平键外形

step 06 按照方头平键主视图中的棱线绘制方法绘制俯视图中的方头平键棱线。单击【直线】按钮,结合基点捕捉功能绘制方头平键棱线,偏移距离为2,结果如图3-25所示。

step 07 单击【绘图】面板中的【射线】按钮,首先指定方头平键主视图的图形右下角点作为射线起点,然后按Tab键切换到动态输入框内的角度输入,输入的角度值为-45,然后按Enter键确认,即可绘制射线,此射线作为视图投影的折射线,结果如图3-26所示。

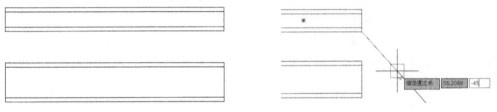

图3-25 绘制俯视图中方头平键的棱线　　　　　　图3-26 绘制射线

step 08 再单击【射线】按钮,指定方头平键俯视图图形的右上角点作为射线起点,向右水平捕捉一点作为射线通过点,随即完成水平射线的绘制,结果如图3-27所示。

step 09 以俯视图图形的其他点为射线起点,再绘制3条水平射线。运用同样的方法,再分别捕捉水平射线与斜射线的多个交点作为新射线起点,绘制4条竖直射线。最后通过主视图图形右侧的4个角点,向右绘制水平射线,结果如图3-28所示。

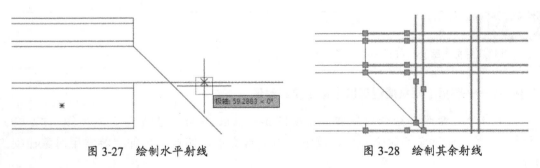

图3-27 绘制水平射线　　　　　　图3-28 绘制其余射线

step 10 单击【直线】按钮,绘制4条斜线,结果如图3-29所示。

step 11 最后单击【修剪】按钮，并按 Enter 键，修剪多余线条，得到完整的方头平键三视图，结果如图 3-30 所示。

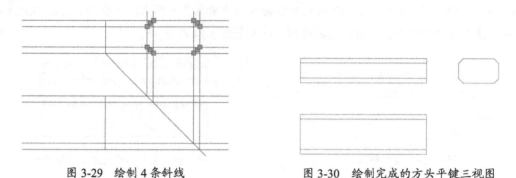

图 3-29　绘制 4 条斜线　　　　　图 3-30　绘制完成的方头平键三视图

2. 对象捕捉追踪

按照与对象的某种特定关系来追踪，这种特定关系确定了一个未知角度。如果事先不知道具体的追踪方向（角度），但知道与其他对象的某种关系（如相交、垂直等），则用【对象捕捉追踪】命令。【极轴追踪】和【对象捕捉追踪】命令可以同时使用。

用户可以通过如下方式打开或关闭【对象捕捉追踪】功能。

- 状态栏：单击【对象捕捉追踪】按钮 。
- 键盘快捷键：按 F11 键。

使用【对象捕捉追踪】在命令中指定点时，光标可以沿基于其他对象捕捉点的对齐路径进行追踪，如图 3-31 所示。

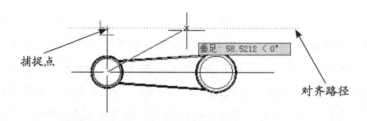

图 3-31　对象捕捉追踪

> **技巧点拨：**
> 要使用对象捕捉追踪必须打开一个或多个对象捕捉。

动手操练——利用【对象捕捉追踪】命令绘制图形

使用 LINE 命令并结合对象捕捉将如图 3-32（a）所示的图形修改为如图 3-32（b）所示的形式。通过学习这个实例，读者可以掌握交点、切点和延伸点等常用对象捕捉的方法。

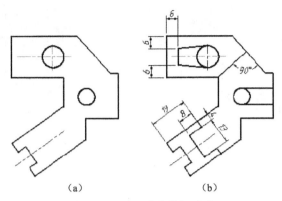

图 3-32 利用对象捕捉画线

step 01 绘制线段 *BC*、*EF* 等，*B*、*E* 点的位置用正交偏移捕捉确定，结果如图 3-33 所示。

```
命令：_LINE 指定第一点：FROM              // 使用正交偏移捕捉
基点：END 于                              // 捕捉偏移基点 A
<偏移>：@6,-6                             // 输入 B 点的相对坐标
指定下一点或 [放弃(U)]：TAN 到            // 捕捉切点 C
指定下一点或 [放弃(U)]：                  // 按 Enter 键结束
命令：                                    // 重复命令
LINE 指定第一点：FROM                     // 使用正交偏移捕捉
基点：END 于                              // 捕捉偏移基点 D
<偏移>：@6,6                              // 输入 E 点的相对坐标
指定下一点或 [放弃(U)]：TAN 到            // 捕捉切点 F
指定下一点或 [放弃(U)]：                  // 按 Enter 键结束
命令：                                    // 重复命令
LINE 指定第一点：END 于                   // 捕捉端点 B
指定下一点或 [放弃(U)]：END 于            // 捕捉端点 E
指定下一点或 [放弃(U)]：                  // 按 Enter 键结束
```

技巧点拨：

正交偏移捕捉功能可以相对于一个已知点定位另一点，具体的操作方法如下：先捕捉一个基准点，然后输入新点相对于基准点的坐标（相对直角坐标或相对极坐标），这样就可以从新点开始作图。

step 02 绘制线段 *GH*、*IJ* 等，结果如图 3-34 所示。

```
命令：_LINE 指定第一点：INT 于            // 捕捉交点 G
指定下一点或 [放弃(U)]：PER 到            // 捕捉垂足 H
指定下一点或 [放弃(U)]：                  // 按 Enter 键结束
命令：                                    // 重复命令
LINE 指定第一点：QUA 于                   // 捕捉象限点 I
指定下一点或 [放弃(U)]：PER 到            // 捕捉垂足 J
指定下一点或 [放弃(U)]：                  // 按 Enter 键结束
命令：                                    // 重复命令
LINE 指定第一点：QUA 于                   // 捕捉象限点 K
指定下一点或 [放弃(U)]：PER 到            // 捕捉垂足 L
指定下一点或 [放弃(U)]：                  // 按 Enter 键结束
```

step 03 绘制线段 *NO*、*OP* 等，结果如图 3-35 所示。

```
命令：_LINE 指定第一点：EXT               // 捕捉延伸点 N
于 19                                     // 输入 N 点与 M 点的距离
指定下一点或 [放弃(U)]：PAR               // 利用平行捕捉画平行线
到 4                                      // 输入 O 点与 N 点的距离
```

```
指定下一点或 [放弃(U)]: PAR                    //使用平行捕捉
到 8                                          //输入P点与O点的距离
指定下一点或 [闭合(C)/放弃(U)]: PAR            //使用平行捕捉
到 13                                         //输入Q点与P点的距离
指定下一点或 [闭合(C)/放弃(U)]: PAR            //使用平行捕捉
到 8                                          //输入R点与Q点的距离
指定下一点或 [闭合(C)/放弃(U)]: PER 到         //捕捉垂足S
指定下一点或 [闭合(C)/放弃(U)]:                //按Enter键结束
```

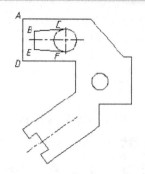 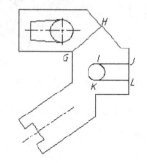 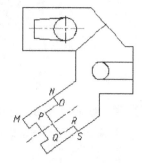

图 3-33　绘制线段 *BC*、*EF* 等　　图 3-34　绘制线段 *GH*、*IJ* 等　　图 3-35　绘制线段 *NO*、*OP* 等

技巧点拨：

延伸点捕捉功能可以从线段端点开始沿线的方向确定新点，具体的操作方法如下：先把光标从线段端点开始移动，此时系统沿线段方向显示出捕捉辅助线及捕捉点的相对极坐标，再输入捕捉距离，系统就定位一个新点。

3.1.5　正交模式

正交模式用于控制是否以正交方式绘图，或者在正交模式下追踪对象点。在正交模式下，可以非常方便地绘制与当前 *X* 轴或 *Y* 轴平行的直线。

用户可通过以下命令方式打开或关闭正交模式。

- 状态栏：单击【正交模式】按钮。
- 键盘快捷键：按 F8 键。
- 命令行：输入变量 ORTHO。

创建或移动对象时，使用【正交模式】将光标限制在水平轴或垂直轴上。移动光标时，不管水平轴或垂直轴哪个离光标最近，拖引线将沿着该轴移动，如图 3-36 所示。

技巧点拨：

打开正交模式时，使用直接距离输入方法可以创建指定长度的正交线或将对象移动指定的距离。

在【二维草图与注释】空间中，打开正交模式，拖引线只能在 *XY* 工作平面的水平方向和垂直方向上移动。在三维视图中，打开正交模式，拖引线除了可以在 *XY* 工作平面的 *X*、-*X* 方向和 *Y*、-*Y* 方向上移动，还可以在 *Z* 和 -*Z* 方向上移动，如图 3-37 所示。

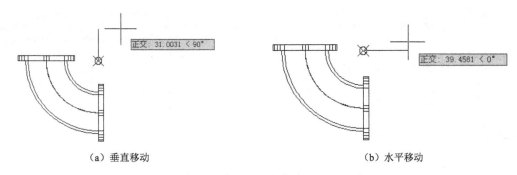

(a) 垂直移动　　　　　　　　　　　　(b) 水平移动

图 3-36　在正交模式下的垂直移动和水平移动

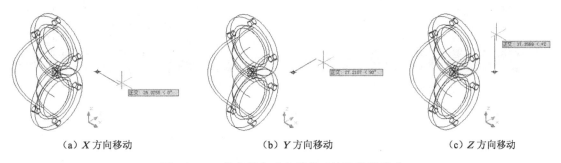

(a) X 方向移动　　　　　(b) Y 方向移动　　　　　(c) Z 方向移动

图 3-37　三维空间中正交模式下的拖引线移动

技巧点拨：

在绘图和编辑过程中，可以随时打开或关闭正交模式。输入坐标或指定对象捕捉时将忽略正交模式。使用临时替代键时，无法使用直接距离输入方法。

动手操练——利用正交模式绘制图形

下面利用正交模式绘制如图 3-38 所示的图形，具体的操作步骤如下。

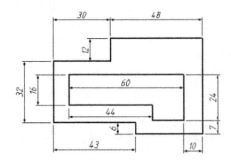

图 3-38　图形

step 01　单击状态栏中的【正交模式】按钮，启动正交模式。

step 02　绘制线段 AB、BC、CD 等，结果如图 3-39 所示。命令行操作提示如下：

```
命令：<正交 开>                          // 打开正交模式
命令：_LINE 指定第一点：                  // 单击 A 点
```

```
指定下一点或 [放弃(U)]: 30                    // 向右移动光标并输入线段 AB 的长度
指定下一点或 [放弃(U)]: 12                    // 向上移动光标并输入线段 BC 的长度
指定下一点或 [闭合(C)/放弃(U)]: 48            // 向右移动光标并输入线段 CD 的长度
指定下一点或 [闭合(C)/放弃(U)]: 50            // 向下移动光标并输入线段 DE 的长度
指定下一点或 [闭合(C)/放弃(U)]: 35            // 向左移动光标并输入线段 EF 的长度
指定下一点或 [闭合(C)/放弃(U)]: 6             // 向上移动光标并输入线段 FG 的长度
指定下一点或 [闭合(C)/放弃(U)]: 43            // 向左移动光标并输入线段 GH 的长度
指定下一点或 [闭合(C)/放弃(U)]: C             // 使线框闭合
```

step 03 绘制线段 *IJ、JK、KL* 等，结果如图 3-40 所示。

```
命令: _LINE 指定第一点: FROM                  // 使用正交偏移捕捉
基点: INT 于                                  // 捕捉交点 E
<偏移>: @-10,7                                // 输入 I 点的相对坐标
指定下一点或 [放弃(U)]: 24                    // 向上移动光标并输入线段 IJ 的长度
指定下一点或 [放弃(U)]: 60                    // 向左移动光标并输入线段 JK 的长度
指定下一点或 [闭合(C)/放弃(U)]: 16            // 向下移动光标并输入线段 KL 的长度
指定下一点或 [闭合(C)/放弃(U)]: 44            // 向右移动光标并输入线段 LM 的长度
指定下一点或 [闭合(C)/放弃(U)]: 8             // 向下移动光标并输入线段 MN 的长度
指定下一点或 [闭合(C)/放弃(U)]: C             // 使线框闭合
```

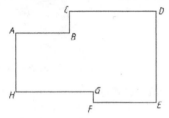

图 3-39 绘制线段 *AB、BC、CD* 等

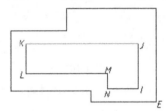

图 3-40 绘制线段 *IJ、JK、KL* 等

3.1.6 锁定角度

用户在绘制几何图形时，有时需要指定角度替代，以锁定光标来精确输入下一个点。通常，指定角度替代，是在命令提示指定点时输入左尖括号（<），其后输入一个角度。

例如，如下所示的命令行操作提示中显示了在 LINE 命令执行过程中输入 30 替代。

```
命令: LINE
指定第一点:                                   // 指定直线的起点
指定下一点或 [放弃(U)]: <30 ✓                 // 输入符号及角度值
角度替代: 30
指定下一点或 [放弃(U)]:                       // 指定直线下一点
```

技巧点拨:

所指定的角度将锁定光标，替代【栅格捕捉】和【正交模式】。坐标输入和对象捕捉优先于角度替代。

3.1.7 动态输入

【动态输入】功能用于控制指针输入、标注输入、动态提示及绘图工具提示外观，用户可以通过如下方式来执行此操作。

- 【草图设置】对话框：勾选或取消勾选【动态输入】选项卡中的【启用指针输入】等复选框。
- 状态栏：单击【动态输入】按钮 。
- 键盘快捷键：按 F12 键。

启用【动态输入】命令时，工具提示将在光标附近显示信息，该信息会随着光标的移动而动态更新。当某命令处于活动状态时，工具提示将为用户提供输入的位置。绘图时的动态输入和非动态输入如图 3-41 所示。

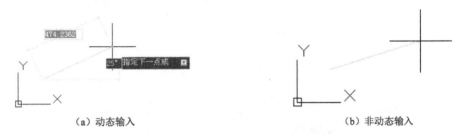

（a）动态输入　　　　　　　　　　　（b）非动态输入

图 3-41　绘图时的动态输入和非动态输入

动态输入有 3 个组件：指针输入、标注输入和动态提示。用户可以通过【草图设置】对话框来设置动态输入显示的内容。

1. 指针输入

当启用指针输入且有命令正在执行时，十字光标的位置将在光标附近的工具提示中显示为坐标。绘制图形时，用户可以在工具提示中直接输入坐标值来创建对象，则不用在命令行中另行输入，如图 3-42 所示。

图 3-42　指针输入

> **技巧点拨：**
> 在启用指针输入时，如果是相对坐标输入或绝对坐标输入，那么其输入格式与在命令行中的输入相同。

2. 标注输入

若启用标注输入，当命令提示输入第二点时，工具提示将显示距离（第二点与起点的长度值）和角度值，并且在工具提示中的值将随光标的移动而发生改变，如图 3-43 所示。

> **技巧点拨：**
> 在启用标注输入时，按 Tab 键可以交换动态显示长度值和角度值。

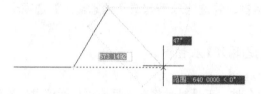

图 3-43 标注输入

用户在使用夹点（夹点的概念及使用方法将在本书 7.1 节详细介绍）编辑图形时，标注输入的工具提示框中可能会显示结果尺寸、角度修改、长度修改与绝对角度等信息，如图 3-44 所示。

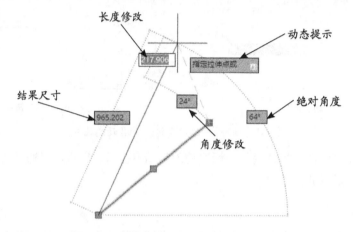

图 3-44 使用夹点编辑图形时的标注输入

技巧点拨：

使用标注输入设置，工具提示框中显示的是用户希望看到的信息。要精确指定点，在工具提示框中输入精确数值即可。

3．动态提示

当启用动态提示时，命令提示和命令输入会显示在光标附近的工具提示中。用户可以在工具提示（而不是在命令行）中直接输入响应，如图 3-45 所示。

图 3-45 使用动态提示

技巧点拨：

按键盘上的向下箭头键↓可以查看和选择选项，按向上箭头键↑可以显示最近的输入。要在动态提示工具提示中使用 PASTECLIP（粘贴），可以在输入字母之后及粘贴输入之前用空格键将其删除。否则，输入将作为文字粘贴到图形中。

动手操练——使用动态输入功能绘制图形

打开动态输入,通过指定线段的长度及角度绘制图形,如图 3-46 所示。通过学习这个实例,读者可以掌握使用动态输入功能绘制图形的方法。

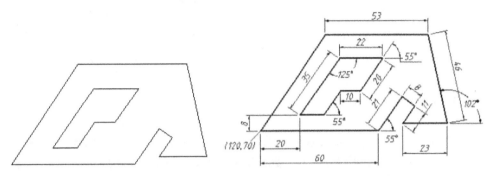

图 3-46 要绘制的图形

step 01 打开动态输入,设定动态输入方式为【指针输入】、【标注输入】及【动态提示】。

step 02 绘制线段 *AB*、*BC*、*CD* 等,结果如图 3-47 所示。

```
命令: _LINE 指定第一点: 120,70          // 输入 A 点的 x 坐标值
// 按 Tab 键,输入 A 点的 y 坐标值
指定下一点或 [放弃(U)]: 0               // 输入线段 AB 的长度 60
// 按 Tab 键,输入线段 AB 的角度 0°
指定下一点或 [放弃(U)]: 55              // 输入线段 BC 的长度 21
// 按 Tab 键,输入线段 BC 的角度 55°
指定下一点或 [闭合(C)/放弃(U)]: 35      // 输入线段 CD 的长度 8
// 按 Tab 键,输入线段 CD 的角度 35°
指定下一点或 [闭合(C)/放弃(U)]: 125     // 输入线段 DE 的长度 11
// 按 Tab 键,输入线段 DE 的角度 125°
指定下一点或 [闭合(C)/放弃(U)]: 0       // 输入线段 EF 的长度 23
// 按 Tab 键,输入线段 EF 的角度 0°
指定下一点或 [闭合(C)/放弃(U)]: 102     // 输入线段 FG 的长度 46
// 按 Tab 键,输入线段 FG 的角度 102°
指定下一点或 [闭合(C)/放弃(U)]: 180     // 输入线段 GH 的长度 53
// 按 Tab 键,输入线段 GH 的角度 180°
指定下一点或 [闭合(C)/放弃(U)]: C       // 按↓键,选择【闭合】选项
```

step 03 绘制线段 *IJ*、*JK*、*KL* 等,结果如图 3-48 所示。

```
命令: _LINE 指定第一点: 140,78          // 输入 I 点的 x 坐标值
// 按 Tab 键,输入 I 点的 y 坐标值
指定下一点或 [放弃(U)]: 55              // 输入线段 IJ 的长度 35
// 按 Tab 键,输入线段 IJ 的角度 55°
指定下一点或 [放弃(U)]: 0               // 输入线段 JK 的长度 22
// 按 Tab 键,输入线段 JK 的角度 0°
指定下一点或 [闭合(C)/放弃(U)]: 125     // 输入线段 KL 的长度 20
// 按 Tab 键,输入线段 KL 的角度 125°
指定下一点或 [闭合(C)/放弃(U)]: 180     // 输入线段 LM 的长度 10
// 按 Tab 键,输入线段 LM 的角度 180°
指定下一点或 [闭合(C)/放弃(U)]: 125     // 输入线段 MN 的长度 15
// 按 Tab 键,输入线段 MN 的角度 125°
指定下一点或 [闭合(C)/放弃(U)]: C       // 按↓键,选择【闭合】选项
```

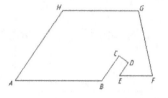
图 3-47 绘制线段 *AB*、*BC*、*CD* 等

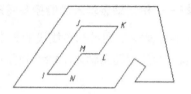
图 3-48 绘制线段 *IJ*、*JK*、*KL* 等

3.2 图形的操作

当用户绘制图形之后，需要进行简单的修改时，经常使用一些简单的编辑工具来操作。这些简单的编辑工具包括更正错误工具、删除对象工具、Windows 通用工具（复制、剪切和粘贴）等。

3.2.1 更正错误工具

当用户绘制的图形出现错误时，可以使用多种方法进行更正。

1. 放弃单个操作

在绘制图形过程中，若要放弃单个操作，可以单击快速访问工具栏中的【放弃】按钮，也可以在命令行中输入 U 命令。许多命令自身也包含有 U（放弃）选项，无须退出此命令即可更正错误。

例如，创建直线或多段线时，输入 U 命令即可放弃上一步操作。命令行操作提示如下：

```
命令：PLINE                                                    // 输入命令
指定起点：                                                      // 指定多段线起点
当前线宽为 0.0000                                               // 线宽
指定下一点或 [圆弧(A)/半宽(H)/长度(L)/放弃(U)/宽度(W)]：         // 指定多段线第二点
指定下一点或 [圆弧(A)/闭合(C)/半宽(H)/长度(L)/放弃(U)/宽度(W)]：U✓
// 放弃上一步操作
```

> **技巧点拨：**
> 在默认情况下，执行放弃或重做操作时，UNDO 命令将设置为把连续平移和缩放命令合并成一个操作。但是，从菜单开始的平移和缩放命令不会合并，并且始终保持独立的操作。

2. 一次放弃几步操作

在快速访问工具栏中单击【放弃】下拉按钮，在展开的下拉列表中，滑动鼠标可以选中多个已执行的命令，再次单击（执行放弃操作）即可一次性放弃几步操作，如图 3-49 所示。

在命令行中输入 UNDO 命令，用户可以通过输入操作步骤的数目来放弃操作。例如，将绘制的图形放弃 5 步操作，命令行操作提示如下：

```
命令：UNDO
当前设置：自动 = 开，控制 = 全部，合并 = 是，图层 = 是
```

```
输入要放弃的操作数目或 [自动 (A)/控制 (C)/开始 (BE)/结束 (E)/标记 (M)/后退 (B)]
<1>: 5                                              // 输入放弃的操作数目
    LINE  LINE  LINE  LINE  LINE                    // 放弃的操作名称
```

图 3-49 选择放弃的操作条目

放弃前 5 步操作后的图形变化如图 3-50 所示。

（a）操作放弃前的图形　　　　　　　　　　（b）操作放弃后的图形

图 3-50 放弃前 5 步操作后的图形变化

3．取消放弃的效果

取消放弃的效果也就是重做的意思，即恢复用 UNDO 或 U 命令放弃的效果。用户可以通过如下方式来执行此操作。

- 快速访问工具栏：单击【重做】按钮 。
- 菜单栏：选择【编辑】|【重做】命令。
- 键盘快捷键：按 Ctrl+Z 组合键。

4．删除对象的恢复

在绘制图形时，如果误删除了对象，可以使用 UNDO 或 OOPS 命令将其恢复。

5．取消命令

在 AutoCAD 中，若要终止进行中的操作，或者取消未完成的命令，可以通过按 Esc 键来执行取消操作。

3.2.2 删除对象工具

在 AutoCAD 2020 中，对象的删除大致可分为 3 种：一般对象删除、消除显示和删除未使用的定义与样式。

1．一般对象删除

用户可以使用以下方法来删除对象。

- 使用 ERASE（清除）命令，或者在菜单栏中选择【编辑】|【清除】命令来删除对象。
- 选择对象，然后使用 Ctrl+X 组合键将它们剪切到剪贴板。
- 选择对象，然后按 Delete 键。

通常，当执行【删除】命令后，需要选择要删除的对象，然后按 Enter 键或空格键结束对象选择，同时删除已选择的对象。

如果在【选项】对话框（在菜单栏中选择【工具】|【选项】命令）的【选择集】选项卡中，勾选【先选择后执行】复选框，就可以先选择对象，然后使用【清除】命令删除，如图 3-51 所示。

图 3-51 先选择后删除

> **技巧点拨：**
>
> 可以使用 UNDO 命令恢复意外删除的对象。使用 OOPS 命令可以恢复最近使用 ERASE、BLOCK 或 WBLOCK 命令删除的所有对象。

2. 消除显示

用户在进行某些编辑操作时留在显示区域中的加号形状的标记（称为点标记）和杂散像素，都可以删除。删除标记使用 REDRAW 命令，删除杂散像素则使用 REGEN 命令。

3. 删除未使用的定义与样式

用户还可以使用 PURGE 命令删除未使用的命名对象，包括块定义、标注样式、图层、线型和文字样式。

3.2.3 Windows 通用工具

当用户要从另一个应用程序的图形文件中引用对象时，可以先将这些对象剪切或复制到剪贴板，然后将它们从剪贴板粘贴到其他的应用程序中。Windows 通用工具包括剪切、复制和粘贴。

1. 剪切

剪切就是从图形中删除选定对象并将它们存储到剪贴板中，然后将对象粘贴到其他

Windows 应用程序中。用户可以通过如下方式来执行此操作。
- 菜单栏：选择【编辑】|【剪切】命令。
- 键盘快捷键：按 Ctrl+X 组合键。
- 命令行：输入 CUTCLIP。

2．复制

复制就是使用剪贴板将图形的部分或全部复制到其他应用程序创建的文档中。复制与剪切的区别如下：剪切不保留原有对象，而复制则保留原有对象。

用户可以通过如下方式来执行此操作。
- 菜单栏：选择【编辑】|【复制】命令。
- 键盘快捷键：按 Ctrl+C 组合键。
- 命令行：输入 COPYCLIP。

3．粘贴

粘贴就是将剪切或复制到剪贴板中的图形对象，粘贴到图形文件中。将剪贴板的内容粘贴到图形中时，将使用保留信息最多的格式。用户也可以将粘贴信息转换为 AutoCAD 格式。

3.3 对象的选择技巧

在对二维图形元素进行修改之前，需要先选择要编辑的对象。对象的选择方法有很多种：可以通过单击对象逐个拾取，可以利用矩形窗口或交叉窗口选择，可以选择最近创建的对象、前面的选择集或图形中的所有对象，也可以向选择集中添加对象或从中删除对象，等等。下面对对象的选择方法及类型进行详细介绍。

3.3.1 常规选择

图形的选择是 AutoCAD 的基本技能之一，常用于对图形进行修改编辑之前。常用的选择方式有点选择、窗口选择和窗交选择。

1．点选择

点选择是最基本、最简单的一种对外选择方式，使用此方式一次仅能选择一个对象。在命令行【选择对象：】的提示下，系统自动进入点选择模式，此时光标切换为矩形选择框状，将选择框放在对象的边沿上单击就可以选择该图形，被选择的图形对象以虚线显示，如图 3-52 所示。

2．窗口选择

窗口选择也是一种常用的选择方式，使用此方式一次可以选择多个对象。当未激活任何命令的时候，在窗口中从左向右拉出一个矩形选择框，此选择框就是窗口选择框，选择框以实线显示，内部以浅蓝色填充，如图 3-53 所示。

当指定窗口选择框的对角点之后，所有完全位于框内的对象都能被选择，如图 3-54 所示。

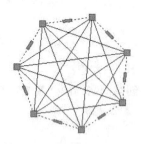
图 3-52　点选择示例

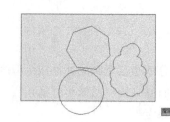
图 3-53　窗口选择框

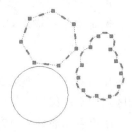
图 3-54　窗口选择结果

3. 窗交选择

窗交选择是使用频率非常高的选择方式，使用此方式一次也可以选择多个对象。当未激活任何命令时，在窗口中从右向左拉出一个矩形选择框，此选择框就是窗交选择框，选择框以虚线显示，内部以绿色填充，如图 3-55 所示。

当指定窗交选择框的对角点之后，所有与选择框相交和完全位于选择框内的对象都能被选择，如图 3-56 所示。

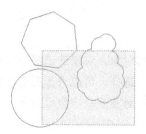
图 3-55　窗交选择框

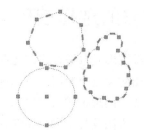
图 3-56　窗交选择结果

3.3.2　快速选择

用户可以使用【快速选择】命令进行快速选择，该命令可以在整个图形或现有选择集的范围内创建一个选择集，通过包括或排除符合指定对象类型和对象特性条件的所有对象。同时，用户还可以指定该选择集用于替换当前选择集还是将其附加到当前选择集之中。

执行【快速选择】命令的方式有以下几种。

- 执行菜单栏中的【工具】|【快速选择】命令。
- 终止任何活动命令，使用鼠标右键单击绘图区，在弹出的快捷菜单中选择【快速选择】命令。
- 在命令行中输入 QSELECT，然后按 Enter 键。
- 在【特性】选项板和【块定义】对话框中也提供了【快速选择】按钮，以便访问【快速选择】命令。

执行该命令后，打开【快速选择】对话框，如图 3-57 所示。

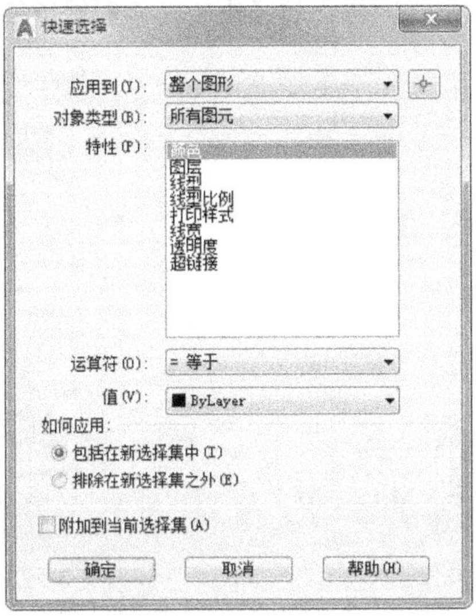

图 3-57 【快速选择】对话框

【快速选择】对话框中各选项的含义如下。

- 应用到：指定过滤条件应用的范围，包括【整个图形】和【当前选择集】选项。用户也可以通过单击【选择对象】按钮 返回绘图区来创建选择集。
- 对象类型：指定过滤对象的类型。如果当前不存在选择集，那么该列表将包括 AutoCAD 中的所有可用对象类型及自定义对象类型，并显示默认值【所有图元】；如果存在选择集，那么此列表只显示选定对象的对象类型。
- 特性：指定过滤对象的特性。此列表包括选定对象类型的所有可搜索特性。
- 运算符：控制对象特性的取值范围。
- 值：指定过滤条件中对象特性的取值。如果指定的对象特性具有可用值，则该选项显示为列表，用户可以从中选择一个值；如果指定的对象特性不具有可用值，则该选项显示为编辑框，用户根据需要输入一个值。此外，如果在【运算符】下拉列表中选择了【选择全部】选项，则【值】选项将不可显示。
- 如何应用：指定符合给定过滤条件的对象与选择集的关系。
  - ➢ 包括在新选择集中：将符合过滤条件的对象创建一个新的选择集。
  - ➢ 排除在新选择集之外：将不符合过滤条件的对象创建一个新的选择集。
- 附加到当前选择集：勾选该复选框，通过过滤条件所创建的新选择集将附加到当前的选择集之中，否则将替换当前选择集。如果用户勾选该复选框，则【选择对象】按钮 不可用。

动手操练——快速选择对象

快速选择是 AutoCAD 2020 中唯一以窗口作为对象选择界面的选择方式。通过快速选择方式，用户可以更直观地选择并编辑对象，具体的操作步骤如下。

step 01 启动 AutoCAD 2020，打开素材文件【视图.dwg】，如图 3-58 所示。在命令行中输入 QSELECT，然后按 Enter 键确认。弹出的【快速选择】对话框如图 3-59 所示。

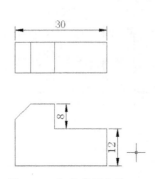

图 3-58 打开素材文件　　　　　　　　　图 3-59 【快速选择】对话框

step 02 在【应用到】下拉列表中选择【整个图形】选项，在【特性】列表框中选择【图层】选项，在【值】下拉列表中选择【标注】选项，如图 3-60 所示。

step 03 单击【确定】按钮，即可选择【标注】图层中的图形对象，如图 3-61 所示。

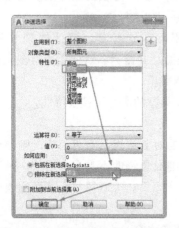

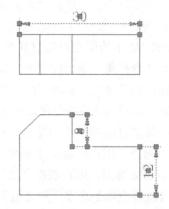

图 3-60 设置【快速选择】对话框　　　　图 3-61 选择【标注】图层中的图形对象

技巧点拨：

如果想从选择集中排除对象，可以在【快速选择】对话框中将【运算符】设置为【大于】，然后设置【值】，再选中【排除在新选择集之外】单选按钮，就可以将大于值的对象排除在外。

3.3.3 过滤选择

与【快速选择】相比，【对象选择过滤器】可以提供更复杂的过滤选项，并可以命名和保存过滤器。执行【对象选择过滤器】命令主要有以下几种方式。
- 在命令行中输入 FILTER，然后按 Enter 键。
- 输入快捷命令 FI，然后按 Enter 键。

执行该命令可以打开【对象选择过滤器】对话框，如图 3-62 所示。

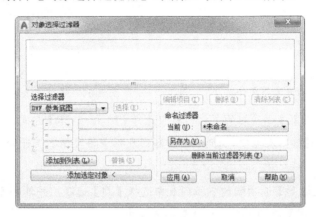

图 3-62　【对象选择过滤器】对话框

【对象选择过滤器】对话框中各选项的含义如下。
- 【对象选择过滤器】列表框：该列表框显示了组成当前过滤器的全部过滤器特性。用户可以单击【编辑项目】按钮编辑选定的项目，单击【删除】按钮删除选定的项目，或者单击【清除列表】按钮清除整个列表框。
- 【选择过滤器】选项组：该选项组的作用类似于【快速选择】命令，可以根据对象的特性向当前列表中添加过滤器。该选项组的下拉列表中包含可用于构造过滤器的全部对象及分组运算符。用户可以根据不同的对象指定相应的参数值，并且可以通过关系运算符来控制对象属性与取值之间的关系。
- 【命名过滤器】选项组：该选项组用于显示、保存和删除过滤器列表。

> **技巧点拨：**
>
> FILTER 命令可以透明地使用。AutoCAD 从默认的 filter.nfl 文件中加载已命名的过滤器，并且在该文件中保存过滤器列表。

动手操练——过滤选择图形元素

在 AutoCAD 2020 中，如果需要在复杂的图形中选择某个指定对象，可以采用过滤选择集进行选择，具体的操作步骤如下。

step 01　启动 AutoCAD 2020，打开素材文件【电源插头.dwg】，如图 3-63 所示。在命令行中输入 FILTER，然后按 Enter 键确认。

step 02　弹出【对象选择过滤器】对话框，如图 3-64 所示。

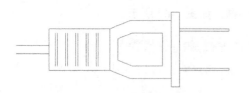

图 3-63 打开素材文件

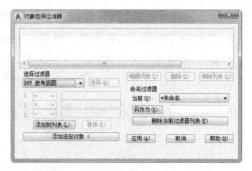

图 3-64 【对象选择过滤器】对话框

step 03 在【选择过滤器】选项组的下拉列表中选择【** 开始 OR】选项,并单击【添加到列表】按钮,将其添加到过滤器列表框中,此时,过滤器列表框中将显示【** 开始 OR】选项,如图 3-65 所示。

step 04 在【选择过滤器】选项组的下拉列表中选择【圆】选项,并单击【添加到列表】按钮,如图 3-66 所示,将【圆】选项添加至过滤器列表框中。

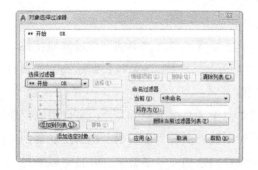

图 3-65 选择【** 开始 OR】选项

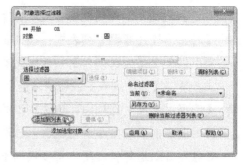

图 3-66 选择【圆】选项

step 05 在【选择过滤器】选项组的下拉列表中选择【** 结束 OR】选项,并单击【添加到列表】按钮,此时对话框显示如图 3-67 所示。

step 06 单击【应用】按钮,在绘图区域中用窗口选择方式选择整个图形对象,这时满足条件的对象将被选中,结果如图 3-68 所示。

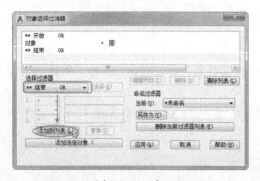

图 3-67 选择【** 结束 OR】选项

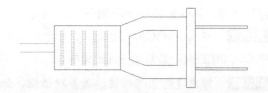

图 3-68 过滤选择后的结果

3.4 综合案例——绘制基本电路符号

电气控制系统中有图形符号和文字符号,这些符号是电气图的重要组成部分。常见的电气控制系统图形符号如图 3-69 所示。

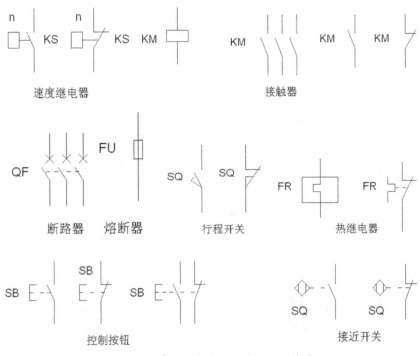

图 3-69 常见的电气控制系统图形符号

1. 电气控制系统中常见的文字符号

文字符号用于标明电气设备、装置和元器件的名称、功能与特征,包括基本文字符号和辅助文字符号。电气控制系统中常见的文字符号如表 3-2 所示。

表 3-2 电气控制系统中常见的文字符号

基本文字符号						
符号	描述	符号	描述	符号	描述
C	电容器	EH	发热器件	EL	照明灯
EV	空气调节器	FA	带瞬时动作的限流保护器件	FR	带延时动作的限流保护器件
FS	带瞬时、延时动作的限流保护器件	FU	熔断器	FV	限压保护器件
GS	同步发电机	GA	异步发电机	GB	蓄电池
HA	报警器	HL	指示灯	KA	过流继电器

续表

基本文字符号							
符 号	描 述	符 号	描 述	符 号	描 述
KM	接触器	KR	热继电器	KT	延时继电器
L	电感器	M	电动机	MS	同步电动机
MT	力矩电动机	PA	电流表	PJ	电度表
PS	记录仪表	PV	电压表	QF	断路器
QM	电动机保护开关	QS	隔离开关	TA	电流互感器
TC	电源互感器	TV	电压互感器	XB	连接片
XJ	测试插孔	XP	插头	XS	插座
XT	端子板	YA	电磁铁	YM	电动阀
YV	电磁阀				
辅助文字符号							
符 号	描 述	符 号	描 述	符 号	描 述
A	电流、模拟	AC	交流	AUT	自动
ACC	加速	ADD	附加	ADJ	可调
AUX	辅助	ASY	异步	BRK	制动
BK	黑	BL	蓝	BW	向后
C	控制	CW	顺时针	CCW	逆时针
D	延时、数字	DC	直流	DEC	减
E	接地	EM	紧急	F	快速
FB	反馈	FW	向前	GN	绿
H	高	IN	输入	INC	增
IND	感应	L	低、限制	LA	闭锁
M	主、中间线	MAN	手动	N	中性线
OFF	断开	ON	闭合	OUT	输出
P	压力、保护	PE	保护接地	PEN	保护接地与中性共用
PU	不接地保护	R	记录、反	RD	红
RST	复位	RES	备用	RUN	运转
S	信号	ST	启动	SET	置位、定位
SAT	饱和	STE	步进	STP	停止
SYN	同步	T	温度、时间	TE	防干扰接地
V	速度、电压、真空	WH	白	YE	黄

下面通过绘制基本电路符号，介绍高效作图工具和作图技巧。要绘制的电路符号如图 3-70 所示。

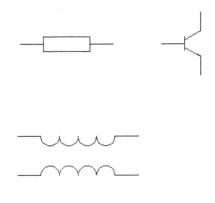

图 3-70　电路符号

2. 绘制固定电阻符号

step 01　打开 AutoCAD 2020，新建图纸文件。

step 02　单击【绘图】面板中的【矩形】按钮□，在绘图区单击指定第一个角点，如图 3-71 所示。

step 03　在命令行中输入 D（见图 3-72），然后按 Enter 键执行命令；接着输入矩形长度 10（本书涉及的长度单位均为 mm，如无特别说明，均不标出），按 Enter 键确认，如图 3-73 所示；继续输入矩形宽度 3，按 Enter 键确认，如图 3-74 所示。

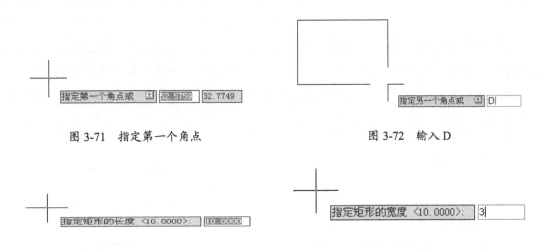

图 3-71　指定第一个角点　　　　　图 3-72　输入 D

图 3-73　输入长度　　　　　图 3-74　输入宽度

step 04　确定矩形的方向，如设置为横放，如图 3-75 所示，单击即可放置。

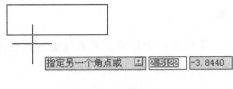

图 3-75　放置方向

step 05 绘制的矩形如图 3-76 所示。命令行操作提示如下:

```
命令: _RECTANG                                                    //使用【矩形】命令
指定第一个角点或 [倒角(C)/标高(E)/圆角(F)/厚度(T)/宽度(W)]: //指定角点、长度和宽度
指定另一个角点或 [面积(A)/尺寸(D)/旋转(R)]: D
指定矩形的长度 <10.0000>:
指定矩形的宽度 <10.0000>: 3
指定另一个角点或 [面积(A)/尺寸(D)/旋转(R)]:
```

step 06 单击【绘图】面板中的【直线】按钮，将光标移至矩形左边的中点，如果没有出现如图 3-77 所示的三角形，可以单击状态栏中的【对象捕捉】按钮，打开捕捉功能。

图 3-76 绘制的矩形　　　　　　　　　　图 3-77 确定直线端点

step 07 单击状态栏中的【正交模式】按钮，打开正交模式。向左移动光标，输入距离 5，按 Enter 键确认，如图 3-78 所示。此时，命令行操作提示如下:

```
命令: _LINE 指定第一点: <对象捕捉 关> <对象捕捉 开>        //使用【直线】命令
指定下一点或 [放弃(U)]: <正交 开> 5                          //指定长度
指定下一点或 [放弃(U)]: *取消*                               //取消命令
```

step 08 使用同样的方法绘制另一边的线条，如图 3-79 所示。此时，命令行操作提示如下:

```
命令: _LINE 指定第一点: <对象捕捉 关> <对象捕捉 开>        //使用【直线】命令
指定下一点或 [放弃(U)]: <正交 开> 5                          //指定长度
指定下一点或 [放弃(U)]: *取消*                               //取消命令
```

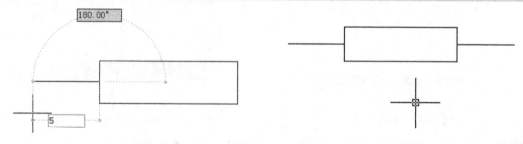

图 3-78 确定长度　　　　　　　　　　图 3-79 绘制的电阻符号

3. 绘制 NPN 型三极管符号

step 01 可以在同一张图纸上绘制三极管符号。单击【绘图】面板中的【直线】按钮，绘制一条长度为 5 的直线，如图 3-80 所示。命令行操作提示如下:

```
命令: _LINE 指定第一点:                                       //使用【直线】命令
指定下一点或 [放弃(U)]: 5                                    //指定长度
```

```
指定下一点或 [放弃(U)]: *取消*                              //取消命令
```

step 02 单击【绘图】面板中的【直线】按钮，绘制一条长度为1.5的直线，如图3-81所示。命令行操作提示如下：

```
命令: _LINE 指定第一点:                                    //使用【直线】命令
指定下一点或 [放弃(U)]: 1.5                                //指定长度
指定下一点或 [放弃(U)]: *取消*                              //取消命令
```

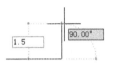

图 3-80　绘制长度为 5 的直线　　　　　　图 3-81　绘制长度为 1.5 的直线

step 03 单击【绘图】面板中的【直线】按钮，绘制一条长度为4的直线，如图3-82和图3-83所示。命令行操作提示如下：

```
命令: _LINE 指定第一点:                                    //使用【直线】命令
指定下一点或 [放弃(U)]: 4                                  //指定长度
指定下一点或 [放弃(U)]: *取消*                              //取消命令
```

图 3-82　确定端点　　　　　　图 3-83　绘制长度为 4 的直线（一）

step 04 选择上面绘制的长度为 4 的直线，如图 3-84 所示。单击【修改】面板中的【旋转】按钮，选择旋转基点，如图 3-85 所示，输入旋转角度 -60，如图 3-86 所示。最后，按 Enter 键确认，完成的图形如图 3-87 所示。命令行操作提示如下：

```
命令: _ROTATE
UCS 当前的正角方向:  ANGDIR=逆时针  ANGBASE=0.00
找到 1 个
指定基点:                                                //指定基点
指定旋转角度, 或 [复制(C)/参照(R)] <0.00>: -60            //输入旋转角度
```

step 05 单击【绘图】面板中的【直线】按钮，绘制一条长度为 4 的直线，如图 3-88 所示。命令行操作提示如下：

```
命令: _LINE 指定第一点:                                    //使用【直线】命令
指定下一点或 [放弃(U)]: 4                                  //指定长度
指定下一点或 [放弃(U)]: *取消*                              //取消命令
```

step 06 选择 2 条要镜像的直线，如图 3-89 所示；单击【修改】面板中的【镜像】按钮，选择镜像点，如图 3-90 所示。

step 07 指定镜像方向，如图 3-91 所示，按 Enter 键确认。命令行操作提示如下：

```
命令: MIRROR 找到 2 个                                    //使用【镜像】命令
指定镜像线的第一点：指定镜像线的第二点：                      //指定镜像点
要删除源对象吗？[是(Y)/否(N)]<N>:
```

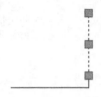

图 3-84　选择直线

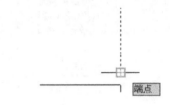

图 3-85　选择旋转基点

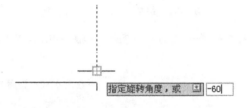

图 3-86　输入旋转角度

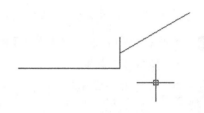

图 3-87　完成的图形

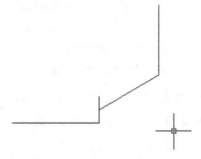

图 3-88　绘制长度为 4 的直线（二）

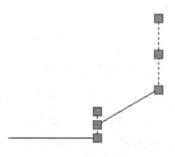

图 3-89　选择镜像直线

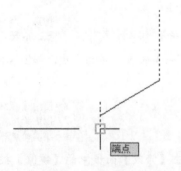

图 3-90　选择镜像点

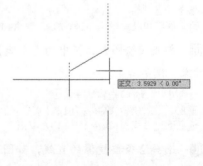

图 3-91　指定镜像方向

step 08　在【默认】选项卡的【注释】面板中单击【多重引线】按钮 ，分别选择引线的两端，如图 3-92 和图 3-93 所示。不输入文字，完成的引线如图 3-94 所示。命令行操作提示如下：

```
命令： _MLEADER                                          //使用【引线】命令
指定引线箭头的位置或 [引线基线优先(L)/内容优先(C)/选项(O)] <选项>:
指定引线基线的位置：
```

图 3-92　选择端点　　　　　　　　　　图 3-93　选择中点

step 09　选择引线，单击【修改】面板中的【分解】按钮，对引线进行分解。选择要删除的部分，单击【修改】面板中的【删除】按钮进行删除。绘制完成的三极管符号如图 3-95 所示。

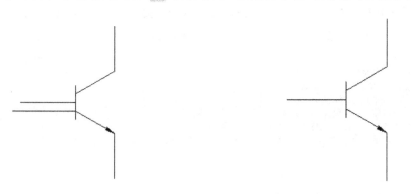

图 3-94　完成的引线　　　　　　　　　图 3-95　绘制完成的三极管符号

4．绘制互感线圈符号

step 01　单击【绘图】面板中的【直线】按钮，绘制一条长度为 5 的水平直线，如图 3-96 所示。命令行操作提示如下：

```
命令： LINE 指定第一点：                                  //使用【直线】命令
指定下一点或 [放弃(U)]： 5                                //指定长度
指定下一点或 [放弃(U)]： *取消*                            //取消命令
```

step 02　单击【绘图】面板中的【圆弧】按钮，选择端点，如图 3-97 所示；输入 C，按 Enter 键确认，如图 3-98 所示；选择中点，输入的半径为 2，如图 3-99 所示；最后确定圆弧长度，如图 3-100 所示。命令行操作提示如下：

```
命令： ARC 指定圆弧的起点或 [圆心(C)]：                    //使用【圆弧】命令
指定圆弧的第二个点或 [圆心(C)/端点(E)]： C                 //输入C，确定圆心
指定圆弧的圆心： 2                                        //输入半径
指定圆弧的端点或 [角度(A)/弦长(L)]：
```

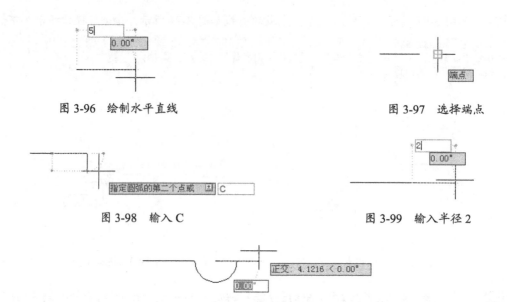

图 3-96　绘制水平直线　　　　　　　图 3-97　选择端点

图 3-98　输入 C　　　　　　　　　　图 3-99　输入半径 2

图 3-100　确定圆弧长度

step 03　如图 3-101 所示，选择要复制的圆弧。然后指定复制起点，如图 3-102 所示。依次单击复制的位置，复制 3 个后取消命令。命令行操作提示如下：

```
命令：_COPY 找到 1 个                                        //使用【复制】命令
当前设置：复制模式 = 多个
指定基点或 [位移(D)/模式(O)] <位移>：指定第二个点或 <使用第一个点作为位移>：
//指定基点和端点，如图 3-103 所示
指定第二个点或 [退出(E)/放弃(U)] <退出>：
指定第二个点或 [退出(E)/放弃(U)] <退出>：
指定第二个点或 [退出(E)/放弃(U)] <退出>：*取消*
```

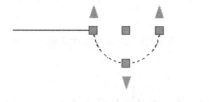
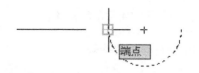

图 3-101　选择要复制的圆弧　　　　　图 3-102　选择端点

step 04　单击【绘图】面板中的【直线】按钮，绘制一条长度为 5 的直线，如图 3-104 所示。命令行操作提示如下：

```
命令：_LINE 指定第一点：                                     //使用【直线】命令
指定下一点或 [放弃(U)]： 5                                   //指定长度
指定下一点或 [放弃(U)]：*取消*                               //取消命令
```

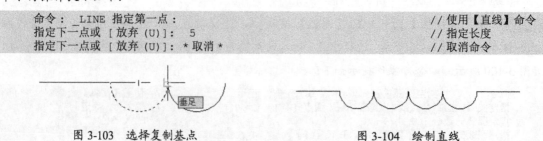

图 3-103　选择复制基点　　　　　　　图 3-104　绘制直线

step 05 选择要镜像的线条，如图 3-105 所示；单击【修改】面板中的【镜像】按钮，选择镜像点，如图 3-106 所示；选择镜像方向，如图 3-107 所示；单击即可完成镜像，结果如图 3-108 所示。命令行操作提示如下：

```
命令： MIRROR 找到 6 个                           //使用【镜像】命令
指定镜像线的第一点：指定镜像线的第二点：
要删除源对象吗？[是(Y)/否(N)] <N>：
```

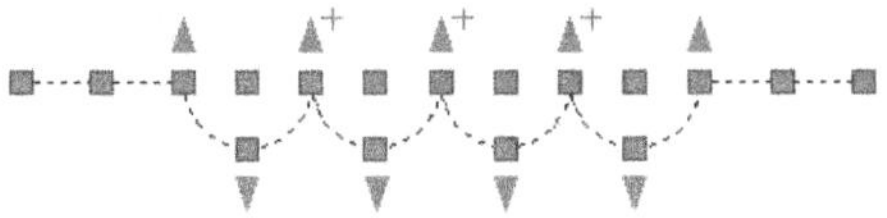

图 3-105 选择要镜像的线条 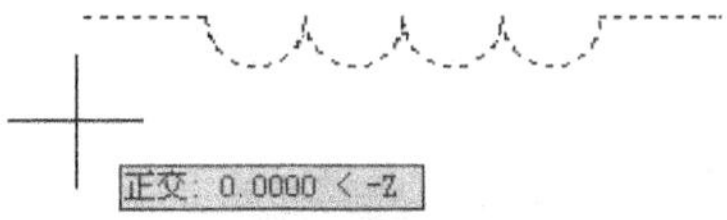　　　　　　　图 3-106 选择镜像点

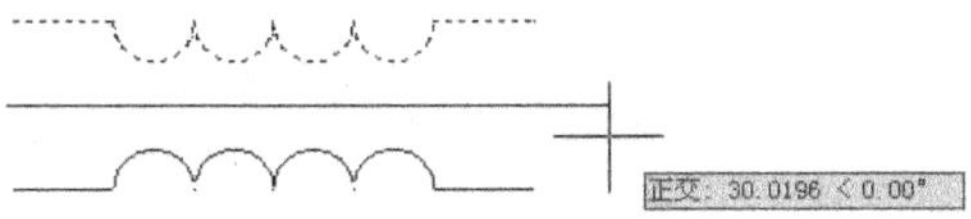

图 3-107 选择镜像方向 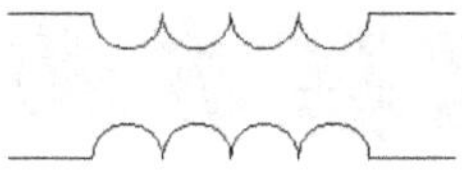　　　　　　　　　图 3-108 绘制的互感线圈符号

第 4 章
绘制基本曲线

本章内容

本章介绍用 AutoCAD 2020 绘制二维平面图形，涉及各种点、线的绘制和编辑。例如，点样式的设置、点和等分点的绘制，直线、射线、构造线的绘制，矩形和正多边形的绘制，以及圆、圆弧、椭圆和椭圆弧的绘制等。

知识要点

- ☑ 绘制点对象
- ☑ 绘制直线、射线和构造线
- ☑ 绘制矩形和正多边形
- ☑ 绘制圆、圆弧、椭圆和圆环

4.1 绘制点对象

4.1.1 设置点样式

AutoCAD 2020 为用户提供了多种点的样式，用户可以根据需要设置当前点的显示样式。在菜单栏中选择【格式】|【点样式】命令，或者在命令行中输入 DDPTYPE 并按 Enter 键，打开【点样式】对话框，如图 4-1 所示。

【点样式】对话框中各选项的含义如下。

- 点大小：在该文本框中可以输入点的尺寸。
- 相对于屏幕设置大小：此选项表示按照屏幕尺寸的百分比显示点。
- 按绝对单位设置大小：此选项表示按照点的实际尺寸显示点。

在【点样式】对话框中罗列了 20 种点样式，只需要在所需样式上单击，就可以将此样式设置为当前样式。

动手操练——设置点样式

step 01 在菜单栏中选择【格式】|【点样式】命令，或者在命令行中输入 DDPTYPE 并按 Enter 键，打开如图 4-1 所示的对话框。

step 02 从【点样式】对话框中可以看出，AutoCAD 为用户提供了 20 种点样式，在所需样式上单击就可以将此样式设置为当前样式。在此设置【⊗】为当前点样式。

step 03 在【点大小】文本框中输入点的尺寸。其中，【相对于屏幕设置大小】选项表示按照屏幕尺寸的百分比显示点；【按绝对单位设置大小】选项表示按照点的实际尺寸显示点。

step 04 单击【确定】按钮，绘图区中的点就被更新，结果如图 4-2 所示。

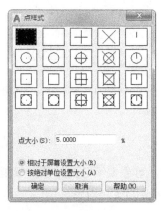

图 4-1 【点样式】对话框

图 4-2 操作结果

> **技巧点拨：**
>
> 在默认设置下，点图形是以一个小点显示的。

4.1.2 绘制单点和多点

1. 绘制单点

使用【单点】命令一次可以绘制一个点对象。当绘制完单个点后，系统自动结束此命令，所绘制的点以一个小点的方式显示，如图 4-3 所示。

执行【单点】命令主要有以下几种方式。

- 在菜单栏中选择【绘图】|【点】|【单点】命令。
- 在命令行中输入 POINT，然后按 Enter 键。
- 使用命令简写 PO，然后按 Enter 键。

2. 绘制多点

使用【多点】命令可以连续地绘制多个点对象，直到按下 Esc 键结束命令为止，如图 4-4 所示。

图 4-3 单点示例　　　　　　　　　　图 4-4 多点示例

执行【多点】命令主要有以下几种方式。

- 在菜单栏中选择【绘图】|【点】|【多点】命令。
- 单击【绘图】面板中的 按钮。

执行【多点】命令后，AutoCAD 系统提示如下：

```
命令: POINT
        当前点模式: PDMODE=0  PDSIZE=0.0000 （Current point modes: PDMODE=0  PDSIZE=0.0000）
    指定点:                                    // 在绘图区给定点的位置
    指定点:                                    // 在绘图区给定点的位置
    指定点:                                    // 在绘图区给定点的位置
    …
    指定点:                                    // 继续绘制点或按 Esc 键结束命令
```

4.1.3 绘制定数等分点

【定数等分】命令用于按照指定的等分数目等分对象，对象被等分的结果仅仅是在等分点处放置了点的标记符号（或内部块），而源对象并没有被等分为多个对象。

执行【定数等分】命令主要有以下几种方式。

- 在菜单栏中选择【绘图】|【点】|【定数等分】命令。

- 在命令行中输入 DIVIDE，然后按 Enter 键。
- 使用命令简写 DVI，然后按 Enter 键。

动手操练——使用【定数等分】命令等分直线

下面将某水平线段等分为 5 份，我们可以从中学习使用【定数等分】命令的方法和技巧，具体操作如下。

step 01 绘制一条长度为 200 的水平线段，如图 4-5 所示。

图 4-5 绘制线段

step 02 执行【格式】|【点样式】命令，打开【点样式】对话框，将当前点样式设置为【⊕】。

step 03 执行【绘图】|【点】|【定数等分】命令，然后根据 AutoCAD 命令行操作提示等分线段，命令行操作提示如下：

```
命令：DIVIDE
选择要定数等分的对象：                    // 选择需要等分的线段
输入线段数目或 [块(B)]：✓
需要 2 和 32767 之间的整数，或选项关键字。
输入线段数目或 [块(B)]：5 ✓              // 输入需要等分的份数
```

step 04 定数等分的结果如图 4-6 所示。

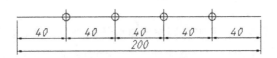

图 4-6 定数等分的结果

技巧点拨：

【块】选项用于在对象等分点处放置内部块，以代替点标记。在执行此选项时，必须确保当前文件中存在所需使用的内部块。

4.1.4 绘制定距等分点

【定距等分】命令是按照指定的等分距离等分对象的。对象被等分的结果仅仅是在等分点处放置了点的标记符号（或内部块），而源对象并没有被等分为多个对象。

执行【定距等分】命令主要有以下几种方式。

- 在菜单栏中选择【绘图】|【点】|【定距等分】命令。
- 在命令行中输入 MEASURE，然后按 Enter 键。
- 使用命令简写 ME，然后按 Enter 键。

动手操练——使用【定距等分】命令等分直线

下面将某线段每隔 45 个单位的距离放置点标记，我们可以从中学习使用【定距等分】命令的方法和技巧，具体的操作步骤如下：

step 01 绘制长度为 200 的水平线段。

step 02 执行【格式】|【点样式】命令，打开【点样式】对话框，设置点的显示样式为【⊕】。

step 03 执行【绘图】|【点】|【定距等分】命令，对线段进行定距等分。命令行操作提示如下：

```
命令：_MEASURE
选择要定距等分的对象：                    // 选择需要等分的线段
指定线段长度或 [块(B)]：✓
需要数值距离、两点或选项关键字。
指定线段长度或 [块(B)]：45                // 设置等分长度
```

step 04 定距等分的结果如图 4-7 所示。

图 4-7 定距等分的结果

4.2 绘制直线、射线和构造线

【直线】、【射线】和【构造线】工具同属于直线绘制工具。【直线】工具绘制的是具有长度限制且有起点和终点的直线段；【射线】工具能绘制有起点但无终点的无限长直线；【构造线】工具可以绘制无限长但没有起点和终点的直线。

4.2.1 绘制直线

直线是各种绘图中最常用、最简单的一类图形对象，只要指定了起点和终点即可绘制一条直线。

执行【直线】命令主要有以下几种方式。

- 执行【绘图】|【直线】命令。
- 单击【绘图】面板中的【直线】按钮 ∕。
- 在命令行中输入 LINE，然后按 Enter 键。
- 使用命令简写 L，然后按 Enter 键。

动手操练——使用【直线】命令绘制图形

step 01 单击【绘图】面板中的【直线】按钮 ∕，命令行操作提示如下：

```
指定第一点：100,0 ✓                      // 确定 A 点
指定下一点或 [放弃(U)]：@0,-40 ✓         // 确定 B 点
```

```
指定下一点或 [放弃(U)]: @-90,0↙                    // 确定 C 点
指定下一点或 [闭合(C)/放弃(U)]: @0,20↙            // 确定 D 点
指定下一点或 [闭合(C)/放弃(U)]: @50,0↙            // 确定 E 点
指定下一点或 [闭合(C)/放弃(U)]: @0,40↙            // 确定 F 点
指定下一点或 [闭合(C)/放弃(U)]: C↙                 // 自动闭合并结束命令
```

step 02 绘制的图形如图 4-8 所示。

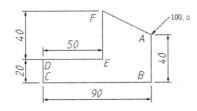

图 4-8 使用【直线】命令绘制的图形

> **技巧点拨：**
>
> 在 AutoCAD 中，可以用二维坐标 (x,y) 或三维坐标 (x,y,z) 来指定端点，也可以混合使用二维坐标和三维坐标。如果输入二维坐标，那么 AutoCAD 将会用当前的高度作为 Z 轴的坐标值，默认值为 0。

4.2.2 绘制射线

射线为一端固定，而另一端无限延伸的直线。

执行【射线】命令主要有以下几种方式。

- 执行【绘图】|【射线】命令。
- 在命令行中输入 RAY，然后按 Enter 键。

动手操练——绘制射线

step 01 单击【绘图】面板中的【射线】按钮。

step 02 根据命令行提示进行操作：

```
命令: RAY
指定起点: 0,0              // 确定 A 点
指定通过点: @30,0
```

step 03 绘制结果如图 4-9 所示。

图 4-9 绘制结果

> **技巧点拨：**
>
> 在 AutoCAD 中，【射线】命令主要用于绘制辅助线。

4.2.3 绘制构造线

构造线是两端可以无限延伸的直线，没有起点和终点，可以放置在三维空间的任何地方，主要用于绘制辅助线。

执行【构造线】命令主要有以下几种方式。

- 执行【绘图】|【构造线】命令。
- 单击【绘图】面板中的【构造线】按钮 。
- 在命令行中输入 XLINE，然后按 Enter 键。
- 使用命令简写 XL，然后按 Enter 键。

动手操练——绘制构造线

step 01 执行【绘图】|【构造线】命令。

step 02 根据命令行提示进行操作：

```
命令:XL
XLINE
指定点或 [水平(H)/垂直(V)/角度(A)/二等分(B)/偏移(O)]:0,0
指定通过点：@30,0
指定通过点：@30,20
```

step 03 绘制结果如图 4-10 所示。

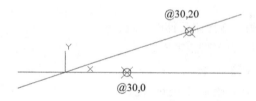

图 4-10 绘制结果

4.3 绘制矩形和正多边形

矩形和正多边形是由多段线（为有连接关系的多段直线）构成的封闭图形。

4.3.1 绘制矩形

矩形是由 4 条直线元素组合而成的闭合对象，AutoCAD 将其看作一条闭合的多段线。

执行【矩形】命令主要有以下几种方式。

- 执行【绘图】|【矩形】命令。
- 单击【绘图】面板中的【矩形】按钮 。
- 在命令行中输入 RECTANG，然后按 Enter 键。

- 使用命令简写 REC，然后按 Enter 键。

动手操练——绘制矩形

在默认设置下，绘制矩形的方式为对角点，下面通过绘制长度为 200、宽度为 100 的矩形，学习使用此种方式，具体的操作步骤如下：

step 01 单击【绘图】面板中的【矩形】按钮▭，激活【矩形】命令。

step 02 根据命令行的提示，使用默认对角点方式绘制矩形。命令行操作提示如下：

```
命令：_RECTANG
指定第一个角点或 [倒角(C)|标高(E)|圆角(F)|厚度(T)|宽度(W)]: // 定位一个角点
指定另一个角点或 [面积(A)|尺寸(D)|旋转(R)]: @200,100        // 输入长宽参数
```

step 03 绘制的矩形如图 4-11 所示。

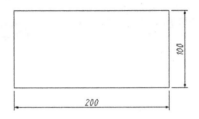

图 4-11 绘制的矩形

> **技巧点拨**：
> 由于矩形被看作一条多段线，当用户编辑某条边时，需要事先使用【分解】命令将其进行分解。

4.3.2 绘制正多边形

在 AutoCAD 中，可以使用【多边形】命令绘制边数为 3～1024 的正多边形。

执行【多边形】命令主要有以下几种方式。

- 执行【绘图】|【多边形】命令。
- 在【绘图】面板中单击【多边形】按钮⬠。
- 在命令行中输入 POLYGON，然后按 Enter 键。
- 使用命令简写 POL，然后按 Enter 键。

绘制正多边形的方式有两种，分别是根据边长绘制和根据半径绘制。

1. 根据边长绘制正多边形

在工程图中，经常会根据一条边的两个端点绘制多边形，这样不仅确定了正多边形的边长，还指定了正多边形的位置。

动手操练——根据边长绘制正多边形

step 01 执行【绘图】|【多边形】命令，激活【多边形】命令。

step 02 根据命令行提示进行操作:

```
命令: _POLYGON 输入侧面数 <8>:✓              //指定正多边形的边数
指定正多边形的中心点或 [边(E)]: E✓           //通过一条边的两个端点绘制
指定边的第一个端点: 指定边的第二个端点: 100✓  //指定边长
```

step 03 绘制的正八边形如图4-12所示。

2. 根据半径绘制正多边形

动手操练——根据半径绘制正多边形

step 01 执行【绘图】|【多边形】命令,激活【多边形】命令。

step 02 根据命令行提示进行操作:

```
命令: _POLYGON 输入侧面数 <5>:✓              //指定边数
指定正多边形的中心点或 [边(E)]:              //在视图中单击,指定中心点
输入选项 [内接于圆(I)|外切于圆(C)] <C>: I✓   //激活【内接于圆】选项
指定圆的半径: 100✓                           //设定半径参数
```

step 03 绘制的正五边形如图4-13所示。

   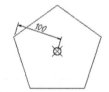

图 4-12 绘制的正八边形   图 4-13 绘制的正五边形

技巧点拨:

也可以不输入半径尺寸,在视图中移动十字光标并单击,从而创建正多边形。

内接于圆和外切于圆

选择【内接于圆】和【外切于圆】选项时,命令行提示输入的数值是不同的。

- 选择【内接于圆】选项:命令行要求输入正多边形外圆的半径,也就是正多边形中心点至端点的距离,创建的正多边形所有的顶点都在此圆周上。
- 选择【外切于圆】选项:命令行要求输入的是正多边形中心点至各边线中点的距离。同样输入数值5,创建的内接于圆正多边形小于外切于圆正多边形。

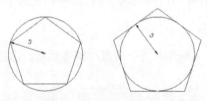

内接于圆与外切于圆正多边形的区别

4.4 绘制圆、圆弧、椭圆和圆环

在 AutoCAD 2020 中，曲线对象包括圆、圆弧、椭圆和椭圆弧、圆环等。曲线对象的绘制方法比较多，因此用户在绘制曲线对象时，需要按给定的条件合理选择绘制方法，以提高绘图效率。

4.4.1 绘制圆

要创建圆，可以指定圆心、半径、直径、圆周上的点和其他对象上点的不同组合。圆的绘制方法有很多种，常见的有【圆心、半径】、【圆心、直径】、【两点】、【三点】、【相切、相切、半径】和【相切、相切、相切】这 6 种，如图 4-14 所示。

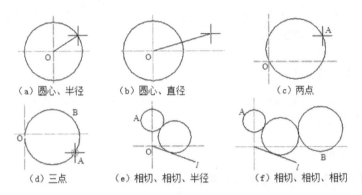

图 4-14　绘制圆的 6 种方式

圆是一种闭合的基本图形元素，AutoCAD 2020 为用户提供了 6 种画圆的方式，如图 4-15 所示。

图 4-15　6 种画圆的方式

执行【圆】命令主要有以下几种方式。
- 执行【绘图】|【圆】命令。
- 单击【绘图】面板中的【圆】按钮⊙。
- 在命令行中输入 CIRCLE，然后按 Enter 键。

绘制圆主要有两种方式，分别是通过指定半径和直径画圆，以及通过两点或三点精确定位画圆。

1. 半径画圆和直径画圆

半径画圆和直径画圆是两种基本的画圆方式，默认方式为半径画圆。当用户定位了圆的圆心之后，只需要输入圆的半径或直径，即可精确画圆。

动手操练——用半径或直径画圆

step 01 单击【绘图】面板中的【圆】按钮 ⌀，激活【圆】命令。

step 02 根据 AutoCAD 命令行中的提示精确画圆。命令行操作提示如下：

```
命令：_CIRCLE
指定圆的圆心或 [三点(3P)|两点(2P)|切点、切点、半径(T)]:      // 指定圆心位置
指定圆的半径或 [直径(D)] <100.0000>:                          // 设置半径值为100
```

step 03 绘制的圆如图 4-16 所示。

> **技巧点拨：**
>
> 激活【直径】选项，即可运用直径方式画圆。

2. 两点画圆和三点画圆

【两点】画圆和【三点】画圆指的是定位出两点或三点，即可精确画圆。所给定的两点被看作圆直径的两个端点，所给定的三点都位于圆周上。

动手操练——用两点和三点画圆

step 01 执行【绘图】|【圆】|【两点】命令，激活【两点】命令。

step 02 根据 AutoCAD 命令行的提示进行两点画圆。命令行操作提示如下：

```
命令：_CIRCLE
指定圆的圆心或 [三点(3P)|两点(2P)|切点、切点、半径(T)]: _2P 指定圆直径的第一个端点：
指定圆直径的第二个端点：
```

step 03 绘制的圆如图 4-17 所示。

> **技巧点拨：**
>
> 另外，用户也可以通过输入两点的坐标值，或者使用对象的捕捉追踪功能定位两点，以精确画圆。

step 04 重复执行【圆】命令，然后根据 AutoCAD 命令行的提示进行三点画圆。命令行操作提示如下：

```
命令：_CIRCLE
指定圆的圆心或 [三点(3P)|两点(2P)|切点、切点、半径(T)]: 3P
指定圆上的第一个点：                          // 拾取点1
指定圆上的第二个点：                          // 拾取点2
指定圆上的第三个点：                          // 拾取点3
```

step 05 绘制的圆如图 4-18 所示。

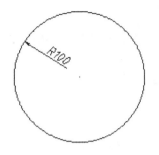 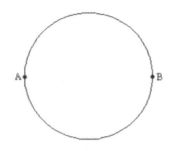 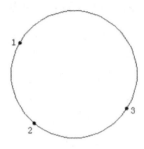

图 4-16　【半径】画圆示例　　　　图 4-17　【两点】画圆示例　　　　图 4-18　【三点】画圆示例

4.4.2　绘制圆弧

在 AutoCAD 2020 中，创建圆弧的方式有很多种，包括【三点】、【起点、圆心、端点】、【起点、圆心、角度】、【起点、圆心、长度】、【起点、端点、角度】、【起点、端点、方向】、【起点、端点、半径】、【圆心、起点、端点】、【圆心、起点、角度】、【圆心、起点、长度】和【连续】等方式。除了第一种方式，其他方式都是从起点到端点逆时针绘制圆弧。

1.三点

【三点】方式通过指定圆弧的起点、第二点和端点来绘制圆弧，用户可以通过如下方式来执行此操作。

- 菜单栏：选择【绘图】|【圆弧】|【三点】命令。
- 面板：在【默认】选项卡的【绘图】面板中单击【三点】按钮 。
- 命令行：输入 ARC。

使用【三点】方式绘制圆弧的命令行操作提示如下：

```
命令：_ARC 指定圆弧的起点或 [圆心(C)]:           // 指定圆弧的起点或输入选项
指定圆弧的第二点或 [圆心(C)|端点(E)]:           // 指定圆弧上的第二点或输入选项
指定圆弧的端点:                                  // 指定圆弧上的第三点
```

在操作提示中有可供选择的选项来确定圆弧的起点、第二点和端点，各选项的含义如下。

- 圆心：通过指定圆弧的圆心、起点和端点的方式来绘制圆弧。
- 端点：通过指定圆弧的起点、端点、圆心（或角度、方向、半径）的方式来绘制圆弧。

以【三点】方式绘制圆弧，可以通过在图形窗口中捕捉点来确定，也可以在命令行中输入精确点坐标值来指定。例如，通过捕捉点来确定圆弧的 3 个点来绘制圆弧，如图 4-19 所示。

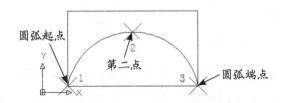

图 4-19　通过指定 3 个点绘制圆弧

2. 起点、圆心、端点

【起点、圆心、端点】方式通过指定起点和端点,以及圆弧的圆心来绘制圆弧,用户可以通过如下方式来执行此操作。

- 菜单栏:选择【绘图】|【圆弧】|【起点、圆心、端点】命令。
- 面板:在【默认】选项卡的【绘图】面板中单击【起点、圆心、端点】按钮 。
- 命令行:输入 ARC。

以【起点、圆心、端点】方式绘制圆弧,可以按【起点、圆心、端点】的方式来绘制,如图 4-20 所示,还可以按【起点、端点、圆心】的方式来绘制,如图 4-21 所示。

 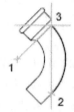

图 4-20 以【起点、圆心、端点】方式绘制的圆弧   图 4-21 以【起点、端点、圆心】方式绘制的圆弧

3. 起点、圆心、角度

【起点、圆心、角度】方式通过指定起点、圆弧的圆心、圆弧包含的角度来绘制圆弧,用户可以通过如下方式来执行此操作。

- 菜单栏:选择【绘图】|【圆弧】|【起点、圆心、角度】命令。
- 面板:在【默认】选项卡的【绘图】面板中单击【起点、圆心、角度】按钮 。
- 命令行:输入 ARC。

例如,通过捕捉点来定义起点和圆心,并且已知包含角度(135°)来绘制一段圆弧,其命令行操作提示如下:

```
命令:_ARC 指定圆弧的起点或 [圆心(C)]:                // 指定圆弧的起点或选择选项
指定圆弧的第二点或 [圆心(C)|端点(E)]:_C 指定圆弧的圆心: // 指定圆弧的圆心
指定圆弧的端点或 [角度(A)|弦长(L)]:_A 指定包含角:135✓ // 输入包含角
```

绘制的圆弧如图 4-22 所示。

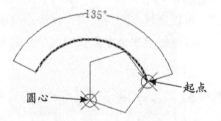

图 4-22 以【起点、圆心、角度】方式绘制的圆弧

如果存在可以捕捉到的起点和圆心点,并且已知包含角度,在命令行选择【起点】|【圆心】|【角度】或【圆心】|【起点】|【角度】选项。如果已知两个端点但无法捕捉到圆心,则可以选择【起点】|【端点】|【角度】选项,如图 4-23 所示。

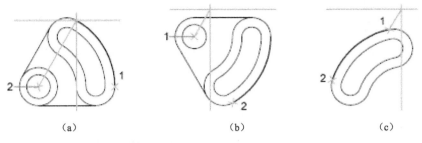

图 4-23 选择不同选项绘制圆弧（一）

4．起点、圆心、长度

【起点、圆心、长度】方式通过指定起点、圆弧的圆心、弧的弦长来绘制圆弧，用户可以通过如下方式来执行此操作。

- 菜单栏：选择【绘图】|【圆弧】|【起点、圆心、长度】命令。
- 面板：在【默认】选项卡的【绘图】面板中单击【起点、圆心、长度】按钮 。
- 命令行：输入 ARC。

如果存在可以捕捉到的起点和圆心，并且已知弦长，则可以使用【起点、圆心、长度】或【圆心、起点、长度】选项，如图 4-24 所示。

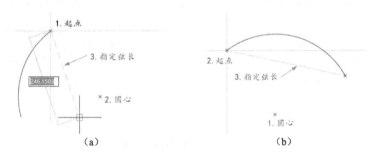

图 4-24 选择不同选项绘制圆弧（二）

5．起点、端点、角度

【起点、端点、角度】方式通过指定起点、端点，以及圆心角来绘制圆弧，用户可以通过如下方式来执行此操作。

- 菜单栏：选择【绘图】|【圆弧】|【起点、端点、角度】命令。
- 面板：在【默认】选项卡的【绘图】面板中单击【起点、端点、角度】按钮 。
- 命令行：输入 ARC。

例如，在图形窗口中指定了圆弧的起点和端点，并且输入的圆心角为 45°，绘制圆弧的命令行操作提示如下：

```
命令：_ARC 指定圆弧的起点或 [圆心(C)]：                    //指定圆弧的起点或选择选项
指定圆弧的第二点或 [圆心(C)|端点(E)]：_E
指定圆弧的端点：                                          //指定圆弧的端点
指定圆弧的圆心或 [角度(A)|方向(D)|半径(R)]：_A 指定包含角：45↙    //输入包含角
```

绘制的圆弧如图 4-25 所示。

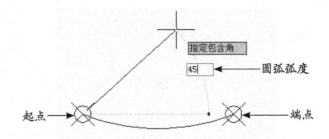

图 4-25　以【起点、端点、角度】方式绘制的圆弧

6. 起点、端点、方向

【起点、端点、方向】方式通过指定起点、端点，以及圆弧切线的方向夹角（即切线与 X 轴的夹角）来绘制圆弧，用户可以通过如下方式来执行此操作。

- 菜单栏：选择【绘图】|【圆弧】|【起点、端点、方向】命令。
- 面板：在【默认】选项卡的【绘图】面板中单击【起点、端点、方向】按钮。
- 命令行：输入 ARC。

例如，在图形窗口中指定了圆弧的起点和端点，并且指定的切线方向夹角为 45°，绘制圆弧要执行的命令行操作提示如下：

```
命令:_ARC 指定圆弧的起点或 [圆心(C)]:                    // 指定圆弧的起点
指定圆弧的第二点或 [圆心(C) | 端点(E)]: _E
指定圆弧的端点:                                          // 指定圆弧的端点
指定圆弧的圆心或 [角度(A) | 方向(D) | 半径(R)]: _D 指定圆弧的起点切向: 45↙
                                                        // 输入斜向夹角
```

绘制的圆弧如图 4-26 所示。

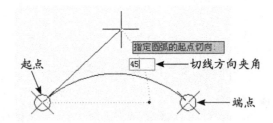

图 4-26　以【起点、端点、方向】方式绘制的圆弧

7. 起点、端点、半径

【起点、端点、半径】方式通过指定起点、端点，以及圆弧的半径来绘制圆弧，用户可以通过如下方式来执行此操作。

- 菜单栏：选择【绘图】|【圆弧】|【起点、端点、半径】命令。
- 面板：在【默认】选项卡的【绘图】面板中单击【起点、端点、半径】按钮。
- 命令行：输入 ARC。

例如，在图形窗口中指定了圆弧的起点和端点，并且圆弧的半径为 30。绘制圆弧要执行的命令行操作提示如下：

```
命令: ARC 指定圆弧的起点或 [圆心(C)]:                    //指定圆弧的起点
指定圆弧的第二点或 [圆心(C)|端点(E)]: _E
指定圆弧的端点:                                         //指定圆弧的端点
指定圆弧的圆心或 [角度(A)|方向(D)|半径(R)]: _R 指定圆弧的半径: 30↙  //输入圆弧的半径值
```

绘制的圆弧如图 4-27 所示。

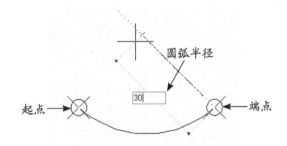

图 4-27 以【起点、端点、半径】方式绘制的圆弧

8. 圆心、起点、端点

【圆心、起点、端点】方式通过指定圆弧的圆心、起点和端点来绘制圆弧，用户可以通过如下方式来执行此操作。

● 菜单栏：选择【绘图】|【圆弧】|【圆心、起点、端点】命令。
● 面板：在【默认】选项卡的【绘图】面板中单击【圆心、起点、端点】按钮 。
● 命令行：输入 ARC。

例如，在图形窗口中依次指定圆弧的圆心、起点和端点，然后绘制圆弧。绘制圆弧要执行的命令行操作提示如下：

```
命令: _ARC 指定圆弧的起点或 [圆心(C)]: _C 指定圆弧的圆心:    //指定圆弧的圆心
指定圆弧的起点:                                              //指定圆弧的起点
指定圆弧的端点或 [角度(A)|弦长(L)]:                          //指定圆弧的端点
```

绘制的圆弧如图 4-28 所示。

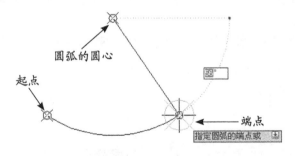

图 4-28 以【圆心、起点、端点】方式绘制的圆弧

9. 圆心、起点、角度

【圆心、起点、角度】方式通过指定圆弧的圆心、起点，以及圆心角来绘制圆弧，用户可以通过如下方式来执行此操作。

● 菜单栏：选择【绘图】|【圆弧】|【圆心、起点、角度】命令。

- 面板：在【默认】选项卡的【绘图】面板中单击【圆心、起点、角度】按钮。
- 命令行：输入 ARC。

例如，在图形窗口中依次指定圆弧的圆心、起点，输入的圆心角为 45°。绘制圆弧要执行的命令行操作提示如下：

```
命令：ARC 指定圆弧的起点或 [圆心(C)]：_C 指定圆弧的圆心：    // 指定圆弧的圆心
指定圆弧的起点：                                              // 指定圆弧的起点
指定圆弧的端点或 [角度(A)|弦长(L)]：_A 指定包含角：45↙        // 输入包含角
```

绘制的圆弧如图 4-29 所示。

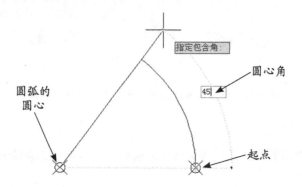

图 4-29 以【圆心、起点、角度】方式绘制的圆弧

10. 圆心、起点、长度

【圆心、起点、角度】方式通过指定圆弧的圆心、起点和弦长来绘制圆弧，用户可以通过如下方式来执行此操作。

- 菜单栏：选择【绘图】|【圆弧】|【圆心、起点、长度】命令。
- 面板：在【默认】选项卡的【绘图】面板中单击【圆心、起点、长度】按钮。
- 命令行：输入 ARC。

例如，在图形窗口中依次指定圆弧的圆心、起点，并且弦长为 15。绘制圆弧要执行的命令行操作提示如下：

```
命令：ARC 指定圆弧的起点或 [圆心(C)]：_C 指定圆弧的圆心：    // 指定圆弧的圆心
指定圆弧的起点：                                              // 指定圆弧的起点
指定圆弧的端点或 [角度(A)|弦长(L)]：_L 指定弦长：15↙          // 输入弦长值
```

绘制的圆弧如图 4-30 所示。

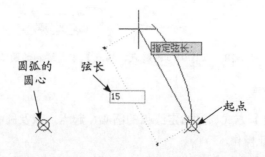

图 4-30 以【圆心、起点、长度】方式绘制的圆弧

11. 连续

【连续】方式是创建一个圆弧，使其与上一步骤绘制的直线或圆弧相切连续，用户可以通过如下方式来执行此操作。

- 菜单栏：选择【绘图】|【圆弧】|【连续】命令。
- 面板：在【默认】选项卡的【绘图】面板中单击【连续】按钮。
- 命令行：输入 ARC。

相切连续的圆弧起点就是先前直线或圆弧的端点，相切连续的圆弧端点可以通过捕捉点或在命令行输入精确坐标值来确定。当绘制一条直线或圆弧后，执行【连续】命令，程序会自动捕捉直线或圆弧的端点作为连续圆弧的起点，如图 4-31 所示。

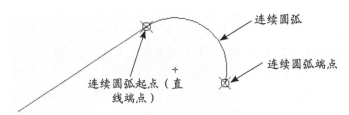

图 4-31　绘制相切连续圆弧

4.4.3　绘制椭圆

椭圆由定义其长度和宽度的 2 条轴来决定。较长的轴称为长轴，较短的轴称为短轴，如图 4-32 所示。椭圆的绘制有 3 种方式：【圆心】、【轴、端点】和【椭圆弧】。

1. 圆心

【圆心】方式通过指定椭圆中心点、长轴的一个端点，以及短半轴的长度来绘制椭圆，用户可以通过如下方式来执行此操作。

- 菜单栏：选择【绘图】|【椭圆】|【圆心】命令。
- 面板：在【默认】选项卡的【绘图】面板中单击【圆心】按钮。
- 命令行：输入 ELLIPSE。

例如，绘制一个中心点坐标为（0,0）、长轴的一个端点坐标为（25,0）、短半轴的长度为 12 的椭圆。绘制椭圆要执行的命令行操作提示如下：

```
命令: ELLIPSE
指定椭圆的轴端点或 [圆弧(A)|中心点(C)]: _C
指定椭圆的中心点: 0,0↙              //输入椭圆中心点的坐标值
指定轴的端点: @25,0↙                //输入轴端点的绝对坐标值
指定另一条半轴长度或 [旋转(R)]: 12↙  //输入另半轴长度值
```

> **技巧点拨：**
> 命令行中的【旋转】选项是以椭圆的短轴和长轴的比值，把一个圆绕定义的第一轴旋转成椭圆。

绘制的椭圆如图 4-33 所示。

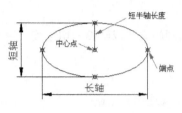

图 4-32 椭圆释义图

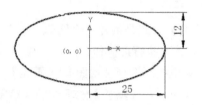

图 4-33 以【圆心】方式绘制的椭圆

2. 轴、端点

【轴、端点】方式通过指定椭圆长轴的两个端点和短半轴长度来绘制椭圆，用户可以通过如下方式来执行此操作。

- 菜单栏：选择【绘图】|【椭圆】|【轴、端点】命令。
- 面板：在【默认】选项卡的【绘图】面板中单击【轴、端点】按钮 。
- 命令行：输入 ELLIPSE。

例如，绘制一个长轴的端点坐标分别为（12.5,0）和（-12.5,0）、短半轴长度为 10 的椭圆。绘制椭圆要执行的命令行操作提示如下：

```
命令：_ELLIPSE
指定椭圆的轴端点或 [圆弧(A)|中心点(C)]：12.5,0↙        //输入椭圆轴端点坐标
指定轴的另一个端点：-12.5,0↙                          //输入椭圆轴另一端点坐标
指定另一条半轴长度或 [旋转(R)]：10↙                    //输入椭圆半轴长度值
```

绘制的椭圆如图 4-34 所示。

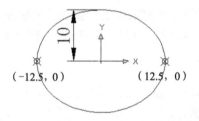

图 4-34 以【轴、端点】方式绘制的椭圆

3. 椭圆弧

【椭圆弧】方式通过指定椭圆长轴的两个端点和短半轴长度，以及起始角、终止角来绘制椭圆弧，用户可以通过如下方式来执行此操作。

- 菜单栏：选择【绘图】|【椭圆】|【椭圆弧】命令。
- 面板：在【默认】选项卡的【绘图】面板中单击【椭圆弧】按钮 。
- 命令行：输入 ELLIPSE。

椭圆弧是椭圆上的一段弧，因此需要指定弧的起始位置和终止位置。例如，绘制一个长轴的端点坐标分别为（25,0）和（-25,0）、短半轴长度为 15，以及起始角度为 0°、终止角度为 270° 的椭圆弧。绘制椭圆要执行的命令行操作提示如下：

```
命令：_ELLIPSE
指定椭圆的轴端点或 [圆弧(A)|中心点(C)]：_A
```

```
指定椭圆弧的轴端点或 [中心点(C)]: 25,0↙         //输入椭圆轴端点坐标
指定轴的另一个端点: -25,0↙                      //输入椭圆另一轴端点坐标
指定另一条半轴长度或 [旋转(R)]: 15↙              //输入椭圆半轴长度值
指定起始角度或 [参数(P)]: 0↙                    //输入起始角度值
指定终止角度或 [参数(P)|包含角度(I)]: 270↙       //输入终止角度值
```

绘制的椭圆弧如图 4-35 所示。

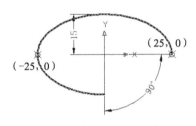

图 4-35 绘制的椭圆弧

> **技巧点拨:**
>
> 椭圆弧的角度就是终止角度和起始角度的差值。另外,用户也可以使用【包含角度】选项功能,直接输入椭圆弧的角度。

4.4.4 绘制圆环

【圆环】工具能创建实心的圆与环。要创建圆环,需要指定它的内外直径和圆心。通过指定不同的圆心,可以继续创建具有相同直径的多个副本。要创建实体填充圆,必须将内径值指定为 0。

用户可以通过如下方式来创建圆环。

- 菜单栏:选择【绘图】|【圆环】命令。
- 面板:在【默认】选项卡的【绘图】面板中单击【圆环】按钮 ⊚ 。
- 命令行:输入 DONUT。

圆环和实心圆的应用实例如图 4-36 所示。

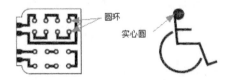

图 4-36 圆环和实心圆的应用实例

4.5 综合案例——绘制绝缘子

绝缘子是一种特殊的绝缘控件,在架空输电线路中具有两方面基本作用,即支撑导线和防

止电流回地,这两方面作用必须得到保证,绝缘子不应该由于环境和电负荷条件发生变化导致的各种机电应力失效,否则绝缘子就不会产生重大的作用,进而损害整条线路的使用和运行寿命。

要绘制的绝缘子图形如图 4-37 所示。

图 4-37　绝缘子图形

动手操练——绘制绝缘子图形

step 01　新建图形文件。

step 02　单击【绘图】面板中的【直线】按钮，绘制长度为 180 的水平直线，结果如图 4-38 所示。

step 03　单击【绘图】面板中的【圆弧】按钮，使用三点方式绘制起点在直线左端点，终点在直线右端点的圆弧，结果如图 4-39 所示。

图 4-38　绘制水平直线　　　　　　　　　图 4-39　绘制圆弧

step 04　单击【绘图】面板中的【矩形】按钮，绘制矩形 90×100，结果如图 4-40 所示。

step 05　单击【修改】面板中的【移动】按钮，把矩形 90×100 以其下边中点为移动基点，按如图 4-41 所示直线中点为移动目标点移动，结果如图 4-42 所示。

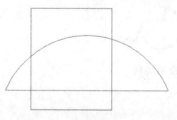 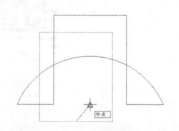

图 4-40　绘制矩形（一）　　　　　　　　图 4-41　捕捉矩形

step 06　单击【修改】面板中的【移动】按钮，把矩形 90×100 向下垂直移动，移动距离为 20，结果如图 4-43 所示。

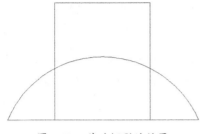
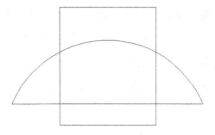

图 4-42 移动矩形的效果　　　　　图 4-43 向下移动矩形

step 07 编辑成形。单击【绘图】面板中的【面域】按钮，把所有的图形转变成 2 个面域。

step 08 单击【实体编辑】面板中的【并集】按钮，合并所有面域，结果如图 4-44 所示。

step 09 单击【绘图】面板中的【直线】按钮，绘制两个端点的连线，结果如图 4-45 所示。

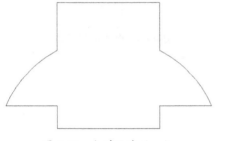
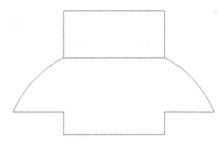

图 4-44 合并面域（一）　　　　　图 4-45 绘制连线（一）

step 10 单击【绘图】面板中的【直线】按钮，绘制端点位置的连线，结果如图 4-46 所示。

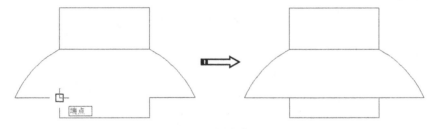

图 4-46 绘制连线（二）

step 11 单击【绘图】面板中的【矩形】按钮，绘制起点在如图 4-47 所示中点的矩形，即 20×（-100）。

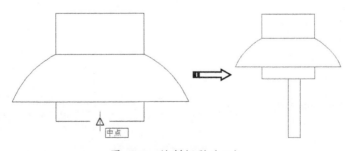

图 4-47 绘制矩形（二）

step 12 绘制绝缘子的尾部。单击【修改】面板中的【镜像】按钮，以矩形20×（-100）左边为对称轴，把矩形20×（-100）对称复制一份，结果如图4-48所示。

step 13 单击【绘图】面板中的【面域】按钮，把2个矩形20×（-100）转变成2个面域。

step 14 单击【实体编辑】面板中的【并集】按钮，合并刚才转变的面域，结果如图4-49所示。

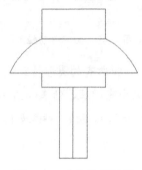 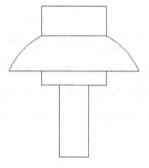

图4-48　对称复制矩形　　　　　　　　图4-49　合并面域（二）

第 5 章
绘制其他曲线

本章内容

第 4 章介绍的是使用 AutoCAD 2020 绘制简单的图形,其中涉及基本图形的绘制方法与命令含义。本章主要介绍二维绘图的高级图形绘制指令。

知识要点

- ☑ 多线的绘制与编辑
- ☑ 多段线的绘制与编辑
- ☑ 样条曲线的绘制与编辑
- ☑ 绘制曲线与参照几何图形命令

5.1 多线的绘制与编辑

多线由多条平行线组成,这些平行线称为元素。

5.1.1 绘制多线

多线是由 2 条或 2 条以上的平行元素构成的复合线对象,并且每条平行线元素的线型、颜色及间距都是可以设置的,如图 5-1 所示。

图 5-1 多线示例

> **技巧点拨**:
> 在默认设置下,所绘制的多线是由 2 条平行元素构成的。

执行【多线】命令主要有以下几种方式。
- 执行菜单栏中的【绘图】|【多线】命令。
- 在命令行中输入 MLINE,然后按 Enter 键。
- 使用命令简写 ML,然后按 Enter 键。

【多线】命令常被用于绘制墙线、阳台线,以及道路和管道线。

动手操练——绘制多线

下面通过绘制闭合的多线,学习使用【多线】命令,具体的操作步骤如下。

step 01 新建一个文件。

step 02 执行【绘图】|【多线】命令,配合点的坐标输入功能绘制多线。命令行操作提示如下:

```
命令: _MLINE
当前设置:对正 = 上,比例 = 20.00,样式 = STANDARD
指定起点或 [对正(J)|比例(S)|样式(ST)]: S ↙        // 激活【比例】选项
输入多线比例 <20.00>: 120 ↙                         // 设置多线比例
当前设置:对正 = 上,比例 = 120.00,样式 = STANDARD
指定起点或 [对正(J)|比例(S)|样式(ST)]:                // 在绘图区拾取一点
指定下一点: @0,1800 ↙
指定下一点或 [放弃(U)]: @3000,0 ↙
指定下一点或 [闭合(C)|放弃(U)]: @0,-1800 ↙
指定下一点或 [闭合(C)|放弃(U)]: C ↙
```

step 03 使用视图调整工具调整图形的显示,绘制结果如图 5-2 所示。

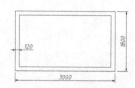

图 5-2 绘制结果

> **技巧点拨：**
> 使用【比例】选项可以绘制不同宽度的多线，默认比例为 20 个绘图单位。另外，如果用户输入的比例值为负值，那么多条平行线的顺序会产生反转。使用【样式】选项可以随意更改当前的多线样式，而【闭合】选项用于绘制闭合的多线。

AutoCAD 提供了 3 种对正方式，即上对正、无和下对正，如图 5-3 所示。如果当前多线的对正方式不符合用户要求，则在命令行中单击【对正】选项，系统会出现如下提示：

```
指定起点或 [对正(J)/比例(S)/样式(ST)]: J↙
输入对正类型 [上(T)/无(Z)/下(B)] <上>:        //提示用户输入多线的对正方式
```

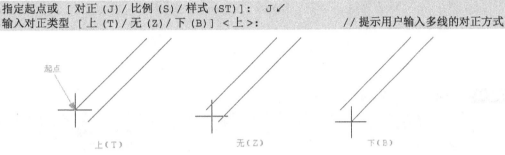

图 5-3 3 种对正方式

5.1.2 编辑多线

多线的编辑应用于 2 条多线的衔接。执行【多线】命令主要有以下几种方式。
- 执行菜单栏中的【修改】|【对象】|【多线】命令。
- 在命令行中输入 MLEDIT，然后按 Enter 键。

动手操练——编辑多线

编辑多线的操作步骤如下。

step 01 新建一个文件。

step 02 绘制 2 条交叉多线，如图 5-4 所示。

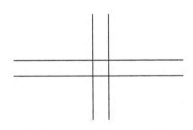

图 5-4 绘制 2 条交叉多线

step 03 执行【修改】|【对象】|【多线】命令，打开【多线编辑工具】对话框，如图 5-5 所示。单击【多线编辑工具】对话框中的【十字打开】按钮 ，该对话框自动关闭。

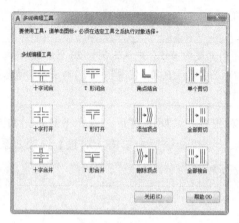

图 5-5　【多线编辑工具】对话框

step 04　根据命令行提示进行操作：

```
命令：_MLEDIT
选择第一条多线：                    //在视图中选择一条多线
选择第二条多线：                    //在视图中选择另一条多线
```

操作结果如图 5-6 所示。

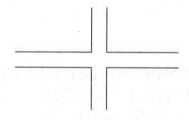

图 5-6　编辑多线示例

动手操练——绘制建筑墙体

下面以墙体的绘制为例讲解多线绘制和多线编辑的操作步骤，以及绘制方法。绘制完成的建筑墙体如图 5-7 所示。

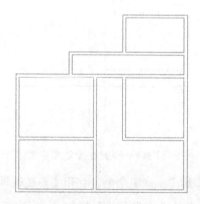

图 5-7　建筑墙体

step 01 新建一个文件。

step 02 执行 XL（构造线）命令绘制辅助线。绘制 1 条水平构造线和 1 条垂直构造线，组成【十】字构造线，如图 5-8 所示。

step 03 再执行 XL 命令，利用【偏移】选项将水平构造线分别向上偏移 3000、6500、7800 和 9800，绘制偏移的水平构造线如图 5-9 所示。

```
命令：XL
XLINE 指定点或 [水平(H)/垂直(V)/角度(A)/二等分(B)/偏移(O)]：O
指定偏移距离或 [通过(T)] <通过>：3000↙
选择直线对象：
指定向哪侧偏移：
选择直线对象：
命令：
XLINE 指定点或 [水平(H)/垂直(V)/角度(A)/二等分(B)/偏移(O)]：O
指定偏移距离或 [通过(T)] <2500.0000>：6500↙
选择直线对象：
指定向哪侧偏移：
选择直线对象：
命令：
XLINE 指定点或 [水平(H)/垂直(V)/角度(A)/二等分(B)/偏移(O)]：O
指定偏移距离或 [通过(T)] <5000.0000>：7800↙
选择直线对象：
指定向哪侧偏移：
选择直线对象：
命令：
XLINE 指定点或 [水平(H)/垂直(V)/角度(A)/二等分(B)/偏移(O)]：O
指定偏移距离或 [通过(T)] <3000.0000>：9800↙
选择直线对象：
指定向哪侧偏移：
选择直线对象：*取消*
```

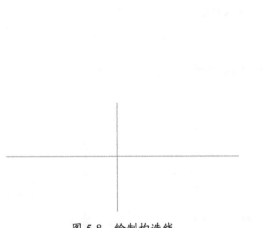 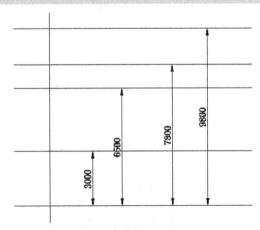

图 5-8 绘制构造线　　　　图 5-9 绘制偏移的水平构造线

step 04 运用同样的方法绘制垂直构造线，依次向右偏移 3900、1800、2100 和 4500，结果如图 5-10 所示。

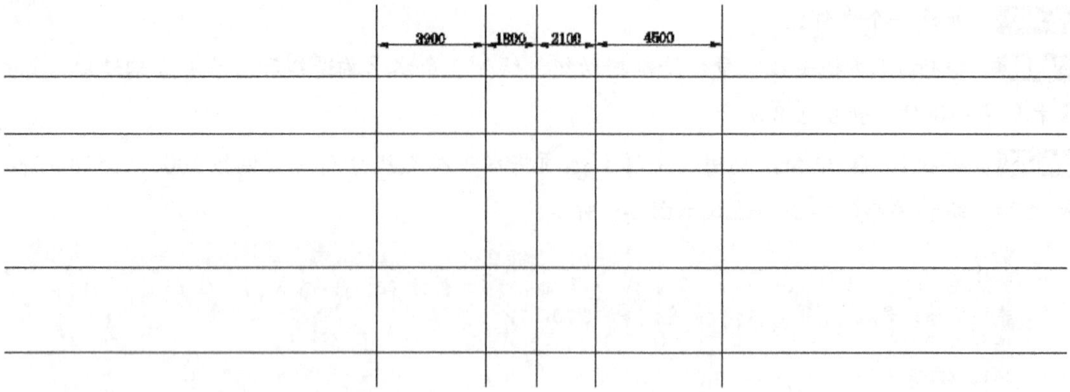

图 5-10 绘制偏移的垂直构造线

> **技巧点拨：**
> 这里也可以通过执行 O（偏移）命令来得到偏移直线。

step 05 执行 MLST（多线样式）命令，打开【多线样式】对话框，在该对话框中单击【新建】按钮，再打开【创建新的多线样式】对话框，在该对话框的【新样式名】文本框中输入【墙体线】，单击【继续】按钮，如图 5-11 所示。

图 5-11 新建多线样式

step 06 打开【新建多线样式：墙体线】对话框后，进行如图 5-12 所示的设置。

图 5-12 设置多线样式

step 07 绘制多线墙体,命令行操作提示如下:

```
命令: ML✓
当前设置: 对正 = 上,比例 = 20.00,样式 = STANDARD
指定起点或 [对正(J)/比例(S)/样式(ST)]: S✓
输入多线比例 <20.00>: 1✓
当前设置: 对正 = 上,比例 = 1.00,样式 = STANDARD
指定起点或 [对正(J)/比例(S)/样式(ST)]: J✓
输入对正类型 [上(T)/无(Z)/下(B)] <上>: Z✓
当前设置: 对正 = 无,比例 = 1.00,样式 = STANDARD
指定起点或 [对正(J)/比例(S)/样式(ST)]: (在绘制的辅助线交点上指定一点)
指定下一点: (在绘制的辅助线交点上指定下一点)
指定下一点或 [放弃(U)]: (在绘制的辅助线交点上指定下一点)
指定下一点或 [闭合(C)/放弃(U)]: (在绘制的辅助线交点上指定下一点)
指定下一点或 [闭合(C)/放弃(U)]:C✓
```

绘制的墙体轮廓线如图 5-13 所示。

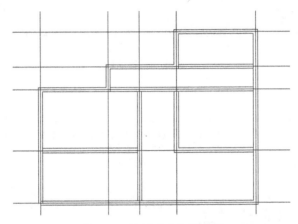

图 5-13 绘制的墙体轮廓线

step 08 执行 MLEDIT 命令打开【多线编辑工具】对话框,如图 5-14 所示。

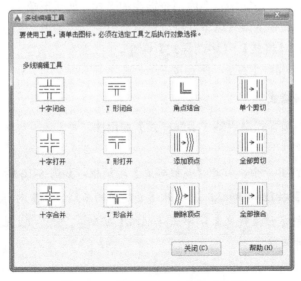

图 5-14 【多线编辑工具】对话框

step 09 选择其中的【T形打开】和【角点结合】选项,对绘制的墙体多线进行编辑,结果如图5-15所示。

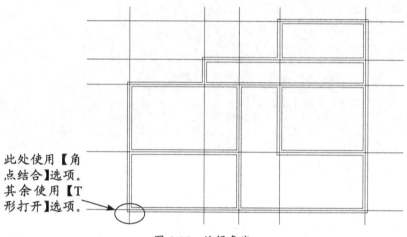

此处使用【角点结合】选项。其余使用【T形打开】选项。

图 5-15 编辑多线

技巧点拨:

如果编辑多线时出现无法达到理想的效果,则可以将多线分解,然后采用夹点模式进行编辑。

step 10 至此,建筑墙体绘制完成,最后将结果保存。

5.1.3 创建与修改多线样式

多线的外观由多线样式决定。在多线样式中,用户可以设定多线中线条的数量、每条线的颜色、线型和线间的距离,还能指定多线两个端头的形式,如弧形端头、平直端头等。

执行【多线样式】命令主要有以下几种方式。

- 执行菜单栏中的【格式】|【多线样式】命令。
- 在命令行中输入 MLSTYLE,然后按 Enter 键。

动手操练——创建多线样式

下面通过创建新多线样式来讲解【多线样式】的用法。

step 01 新建一个文件。

step 02 启动 MLSTYLE 命令,打开【多线样式】对话框,如图 5-16 所示。

step 03 单击【新建】按钮 新建(N)... ,打开【创建新的多线样式】对话框。在【新样式名】文本框中输入新样式的名称【样式】,单击【继续】按钮 继续 (见图 5-17),打开【新建多线样式:样式】对话框。

第 5 章　绘制其他曲线

图 5-16　【多线样式】对话框

图 5-17　创建新的多线样式

step 04　在【新建多线样式：样式】对话框中单击【添加】按钮，增加新的线，单击【线型】按钮 线型(Y)... ，在打开的【选择线型】对话框中加载或选择所需的线型，如图 5-18 所示。

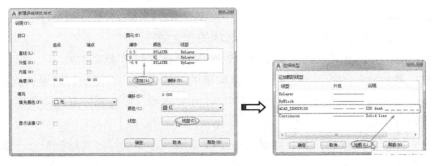

图 5-18　添加新图元

step 05　在【多线样式】对话框中，单击【置为当前】按钮 置为当前(U) ，然后单击【确定】按钮 确定 ，关闭对话框。

step 06　新建的多线样式如图 5-19 所示。

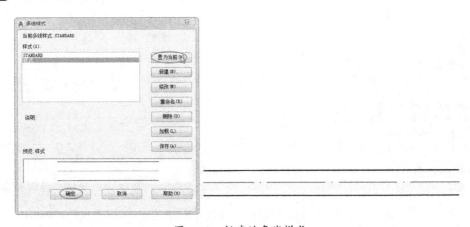

图 5-19　新建的多线样式

131

5.2 多段线的绘制与编辑

多段线是作为单个对象创建的相互连接的线段序列,是直线段、弧线段或两者组合的线段,既可以一起编辑,也可以分别编辑,还可以具有不同的宽度。

5.2.1 绘制多段线

使用【多段线】命令不但可以绘制一条单独的直线段或圆弧,还可以绘制具有一定宽度的闭合或不闭合的直线段和弧线序列。

执行【多段线】命令主要有以下几种方式。
- 执行菜单栏中的【绘图】|【多段线】命令。
- 单击【绘图】面板中的【多段线】按钮 。
- 在命令行中输入简写 PL。

要绘制多段线,可以执行 PLINE 命令,当指定多段线起点后,命令行显示如下操作提示:

指定下一点或 [圆弧 (A) | 半宽 (H) | 长度 (L) | 放弃 (U) | 宽度 (W)]:

上述命令行操作提示中有 5 个选项,各选项的含义如下。
- 圆弧:若选择此选项(即在命令行中输入 A),则可创建圆弧对象。
- 半宽:是指绘制的线性对象按设置宽度值的 1 倍由起点至终点逐渐增大或减小。如果绘制一条起点半宽度为 5,终点半宽度为 10 的直线,则绘制的直线起点宽度应为 10,终点宽度为 20。
- 长度:指定弧线段的弦长。如果上一线段是圆弧,那么程序将绘制与上一弧线段相切的新弧线段。
- 放弃:放弃绘制的前一线段。
- 宽度:与【半宽】选项性质相同,此选项输入的值是全宽度值。

例如,绘制带有变宽度的多段线,命令行操作提示如下:

```
命令: PLINE
指定起点: 50,10
当前线宽为 0.0500
指定下一点或 [圆弧 (A) | 半宽 (H) | 长度 (L) | 放弃 (U) | 宽度 (W)]: 50,60 ✓
指定下一点或 [圆弧 (A) | 闭合 (C) | 半宽 (H) | 长度 (L) | 放弃 (U) | 宽度 (W)]: A ✓
指定圆弧的端点或
[角度 (A) | 圆心 (CE) | 闭合 (CL) | 方向 (D) | 半宽 (H) | 直线 (L) | 半径 (R) | 第二点 (S) | 放弃 (U) | 宽度 (W)]: W ✓
指定起点宽度 <0.0500>:
指定端点宽度 <0.0500>: 1 ✓
指定圆弧的端点或
[角度 (A) | 圆心 (CE) | 闭合 (CL) | 方向 (D) | 半宽 (H) | 直线 (L) | 半径 (R) | 第二点 (S) | 放弃 (U) | 宽度 (W)]: 100,60 ✓
指定圆弧的端点或
[角度 (A) | 圆心 (CE) | 闭合 (CL) | 方向 (D) | 半宽 (H) | 直线 (L) | 半径 (R) | 第二点 (S) | 放弃 (U) | 宽度 (W)]: L
指定下一点或 [圆弧 (A) | 闭合 (C) | 半宽 (H) | 长度 (L) | 放弃 (U) | 宽度 (W)]: W ✓
指定起点宽度 <1.0000>: 2 ✓
指定端点宽度 <2.0000>: 2 ✓
```

```
指定下一点或 [圆弧(A)|闭合(C)|半宽(H)|长度(L)|放弃(U)|宽度(W)]: 100,10↙
指定下一点或 [圆弧(A)|闭合(C)|半宽(H)|长度(L)|放弃(U)|宽度(W)]: C↙
```

绘制的多段线如图 5-20 所示。

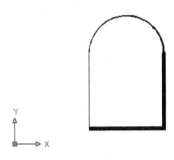

图 5-20 绘制的多段线

技巧点拨:

无论绘制的多段线包含多少条直线或圆弧,AutoCAD 都把它们作为一个单独的对象。

1. 【圆弧】选项

【圆弧】选项用于将当前多段线模式切换为画弧模式,以绘制由弧线组合而成的多段线。在命令行操作提示中输入 A,或者在绘图区单击鼠标右键,在弹出的快捷菜单中选择【圆弧】选项,从而激活此选项,系统自动切换到画弧状态,命令行操作提示如下:

```
指定圆弧的端点或 [角度(A)|圆心(CE)|闭合(CL)|方向(D)|半宽(H)|直线(L)|半径(R)|
第二个点(S)|放弃(U)|宽度(W)]:
```

上述命令行操作提示中各选项的含义如下。

- 【角度】选项:指定要绘制的圆弧的圆心角。
- 【圆心】选项:指定圆弧的圆心。
- 【闭合】选项:用弧线封闭多段线。
- 【方向】选项:取消直线与圆弧的相切关系,改变圆弧的起始方向。
- 【半宽】选项:指定圆弧的半宽值。激活此选项之后,AutoCAD 将提示用户输入多段线的起点半宽值和终点半宽值。
- 【直线】选项:切换直线模式。
- 【半径】选项:指定圆弧的半径。
- 【第二个点】选项:选择三点画弧方式中的第二个点。
- 【放弃】选项:放弃上一步的绘制结果。
- 【宽度】选项:设置弧线的宽度值。

2. 其他选项

- 【闭合】选项:激活此选项之后,AutoCAD 将使用直线段封闭多段线,并结束【多段线】命令。当用户需要绘制一条闭合的多段线时,最后一定要使用此选项才能保证绘制的多段线是完全封闭的。

- 【长度】选项：此选项用于定义下一段多段线的长度，AutoCAD 按照上一线段的方向绘制这一段多段线。若上一段是圆弧，那么 AutoCAD 绘制的直线段与圆弧相切。
- 【放弃】选项：选择此选项将放弃上一步的绘制结果。
- 【半宽】和【宽度】选项：【半宽】选项用于设置多段线的半宽；【宽度】选项用于设置多段线的起始宽度值，起始点的宽度值可以相同也可以不同。

技巧点拨：

在绘制具有一定宽度的多段线时，系统变量 FILLMODE 控制多段线是否被填充，当变量值为 1 时，绘制的带有宽度的多段线将被填充；当变量为 0 时，带有宽度的多段线将不会被填充，如图 5-21 所示。

图 5-21　非填充多段线

动手操练——绘制楼梯剖面示意图

本例将利用 PLINE 命令结合坐标输入的方式绘制如图 5-22 所示的直行楼梯剖面示意图，其中，台阶高为 150，宽为 300。读者可以结合相关知识完成本例的绘制，具体的操作步骤如下。

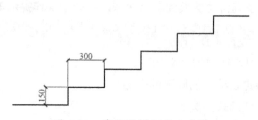

图 5-22　直行楼梯剖面示意图

step 01 新建一个文件。

step 02 打开正交模式，单击【绘图】|【多段线】按钮 ，绘制带宽度的多段线。

```
命令：PLINE ✓                              // 激活 PLINE 命令绘制楼梯
指定起点：在绘图区中任意拾取一点              // 指定多段线的起点
指定下一点或 [圆弧(A)/半宽(H)/长度(L)/放弃(U)/宽度(W)]：@600,0 ✓
                                          // 指定第一点
指定下一点或 [圆弧(A)/闭合(C)/半宽(H)/长度(L)/放弃(U)/宽度(W)]：@0,150 ✓
                                          // 指定第二点（绘制楼梯踏步的高）
指定下一点或 [圆弧(A)/闭合(C)/半宽(H)/长度(L)/放弃(U)/宽度(W)]：@300,0 ✓
                                          // 指定第三点（绘制楼梯踏步的宽）
指定下一点或 [圆弧(A)/闭合(C)/半宽(H)/长度(L)/放弃(U)/宽度(W)]：@0,150 ✓
                                          // 指定下一点
指定下一点或 [圆弧(A)/闭合(C)/半宽(H)/长度(L)/放弃(U)/宽度(W)]：@300,0 ✓
                                          // 指定下一点
指定下一点或 [圆弧(A)/闭合(C)/半宽(H)/长度(L)/放弃(U)/宽度(W)]：@0,150 ✓
                                          // 指定下一点
```

指定下一点或 [圆弧(A)/闭合(C)/半宽(H)/长度(L)/放弃(U)/宽度(W)]：@300,0↙
// 指定下一点，再根据同样的方法绘制楼梯其余踏步
指定下一点或 [圆弧(A)/闭合(C)/半宽(H)/长度(L)/放弃(U)/宽度(W)]：↙
// 按Enter键结束绘制

step 03 绘制结果如图5-22所示。

5.2.2 编辑多段线

执行【多段线】命令主要有以下几种方式。
- 执行菜单栏中的【修改】|【对象】|【多段线】命令。
- 在命令行中输入PEDIT。

执行PEDIT命令，命令行显示如下提示信息：

输入选项[闭合(C)/合并(J)/宽度(W)/编辑顶点(E)/拟合(F)/样条曲线(S)/非曲线化(D)/线型生成(L)/放弃(U)]：

如果选择多条多段线，那么命令行显示如下提示信息：

输入选项[闭合(C)/打开(O)/合并(J)/宽度(W)/拟合(F)/样条曲线(S)/非曲线化(D)/线型生成(L)/放弃(U)]：

动手操练——绘制剪刀平面图

使用【多段线】命令绘制把手，使用【直线】命令绘制刀刃，从而完成剪刀平面图的绘制，结果如图5-23所示。

图5-23 剪刀平面图

step 01 新建一个文件。

step 02 执行PL（多段线）命令，在绘图区中任意位置指定起点后，绘制如图5-24所示的多段线。命令行操作提示如下：

命令：_PLINE
指定起点：
当前线宽为 0.0000
指定下一点或 [圆弧(A)/半宽(H)/长度(L)/放弃(U)/宽度(W)]：A↙
指定圆弧的端点或[角度(A)/圆心(CE)/方向(D)/半宽(H)/直线(L)/半径(R)/第二个点(S)/放弃(U)/宽度(W)]：S↙
指定圆弧上的第二个点：@-9,-12.7↙
二维点无效。
指定圆弧上的第二个点：@-9,-12.7↙

```
指定圆弧的端点：@12.7,-9 ↙
指定圆弧的端点或 [角度(A)/圆心(CE)/闭合(CL)/方向(D)/半宽(H)/直线(L)/半径(R)/
第二个点(S)/放弃(U)/宽度(W)]: L ↙
    指定下一点或 [圆弧(A)/闭合(C)/半宽(H)/长度(L)/放弃(U)/宽度(W)]: @-3,19 ↙
    指定下一点或 [圆弧(A)/闭合(C)/半宽(H)/长度(L)/放弃(U)/宽度(W)]: ↙
```

step 03 执行 EXPLODE 命令，分解多段线。

step 04 执行 FILLET 命令，指定圆角半径为3，对圆弧与直线的下端点进行圆角处理，如图 5-25 所示。

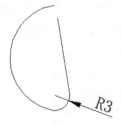

图 5-24 绘制多段线　　　　　　　　　图 5-25 绘制圆角

step 05 执行 L 命令，拾取多段线中直线部分的上端点，确认为直线的第一点，依次输入 (@0.8,2)、(@2.8,0.7)、(@2.8,7)、(@-0.1,16.7)、(@-6,-25)，绘制多条直线，结果如图 5-26 所示。命令行操作提示如下：

```
命令：L
LINE 指定第一点：
指定下一点或 [放弃(U)]: @0.8,2 ↙
指定下一点或 [放弃(U)]: @2.8,0.7 ↙
指定下一点或 [闭合(C)/放弃(U)]: @2.8,7 ↙
指定下一点或 [闭合(C)/放弃(U)]: @-0.1,16.7 ↙
指定下一点或 [闭合(C)/放弃(U)]: @-6,-25 ↙
指定下一点或 [闭合(C)/放弃(U)]: ↙
```

step 06 执行 FILLET 命令，指定圆角半径为3，对上一步绘制的直线与圆弧进行圆角处理，结果如图 5-27 所示。

step 07 执行 BREAK 命令，在圆弧上合适的位置拾取一点作为打断的第一点，拾取圆弧的端点作为打断的第二点，结果如图 5-28 所示。

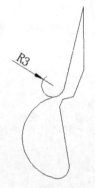

图 5-26 绘制直线（一）　　　图 5-27 圆角处理（一）　　　图 5-28 打断

step 08 执行 O 命令，设置偏移距离为 2，选择的偏移对象为圆弧和圆弧旁的直线，分别进行偏移处理，完成后的结果如图 5-29 所示。

step 09 执行 FILLET 命令，输入 R，设置圆角半径为 1，选择偏移的直线和外圆弧的上端点，结果如图 5-30 所示。

图 5-29 偏移处理　　　　　　　　　　图 5-30 圆角处理（二）

step 10 执行 L 命令，连接圆弧的两个端点，结果如图 5-31 所示。

step 11 执行 MIRROR（镜像）命令，拾取绘图区中的所有对象，以通过最下端圆角，将最右侧的象限点所在的垂直直线作为镜像轴线进行镜像处理，完成后的结果如图 5-32 所示。

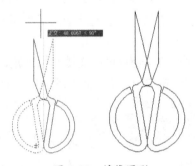

图 5-31 绘制直线（二）　　　　　　　图 5-32 镜像图形

step 12 执行 TR（修剪）命令，修剪绘图区中需要修剪的线段，如图 5-33 所示。

step 13 执行 C 命令，在适当的位置绘制直径为 2 的圆，如图 5-34 所示。

图 5-33 修剪图形　　　　　　　　　　图 5-34 绘制圆

step 14 至此，剪刀平面图绘制完成，保存完成后的文件。

5.3 样条曲线的绘制与编辑

样条曲线是经过或接近一系列给定点的光滑曲线（见图5-35），可以控制曲线与点的拟合程度。样条曲线可以是开放的，也可以是闭合的。用户还可以对创建的样条曲线进行编辑。

图 5-35 样条曲线

1. 绘制样条曲线

绘制样条曲线就是创建经过或接近选定点的平滑曲线，用户可以通过如下方式来执行此操作。

- 菜单栏：选择【绘图】|【样条曲线拟合】命令。
- 面板：在【默认】选项卡的【绘图】面板中单击【样条曲线拟合】按钮 。
- 命令行：输入 SPLINE。

样条曲线的拟合点可以通过光标指定，也可以在命令行中输入精确坐标值。执行 SPLINE 命令，在图形窗口中指定样条曲线的第一点和第二点后，命令行显示如下操作提示：

```
命令：_SPLINE
指定第一点或 [对象(O)]：                              //指定样条曲线的第一点或选择选项
指定下一点：                                         //指定样条曲线的第二点
指定下一点或 [闭合(C)/拟合公差(F)] <起点切向>：        //指定样条曲线的第三点或选择选项
```

在操作提示中，表示当样条曲线的拟合点有两个时，可以创建出闭合曲线（选择【闭合】选项），如图 5-36 所示。

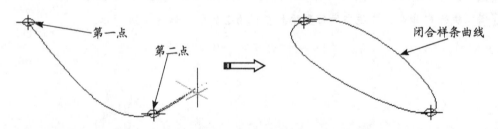

图 5-36 闭合样条曲线

还可以选择【拟合公差】选项来设置样条的拟合程度。如果公差设置为 0，则样条曲线通过拟合点；输入大于 0 的公差将使样条曲线在指定的公差范围内通过拟合点，如图 5-37 所示。

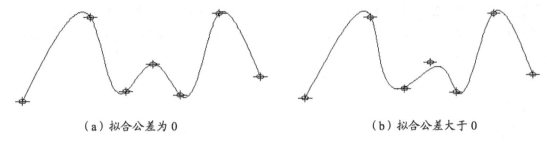

（a）拟合公差为 0　　　　　　　　　　　（b）拟合公差大于 0

图 5-37　拟合样条曲线

2．编辑样条曲线

【编辑样条曲线】工具可用于修改样条曲线对象的形状。样条曲线的编辑除了可以直接在图形窗口中选择样条曲线进行拟合点的移动编辑，还可以通过如下方式来执行此编辑操作。

- 菜单栏：选择【修改】|【对象】|【编辑样条曲线】命令。
- 面板：在【默认】选项卡的【修改】面板中单击【编辑样条曲线】按钮 。
- 命令行：输入 SPLINEDIT。

执行 SPLINEDIT 命令并选择要编辑的样条曲线后，命令行显示如下操作提示：

输入选项 [拟合数据(F)|闭合(C)|移动顶点(M)|精度(R)|反转(E)|放弃(U)]:

同时，图形窗口中弹出【输入选项】菜单，如图 5-38 所示。

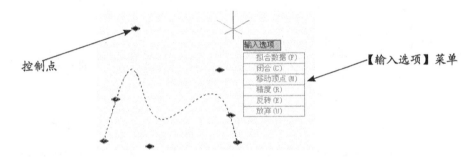

图 5-38　编辑样条曲线的【输入选项】菜单

命令行操作提示或【输入选项】菜单中各选项的含义如下。

- 拟合数据：编辑定义样条曲线的拟合点数据，包括修改公差。
- 闭合：将开放样条曲线修改为连续闭合的环。
- 移动顶点：将拟合点移动到新位置。
- 精度：通过添加、权值控制点及提高样条曲线阶数来修改样条曲线的定义。
- 反转：修改样条曲线的方向。
- 放弃：取消上一编辑操作。

动手操练——绘制异形轮

下面通过绘制如图 5-39 所示的异形轮轮廓图，熟悉样条曲线的用法。

step 01　使用【新建】命令创建空白文件。

step 02　按 F12 键，关闭状态栏中的【动态输入】功能。

step 03 执行【视图】|【平移】|【实时】命令,将坐标系图标移至绘图区中央位置。

step 04 单击【绘图】面板中的【多段线】按钮,配合坐标输入法绘制内部轮廓线。命令行操作提示如下:

```
命令:_PLINE
指定起点: 9.8,0↙
当前线宽为 0.0000
指定下一点或 [圆弧(A)/半宽(H)/长度(L)/放弃(U)/宽度(W)]: 9.8,2.5↙
指定下一点或 [圆弧(A)/闭合(C)/半宽(H)/长度(L)/放弃(U)/宽度(W)]: @-2.73,0↙
指定下一点或 [圆弧(A)/闭合(C)/半宽(H)/长度(L)/放弃(U)/宽度(W)]: A↙
                                                              //转入画弧模式
指定圆弧的端点或 [角度(A)/圆心(CE)/闭合(CL)/方向(D)/半宽(H)/直线(L)/半径(R)/
第二个点(S)/放弃(U)/宽度(W)]: CE↙
指定圆弧的圆心: 0,0↙
指定圆弧的端点或 [角度(A)/长度(L)]: 7.07,-2.5↙
指定圆弧的端点或 [角度(A)/圆心(CE)/闭合(CL)/方向(D)/半宽(H)/直线(L)/半径(R)/
第二个点(S)/放弃(U)/宽度(W)]: l↙              //转入画线模式
指定下一点或 [圆弧(A)/闭合(C)/半宽(H)/长度(L)/放弃(U)/宽度(W)]: 9.8,-2.5↙
指定下一点或 [圆弧(A)/闭合(C)/半宽(H)/长度(L)/放弃(U)/宽度(W)]: C↙
//结束命令,绘制的内轮廓如图 5-40 所示
```

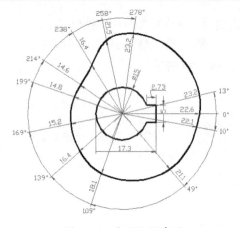

图 5-39 异形轮轮廓图

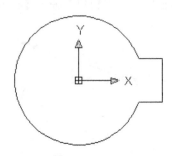

图 5-40 绘制的内轮廓

step 05 单击【绘图】面板中的【样条曲线拟合】按钮,激活【样条曲线拟合】命令,绘制外轮廓线。命令行操作提示如下:

```
命令:_SPLINE
当前设置: 方式=拟合    节点=弦
指定第一个点或 [方式(M)/节点(K)/对象(O)]: _M
输入样条曲线创建方式 [拟合(F)/控制点(CV)] <拟合>: _FIT
当前设置: 方式=拟合    节点=弦
指定第一个点或 [方式(M)/节点(K)/对象(O)]: 22.6,0↙
输入下一个点或 [起点切向(T)/公差(L)]: 23.2<13↙
输入下一个点或 [端点相切(T)/公差(L)/放弃(U)]: 23.2<-278↙
输入下一个点或 [端点相切(T)/公差(L)/放弃(U)/闭合(C)]: 21.5<-258↙
输入下一个点或 [端点相切(T)/公差(L)/放弃(U)/闭合(C)]: 16.4<-238↙
输入下一个点或 [端点相切(T)/公差(L)/放弃(U)/闭合(C)]: 14.6<-214↙
输入下一个点或 [端点相切(T)/公差(L)/放弃(U)/闭合(C)]: 14.8<-199↙
输入下一个点或 [端点相切(T)/公差(L)/放弃(U)/闭合(C)]: 15.2<-169↙
输入下一个点或 [端点相切(T)/公差(L)/放弃(U)/闭合(C)]: 16.4<-139↙
输入下一个点或 [端点相切(T)/公差(L)/放弃(U)/闭合(C)]: 18.1<-109↙
```

```
输入下一个点或 [端点相切(T)/公差(L)/放弃(U)/闭合(C)]: 21.1<-49 ↙
输入下一个点或 [端点相切(T)/公差(L)/放弃(U)/闭合(C)]: 22.1<-10 ↙
输入下一个点或 [端点相切(T)/公差(L)/放弃(U)/闭合(C)]: 22.6,0 ↙
输入下一个点或 [端点相切(T)/公差(L)/放弃(U)/闭合(C)]: T ↙
指定切向:          // 将光标移至如图 5-41 所示的位置单击,以确定切向,绘制结果如图 5-42 所示
```

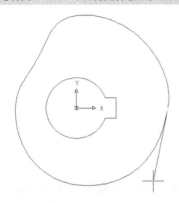
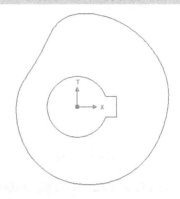

图 5-41 确定切向　　　　　　　　　　　　图 5-42 绘制结果

step 06 执行【保存】命令。

动手操练——绘制石作雕花大样

样条曲线可以在控制点之间产生一条光滑的曲线,常用于创建形状不规则的曲线,如波浪线、截交线或设计汽车时绘制的轮廓线等。

下面利用样条曲线和绝对坐标输入法绘制如图 5-43 所示的石作雕花大样图。

step 01 新建一个文件,并打开正交模式。

step 02 单击【直线】按钮，起点为(0,0),向右绘制一条长为 120 的水平线段。

step 03 重复执行【直线】命令,起点仍为(0,0),向上绘制一条长为 80 的垂直线段,如图 5-44 所示。

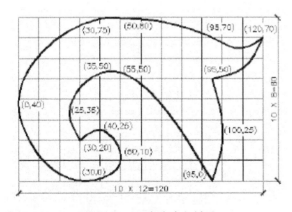
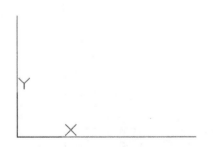

图 5-43 石作雕花大样图　　　　　　　　　图 5-44 绘制直线

step 04 单击【矩形阵列】按钮，选择长度为 120 的直线作为阵列对象,在【阵列创建】选项卡中设置参数,如图 5-45 所示。

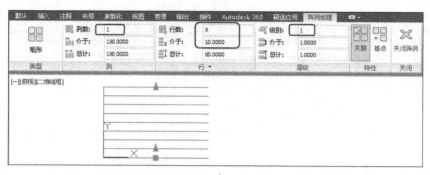

图 5-45 阵列线段（一）

step 05 单击【矩形阵列】按钮，选择长度为 80 的直线作为阵列对象，在【阵列创建】选项卡中设置参数，如图 5-46 所示。

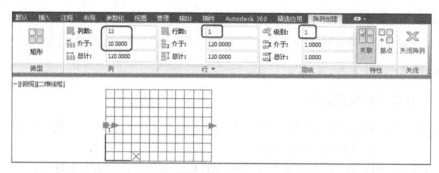

图 5-46 阵列线段（二）

step 06 单击【样条曲线拟合】按钮，利用绝对坐标输入法依次输入各点坐标，分段绘制样条曲线，如图 5-47 所示。

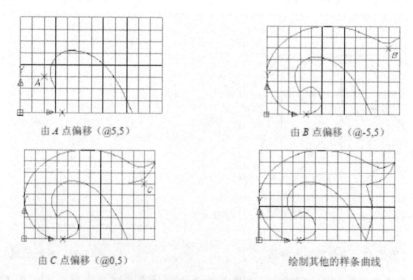

由 A 点偏移（@5,5）　　　　　　　由 B 点偏移（@-5,5）

由 C 点偏移（@0,5）　　　　　　　绘制其他的样条曲线

图 5-47 各段样条曲线的绘制过程

> **技巧点拨：**
> 在工程制图过程中有时不会给出所有点的绝对坐标，此时可以捕捉网格交点来输入偏移坐标，确定样条曲线经过的点，如图5-47所示的提示点为偏移参考点，读者也可以使用这种方法来制作。

5.4 绘制曲线与参照几何图形命令

螺旋线属于曲线中较为高级的，而云线则是用来作为绘制参照几何图形时而采用的一种查看、注意方法。

5.4.1 螺旋线

螺旋线（HELIX）是空间曲线，包括圆柱螺旋线和圆锥螺旋线。当底面直径等于顶面直径时，为圆柱螺旋线；当底面直径大于或小于顶面直径时，就是圆锥螺旋线。

执行【螺旋】命令主要有以下几种方式。
- 命令行：输入 HELIX。
- 菜单栏：执行【绘图】|【螺旋】命令。
- 快捷键：HELI。
- 功能区：在【默认】选项卡的【绘图】面板中单击【螺旋】按钮。

在二维视图中，圆柱螺旋线表现为多条螺旋线重合的圆，如图5-48所示。圆锥螺旋线表现为阿基米德螺线，如图5-49所示。

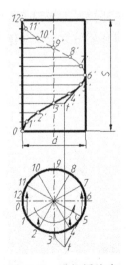
图5-48 圆柱螺旋线

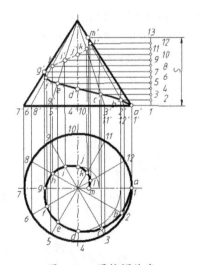
图5-49 圆锥螺旋线

螺旋线的绘制需要确定底面直径、顶面直径和高度（导程）。当螺旋高度为0时，就是二维的平面螺旋线；当高度值大于0时，就是三维的螺旋线。

> **技巧点拨：**
>
> 底面直径、顶面直径的值不能设为 0。

执行 HELIX 命令，按命令行操作提示指定螺旋线中心、底面半径和顶面半径后，命令行显示如下操作提示：

```
命令：_HELIX
圈数 = 3.0000        扭曲 =CCW
指定底面的中心点：                              //指定底面中心点
指定底面半径或 [直径(D)] <335.7629>：           //指定底面半径或选择选项
指定顶面半径或 [直径(D)] <174.8169>：           //指定顶面半径或选择选项
指定螺旋高度或 [轴端点(A)/圈数(T)/圈高(H)/扭曲(W)] <135.7444>：
//指定螺旋高度或选择选项
```

上述命令行操作提示中各选项的含义如下。

- 中心点：指定螺旋线中心点的位置。
- 底面半径：螺旋线底端面半径。
- 顶面半径：螺旋线顶端面半径。
- 螺旋高度：螺旋线 Z 向高度。
- 轴端点：导圆柱或导圆锥的轴端点，轴起点为底面中心点。
- 圈数：螺旋线的圈数。
- 圈高：螺旋线的导程，每圈的高度。
- 扭曲：指定螺旋线的旋向，包括顺时针旋向（右旋）和逆时针旋向（左旋）。

5.4.2 修订云线

修订云线（REVCLOUD，REVC）是由连续圆弧组成的多段线，主要用于在检查阶段提醒用户注意图形的某个部分。在检查或用红线圈阅图形时，可以使用修订云线功能亮显标记，以提高工作效率，如图 5-50 所示。

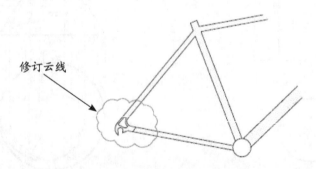

图 5-50 创建修订云线以提醒用户注意

执行【修订云线】命令主要有以下几种方式。

- 命令行：输入 REVCLOUD。
- 菜单栏：执行【绘图】|【修订云线】命令。

- 快捷键：REVC。
- 功能区：在【默认】选项卡的【绘图】面板中单击【徒手画】按钮 ◯ 。

除了可以绘制修订云线，还可以将其他曲线（如圆、圆弧、椭圆、矩形和多边形等多段线）转换成修订云线。在命令行中输入 REVC 并执行命令后，将显示如下操作提示：

```
命令：REVCLOUD
最小弧长：0.5000    最大弧长：0.5000              // 显示云线当前最小弧长值和最大弧长值
指定起点或 [弧长(A)/对象(O)/样式(S)] <对象>：   // 指定云线的起点
```

命令行操作提示中有多个选项供用户选择，各选项的含义如下。

- 弧长：指定云线中弧线的长度。
- 对象：选择要转换为云线的对象。
- 样式：选择修订云线的绘制方式，包括普通和徒手画。

技巧点拨：

REVCLOUD 在系统注册表中存储上一次使用的弧长。在具有不同比例因子的图形中使用程序时，用 DIMSCALE 的值乘以此值来保持一致的比例。

下面通过徒手绘制修订云线，学习使用【修订云线】命令。

动手操练——徒手绘制修订云线

step 01 新建一个空白文件。

step 02 执行菜单栏中的【绘图】|【修订云线】命令，或者单击【绘图】面板中的【徒手画】按钮 ◯ ，根据 AutoCAD 命令行的步骤提示精确绘图：

```
命令：REVCLOUD
最小弧长：30    最大弧长：30    样式：手绘    类型：徒手画
指定第一个点或 [弧长(A)/对象(O)/矩形(R)/多边形(P)/徒手画(F)/样式(S)/修改(M)]<对象>：
// 在绘图区拾取一点作为起点
沿云线路径引导十字光标...
// 按住鼠标左键，沿着所需闭合的路径引导光标即可绘制闭合的云线图形
修订云线完成。
```

step 03 徒手绘制的修订云线如图 5-51 所示。

图 5-51　徒手绘制的修订云线

技巧点拨：

在绘制闭合的云线时，需要移动光标，将云线的端点放在起点处，系统会自动绘制闭合云线。

1.【弧长】选项

【弧长】选项用于设置云线的最小弧长和最大弧长。当激活此选项后，系统提示用户输入

最小弧长和最大弧长。下面通过具体实例学习使用该选项。

下面以绘制最大弧长为 25、最小弧长为 10 的云线为例，介绍【弧长】选项功能的应用。

动手操练——设置云线的弧长

step 01 新建一个空白文件。

step 02 单击【绘图】面板中的【修订云线】按钮，根据 AutoCAD 命令行的操作提示精确绘图：

```
命令：REVCLOUD
最小弧长：0.5   最大弧长：0.5   样式：手绘   类型：徒手画
指定第一个点或 [弧长(A)/对象(O)/矩形(R)/多边形(P)/徒手画(F)/样式(S)/修改(M)]
<对象>：A✓
//激活【弧长】选项
指定最小弧长 <30>:10 ✓                    //设置最小弧长
指定最大弧长 <10>: 25 ✓                   //设置最大弧长
指定起点或 [弧长(A)/对象(O)/样式(S)] <对象>：   //在绘图区拾取一点作为起点
沿云线路径引导十字光标...                    //按住鼠标左键，沿着所需闭合的路径引导光标
反转方向 [是(Y)/否(N)] <否>：N✓             //采用默认设置
```

step 03 绘制完成的修订云线如图 5-52 所示。

图 5-52　绘制完成的修订云线

2.【对象】选项

【对象】选项用于对非云线图形，如直线、圆弧、矩形及圆图形等，按照当前的样式和尺寸，将其转化为云线图形，如图 5-53 所示。

图 5-53　【对象】选项示例

3.【矩形】选项

【矩形】选项可用来绘制矩形路径的修订云线，如图 5-54 所示。另外，在编辑过程中还可以修改弧线的方向，如图 5-55 所示。

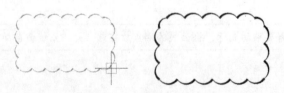

图 5-54　【矩形】选项示例

4.【样式】选项

【样式】选项用于设置修订云线的样式。AutoCAD 系统用户提供了普通和手绘这 2 种样式，默认采用普通样式。图 5-56 所示的云线就是在手绘样式下绘制的。

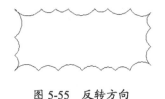

图 5-55　反转方向　　　　　　　　图 5-56　手绘示例

5.【多边形】选项

【多边形】选项用于绘制多边形路径的修订云线，如图 5-57 所示。

图 5-57　【多边形】选项示例

6.【修改】选项

【修改】选项用于修改已有修订云线的路径，如图 5-58 所示。

图 5-58　【修改】选项示例

5.5 综合案例

本节主要介绍高级图形指令的应用技巧和操作步骤。

5.5.1 案例一：将辅助线转化为图形轮廓线

下面通过绘制如图 5-59 所示的零件剖视图，对作图辅助线及线的修改编辑工具进行综合训练和巩固。

动手操练——绘制零件剖视图

step 01 打开素材文件【零件主视图.dwg】，如图 5-60 所示。

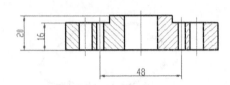

图 5-59 零件剖视图

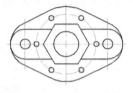

图 5-60 零件主视图

step 02 启用状态栏中的【对象捕捉】功能，并设置捕捉模式为端点捕捉、圆心捕捉和交点捕捉。

step 03 展开【图层】面板中的【图层控制】列表，选择【轮廓线】选项作为当前图层。

step 04 执行【绘图】面板中的【构造线】命令，绘制一条水平构造线作为定位辅助线。命令行操作提示如下：

```
命令：_XLINE
指定点或 [水平(H)/垂直(V)/角度(A)/二等分(B)/偏移(O)]:H↙    //激活【水平】选项
指定通过点：                                              //在俯视图上侧的适当位置拾取一点
指定通过点：↙                                            //结束命令，绘制结果如图5-61所示
```

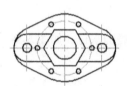

图 5-61 绘制水平构造线

step 05 按 Enter 键，重复执行【构造线】命令，绘制其他定位辅助线，具体操作如下：

```
命令：↙                                                  //重复执行命令
XLINE
指定点或 [水平(H)/垂直(V)/角度(A)/二等分(B)/偏移(O)]：O↙  //激活【偏移】选项
指定偏移距离或 [通过(T)] <通过>:16↙                       //设置偏移距离
选择直线对象：                                           //选择刚绘制的水平辅助线
指定向哪侧偏移：                                         //在水平辅助线上侧拾取一点
选择直线对象：↙                                         //结束命令，结果如图5-62所示
```

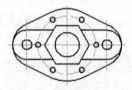

图 5-62 绘制定位辅助线（一）

```
命令：✓                                              //重复执行命令
XLINE
指定点或 [水平(H)/垂直(V)/角度(A)/二等分(B)/偏移(O)]：O✓   //激活【偏移】选项
指定偏移距离或 [通过(T)] <通过>:4 ✓                    //设置偏移距离
选择直线对象：                                        //选择刚绘制的水平辅助线
指定向哪侧偏移：                                      //在水平辅助线上侧拾取一点
选择直线对象：✓                                       //结束命令，结果如图5-63所示
```

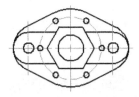

图 5-63 绘制定位辅助线（三）

step 06 再次执行【构造线】命令，配合对象的捕捉功能，分别通过俯视图各位置的特征点，绘制如图5-64所示的垂直定位辅助线。

step 07 综合使用【修改】面板中的【修剪】和【删除】命令，对上面绘制的水平辅助线和垂直辅助线进行修剪编辑，删除多余的图线，将辅助线转化为图形轮廓线，编辑结果如图5-65所示。

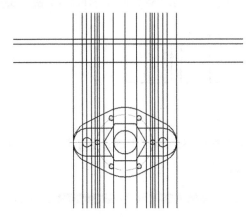

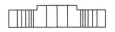

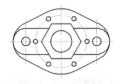

图 5-64 绘制垂直定位辅助线　　　　　　　图 5-65 编辑结果

step 08 在无命令执行的前提下，选择如图5-66所示的图线，显示夹点图线。

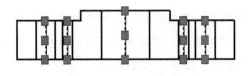

图 5-66 显示夹点图线

step 09 单击【图层】面板中的【图层控制】下拉按钮，在展开的下拉列表中选择【点画线】选项，将夹点显示的图线图层修改为【点画线】。

step 10 按 Esc 键取消对象的夹点显示状态，修改结果如图 5-67 所示。

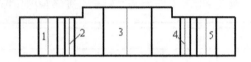

图 5-67　修改结果

step 11 执行【修改】面板中的【拉长】命令，将各位置中心线进行两端拉长。命令行操作提示如下：

```
命令：_LENGTHEN
选择对象或 [增量(DE)/百分数(P)/全部(T)/动态(DY)]: DE↙        //激活【增量】选项
输入长度增量或 [角度(A)] <0.0>:3↙                            //设置拉长的长度
选择要修改的对象或 [放弃(U)]:                                //在中心线1的上端单击
选择要修改的对象或 [放弃(U)]:                                //在中心线1的下端单击
选择要修改的对象或 [放弃(U)]:                                //在中心线2的上端单击
选择要修改的对象或 [放弃(U)]:                                //在中心线2的下端单击
选择要修改的对象或 [放弃(U)]:                                //在中心线3的上端单击
选择要修改的对象或 [放弃(U)]:                                //在中心线3的下端单击
选择要修改的对象或 [放弃(U)]:                                //在中心线4的上端单击
选择要修改的对象或 [放弃(U)]:                                //在中心线4的下端单击
选择要修改的对象或 [放弃(U)]:                                //在中心线5的上端单击
选择要修改的对象或 [放弃(U)]:                                //在中心线5的下端单击
选择要修改的对象或 [放弃(U)]: ↙                             //结束命令，拉长结果如图5-68所示
```

图 5-68　拉长结果

step 12 将【剖面线】设置为当前图层，执行【绘图】面板中的【图案填充】命令，在弹出的【图案填充创建】选项卡中设置填充参数，如图 5-69 所示。

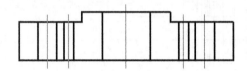

图 5-69　设置填充参数

step 13 为剖视图填充剖面图案，填充结果如图 5-70 所示。

step 14 重复执行【图案填充】命令，将填充角度设置为 90，其他参数保持不变，继续对剖视图填充剖面图案，最终的填充结果如图 5-71 所示。

第 5 章 绘制其他曲线

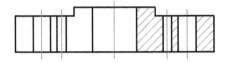
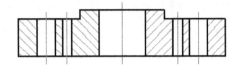

图 5-70 填充结果　　　　　　　　　　图 5-71 最终的填充结果

step 15 最后执行【文件】|【另存为】命令，将当前图形另存为【某零件剖视图.dwg】。

5.5.2 案例二：绘制电线杆

通常把电线杆的绘制分成两部分，这里绘制的是基本图，如图 5-72 所示。

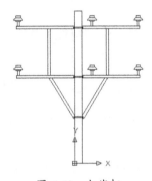

图 5-72 电线杆

动手操作——绘制电线杆

step 01 新建图形文件。

step 02 单击【绘图】面板中的【矩形】按钮▫，绘制起点在原点的 150×3000 的矩形，结果如图 5-73 所示。

step 03 单击【绘图】面板中的【矩形】按钮▫，绘制起点在如图 5-74 所示中点位置的 1220×（-50）的矩形，结果如图 5-75 所示。

图 5-73 绘制 150×3000 的矩形　　图 5-74 捕捉中点（一）　　图 5-75 绘制 1220×（-50）的矩形

step 04 单击【修改】面板中的【镜像】按钮▲，以通过 150×3000 的矩形中点的竖直直线为对称轴，镜像复制矩形，结果如图 5-76 所示。

step 05　单击【修改】面板中的【移动】按钮，把 2 个 1220×（-50）的矩形垂直向下移动，移动距离为 300，结果如图 5-77 所示。

step 06　单击【修改】面板中的【复制】按钮，把 2 个 1220×（-50）的矩形垂直向下复制 1 份，结果如图 5-78 所示。

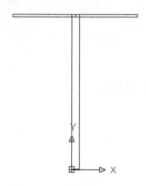  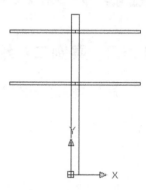

图 5-76　镜像复制矩形　　　图 5-77　移动 2 个矩形　　　图 5-78　复制 2 个矩形

step 07　打开素材文件【绝缘子.dwg】。将绝缘子图形复制在粘贴板上，然后在本案例图形文件中进行粘贴。

step 08　单击【修改】面板中的【移动】按钮，把绝缘子图形以如图 5-79 所示中点为移动基准点，如图 5-80 所示端点为移动目标点进行移动，结果如图 5-81 所示。

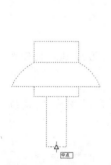 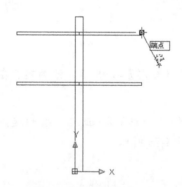 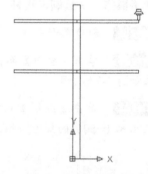
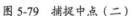

图 5-79　捕捉中点（二）　　　图 5-80　捕捉端点（一）　　　图 5-81　移动图形

step 09　单击【修改】面板中的【移动】按钮，把绝缘子图形向左移动，移动距离为 40，结果如图 5-82 所示。

step 10　单击【修改】面板中的【复制】按钮，把绝缘子图形向左复制 1 份，复制距离为 910，结果如图 5-83 所示。

step 11　单击【修改】面板中的【复制】按钮，以如图 5-84 所示端点为复制基准点，把 2 个绝缘子图形垂直向下复制到下面的横栏上，结果如图 5-85 所示。

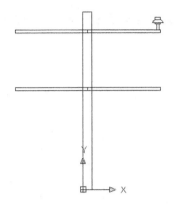
图 5-82　移动绝缘子图形

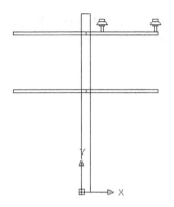
图 5-83　向左边复制绝缘子图形

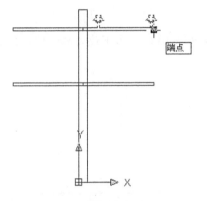
图 5-84　捕捉端点（二）

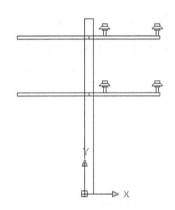
图 5-85　向下复制绝缘子图形

step 12　单击【修改】面板中的【镜像】按钮，以通过如图 5-86 所示中点的垂直直线为对称轴，镜像复制 2 个绝缘子图形，结果如图 5-87 所示。

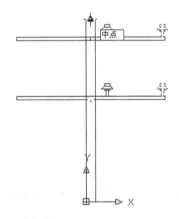
图 5-86　捕捉中点（三）

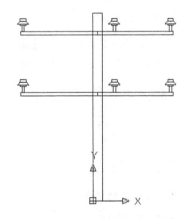
图 5-87　镜像复制 2 个绝缘子图形

step 13　单击【标准】面板中的【窗口缩放】按钮，局部放大如图 5-88 所示的图形。预备下一步操作。

step 14 单击【绘图】面板中的【矩形】按钮 ▭，绘制起点在如图 5-89 所示中点的矩形，结果如图 5-90 所示。

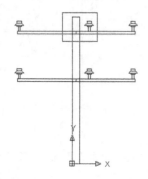

图 5-88 框选图形

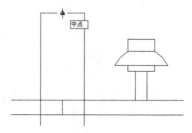

图 5-89 捕捉中点（四）

step 15 单击【修改】面板中的【镜像】按钮，以 85×10 的矩形下边为对称轴，把该矩形对称复制一份，结果如图 5-91 所示。

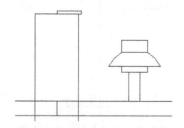

图 5-90 绘制 85×10 的矩形

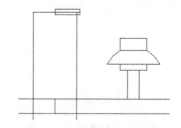

图 5-91 对称复制 85×10 的矩形

step 16 单击【修改】面板中的【分解】按钮，把 2 个 85×10 的矩形下边分解成线条。

step 17 单击【修改】面板中的【删除】按钮，删除 2 个 85×10 的矩形的两边、中间的线条，结果如图 5-92 所示。

step 18 单击【修改】面板中的【圆角】按钮，然后单击如图 5-93 所示虚线和光标的 2 条平行线，创造半圆弧，结果如图 5-94 所示。

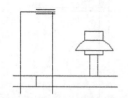

图 5-92 分解并删除矩形

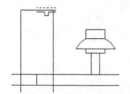

图 5-93 选择矩形

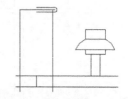

图 5-94 创建半圆弧（一）

step 19 单击【绘图】面板的【圆】按钮，绘制圆心在如图 5-95 所示位置，并且 $\phi=10$ 的圆，结果如图 5-96 所示。

step 20 单击【修改】面板中的【镜像】按钮，把半边螺旋套图形向左对称复制一份，结果如图 5-97 所示。

图 5-95 捕捉圆心　　　　图 5-96 绘制圆　　　　图 5-97 向左对称复制矩形

step 21 单击【修改】面板中的【移动】按钮，把螺旋套图形向下移动，移动距离为 325，结果如图 5-98 所示。

step 22 单击【修改】面板中的【复制】按钮，把螺旋套图形向下复制 1 份，复制距离为 970，结果如图 5-99 所示。

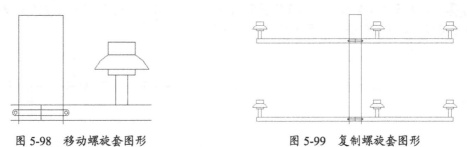

图 5-98 移动螺旋套图形　　　　图 5-99 复制螺旋套图形

step 23 单击【修改】面板中的【修剪】按钮，以如图 5-100 所示的虚线矩形为修剪边，修剪掉光标所示的 4 段线头，结果如图 5-101 所示。

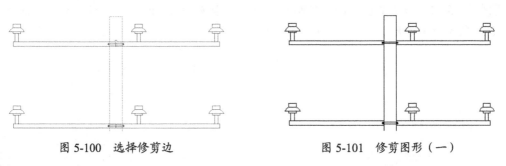

图 5-100 选择修剪边　　　　图 5-101 修剪图形（一）

step 24 单击【绘图】面板中的【矩形】按钮，绘制起点在如图 5-102 所示端点的 40×970 的矩形，结果如图 5-103 所示。

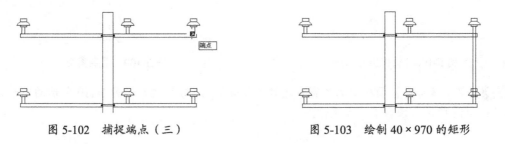

图 5-102 捕捉端点（三）　　　　图 5-103 绘制 40×970 的矩形

step 25 单击【修改】面板中的【移动】按钮，把 40×970 的矩形向左边移动，移动距离为 610，结果如图 5-104 所示。

step 26 单击【修改】面板中的【移动】按钮，把 40×970 的矩形向下边移动，移动距离为 25，结果如图 5-105 所示。

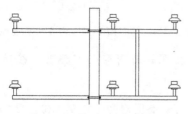

图 5-104 向左边移动矩形

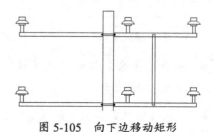

图 5-105 向下边移动矩形

step 27 单击【修改】面板中的【修剪】按钮，以如图 5-106 所示的虚线矩形为修剪边，修剪光标所示的 2 段线头，结果如图 5-107 所示。

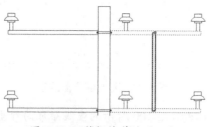

图 5-106 捕捉修剪边（一）

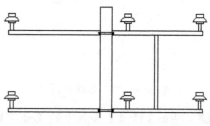

图 5-107 修剪 40×970 的矩形

step 28 单击【修改】面板中的【复制】按钮，把如图 5-108 中光标所示的螺栓套向下复制 1 份，复制距离为 800，结果如图 5-109 所示。

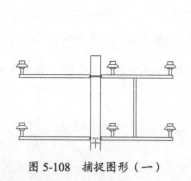

图 5-108 捕捉图形（一）

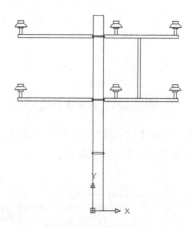

图 5-109 复制图形

step 29 单击【标准】面板中的【窗口缩放】按钮，局部放大如图 5-110 所示的图形，结果如图 5-111 所示。预备下一步操作。

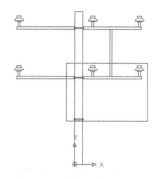
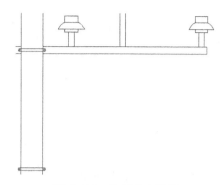

图 5-110　捕捉图形（二）　　　　　图 5-111　局部放大图形

step 30　单击【修改】面板中的【圆角】按钮，然后单击如图 5-112 中虚线和光标所示的 2 条平行线，创建半圆弧，结果如图 5-113 所示。

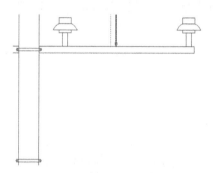
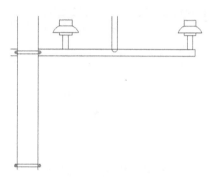

图 5-112　捕捉圆角边（一）　　　　图 5-113　创建半圆弧（二）

step 31　单击【绘图】面板中的【直线】按钮，绘制如图 5-114 所示的 2 个圆心的连线。

step 32　单击【修改】面板中的【偏移】按钮，把斜线向两边各偏移复制 1 份，复制距离为 25，结果如图 5-115 所示。

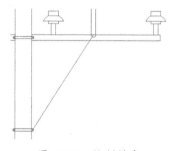
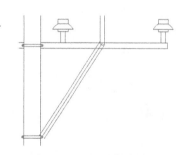

图 5-114　绘制斜线　　　　　　　图 5-115　偏移复制斜线

step 33　单击【修改】面板中的【删除】按钮，删除斜线和绘制的半圆弧，结果如图 5-116 所示。

step 34　单击【修改】面板中的【修剪】按钮，以如图 5-117 所示的虚线为修剪边，修剪光标所示的 3 段线头，结果如图 5-118 所示。

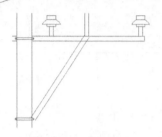
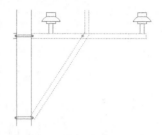
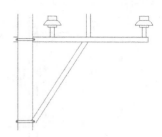

图 5-116 删除图形　　图 5-117 捕捉修剪边（二）　　图 5-118 修剪图形（二）

step 35 单击【修改】面板中的【圆角】按钮◯，然后单击如图 5-119 中虚线和光标所示的 2 条平行线，创建半圆弧，结果如图 5-120 所示。

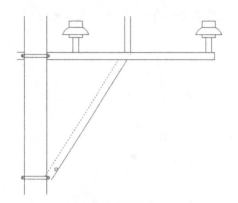
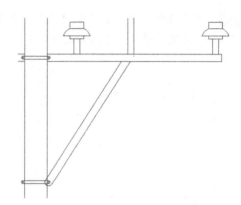

图 5-119 捕捉圆角边（二）　　　　图 5-120 创建半圆弧（三）

step 36 单击【修改】面板中的【修剪】按钮-/--，以如图 5-121 所示的虚线矩形为修剪边，修剪光标所示的 2 段线头，结果如图 5-122 所示。

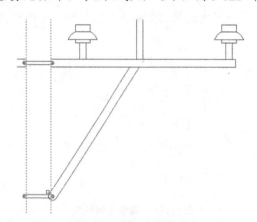
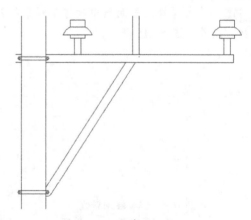

图 5-121 捕捉图形（三）　　　　图 5-122 修剪图形（三）

step 37 单击【修改】面板中的【镜像】按钮⚠，以如图 5-123 中光标所示的通过电杆中点的垂直直线为对称轴，把右边虚线所示的图形镜像对称复制 1 份，最终结果如图 5-124 所示。

第 5 章　绘制其他曲线

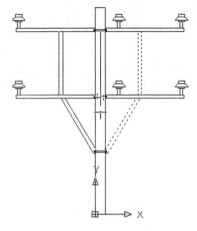
图 5-123　牵拉对称轴

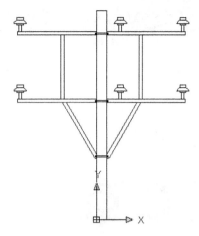
图 5-124　镜像复制图形

第 6 章
填充与渐变绘图

本章内容

第 4 章和第 5 章介绍了点与线的绘制，从本章开始介绍面的绘制与填充。面是平面绘图中最大的单位。本章主要介绍在 AutoCAD 2020 中，如何将线组成的闭合面转换成一个完整的面域，如何绘制面域，以及面域的填充方式等。

知识要点

- ☑ 将图形转换为面域
- ☑ 填充概述
- ☑ 图案填充
- ☑ 渐变色填充
- ☑ 区域覆盖

6.1 将图形转换为面域

面域是具有物理特性（如质心）的二维封闭区域。封闭区域可以是直线、多段线、圆、圆弧、椭圆、椭圆弧和样条曲线的组合，组成环的对象必须闭合或通过与其他对象共享端点而形成闭合的区域。形成面域的图形如图 6-1 所示。

图 6-1 形成面域的图形

面域可用于填充和着色，计算面域或三维实体的质量特性，以及提取设计信息（如形心）。面域的创建方法有多种，可以使用【面域】命令来创建，也可以使用【边界】命令来创建，还可以使用【三维建模】空间的【并集】、【交集】和【差集】命令来创建。

6.1.1 创建面域

所谓面域，其实就是实体的表面，是一个没有厚度的二维实心区域，具备实体模型的一切特性，不但含有边的信息，还有边界内的信息，可以利用这些信息计算工程属性，如面积、重心和惯性矩等。

执行【面域】命令主要有以下几种方式。

- 执行菜单栏中的【绘图】|【面域】命令。
- 单击【绘图】面板中的【面域】按钮 。
- 在命令行中输入 REGION。

1. 将单个对象转成面域

面域不能直接被创建，而是通过其他闭合图形进行转化。在激活【面域】命令后，只需要选择封闭的图形对象即可将其转化为面域，如圆、矩形、正多边形等。

当闭合对象被转化为面域之后，看上去并没有什么变化，如果对其进行着色后就可以区分开，如图 6-2 所示。

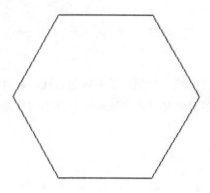

图6-2 几何线框与几何面域

2. 从多个对象中提取面域

使用【面域】命令，只能将单个闭合对象或由多个首尾相连的闭合区域转化成面域，如果用户需要从多个相交对象中提取面域，则使用【边界】命令（从菜单栏中选择【绘图】|【边界】命令），在弹出的【边界创建】对话框中，将【对象类型】设置为【面域】，如图6-3所示。

图6-3 【边界创建】对话框

6.1.2 对面域进行逻辑运算

1. 创建并集面域

【并集】命令用于将2个或2个以上的面域（或实体）组合成一个新的对象，如图6-4所示。

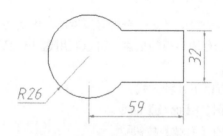

图6-4 并集示例

执行【并集】命令主要有以下几种方式。
- 执行菜单栏中的【修改】|【实体编辑】|【并集】命令。
- 进入"三维基础"空间，在【默认】选项卡的【编辑】面板中单击【并集】按钮。
- 在命令行中输入UNION。

下面通过创建组合面域学习使用【并集】命令。

动手操练——创建并集面域

step 01 新建一个空白文件，然后绘制半径为 26 的圆。

step 02 执行【绘图】|【矩形】命令，以圆的圆心作为矩形左侧边的中点，绘制长为 59、宽为 32 的矩形，绘制结果如图 6-5 所示。

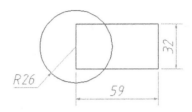

图 6-5 绘制结果

step 03 单击【绘图】面板中的【面域】命令，根据 AutoCAD 命令行操作提示，将刚绘制的 2 个图形转化为圆形面域和矩形面域。命令行操作提示如下：

```
命令：_REGION
选择对象：                    //选择刚绘制的圆
选择对象：                    //选择刚绘制的矩形
选择对象：✓                   //退出命令
已提取 2 个环。
已创建 2 个面域。
```

step 04 执行【修改】|【实体编辑】|【并集】命令，根据 AutoCAD 命令行的操作提示，将刚创建的 2 个面域进行组合，命令行操作提示如下：

```
命令：_UNION
选择对象：                    //选择刚创建的圆形面域
选择对象：                    //选择刚创建的矩形面域
选择对象：✓                   //退出命令，并集
```

并集结果如图 6-6 所示。

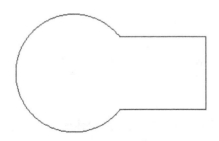

图 6-6 并集结果

2. 创建差集面域

【差集】命令用于从一个面域或实体中，移去与其相交的面域或实体，从而生成新的组合实体。

执行【差集】命令主要有以下几种方式。

● 执行【修改】|【实体编辑】|【差集】命令。

- 进入"三维基础"空间,在【默认】选项卡的【编辑】面板中单击【差集】按钮。
- 在命令行中输入 SUBTRACT。

下面通过上述的圆形面域和矩形面域,学习使用【差集】命令。

动手操练——创建差集面域

step 01 继续上例操作。

step 02 单击【实体】工具栏中的【差集】按钮,启动【差集】命令。

step 03 启动【差集】命令后,根据 AutoCAD 命令行操作提示,将圆形面域和矩形面域进行差集运算。命令行操作提示如下:

```
命令: _SUBTRACT
选择要从中减去的实体或面域...
选择对象:                        //选择刚创建的圆形面域
选择对象: ✓                      //结束对象的选择
选择要减去的实体或面域 ..
选择对象:                        //选择刚创建的矩形面域
选择对象: ✓                      //结束命令
```

差集结果如图 6-7 所示。

图 6-7 差集结果

技巧点拨:

在执行【差集】命令时,当选择完被减对象后一定要按 Enter 键,然后选择需要减去的对象。

3. 创建交集面域

【交集】命令用于将 2 个或 2 个以上的面域或实体所共有的部分,提取出来组合成一个新的图形对象,同时删除公共部分以外的部分。

执行【交集】命令主要有以下几种方式。

- 执行【修改】|【实体编辑】|【交集】命令。
- 进入"三维基础"空间,在【默认】选项卡的【编辑】面板中单击【交集】按钮。
- 在命令行中输入 INTERSECT。

下面通过上述创建的圆形面域和矩形面域,学习使用【交集】命令。

动手操练——创建交集面域

step 01 继续上例操作。

step 02 执行【修改】|【实体编辑】|【交集】命令。

step 03 启动【交集】命令后，根据 AutoCAD 命令行操作提示，将圆形面域和矩形面域进行交集运算，结果如图 6-8 所示。

图 6-8　交集结果

```
命令：_INTERSECT
选择对象：                              //选择刚创建的圆形面域
选择对象：                              //选择刚创建的矩形面域
选择对象：✓                            //退出命令
```

6.1.3　使用 MASSPROP 命令提取面域质量特性

MASSPROP 命令用于对面域进行分析，分析结果可以存入文件。

在命令行中输入 MASSPROP 命令后，打开如图 6-9 所示的窗口，在绘图区单击选择一个面域，释放鼠标左键再单击鼠标右键，分析结果就会显示出来。

```
选择对象：*取消*
命令：MASSPROP
选择对象：找到 1 个
选择对象：
----------------    面域    ----------------
面积：            6673.8663
周长：             322.6089
边界框：        X: 1000.6300  --  1071.2119
                Y:  714.9611  --   814.7258
质心：          X: 1034.1823
                Y:  765.7809
惯性矩：        X: 3918996164.4267
                Y: 7140454299.8945
惯性积：        XY: 5285606893.3598
旋转半径：      X:  766.2997
                Y: 1034.3658
主力矩与质心的 X-Y 方向：
                I: 2520242.0598 沿 [ 0.0685  0.9976]
                J: 5318073.6337 沿 [-0.9976  0.0685]
```

图 6-9　AutoCAD 文本窗口

6.2　填充概述

填充是一种使用指定线条图案、颜色来充满指定区域的操作，常常用于表达剖切面和不同类型物体对象的外观纹理等，被广泛应用于绘制机械图、建筑图及地质构造图等各类图形中。图案的填充可以使用预定义填充图案填充区域，可以使用当前线型定义简单的线图案，也可以创建更复杂的填充图案，还可以使用实体颜色填充区域。

6.2.1　定义填充图案的边界

填充图案首先要定义一个填充边界，定义边界的方法包括指定对象封闭区域中的点、选择封闭区域的对象、将填充图案从工具选项板或设计中心拖至封闭区域等。填充图形时，程序将忽略不在对象边界内的整个对象或局部对象，如图 6-10 所示。

如果填充线与某个对象（如文本、属性或实体填充对象）相交，并且该对象被选定为边界集的一部分，那么【图案填充】将围绕该对象来填充，如图 6-11 所示。

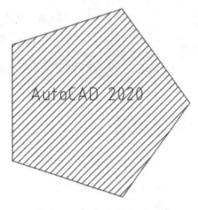 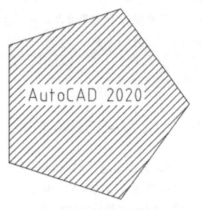

图 6-10　忽略边界内的对象　　　　　　图 6-11　对象包含在边界中

6.2.2　添加填充图案和实体填充

除了通过执行【图案填充】命令填充图案，还可以从工具选项板拖动图案进行填充。使用工具选项板，可以更快、更方便地工作。在菜单栏中选择【工具】|【选项板】|【工具选项板】命令，然后选择【图案填充】选项卡，如图 6-12 所示。

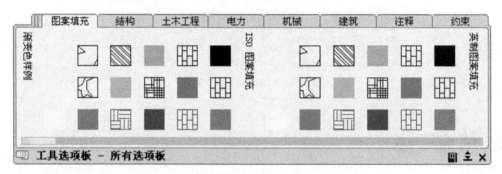

图 6-12　工具选项板

6.2.3　选择填充图案

AutoCAD 程序提供了实体填充及 50 多种行业标准填充图案，可用于区分对象的部件或表示对象的材质。另外，AutoCAD 还提供了符合 ISO（国际标准化组织）标准的 14 种填充图案。当选择 ISO 图案时，可以指定笔宽，笔宽决定了图案中的线宽，如图 6-13 所示。

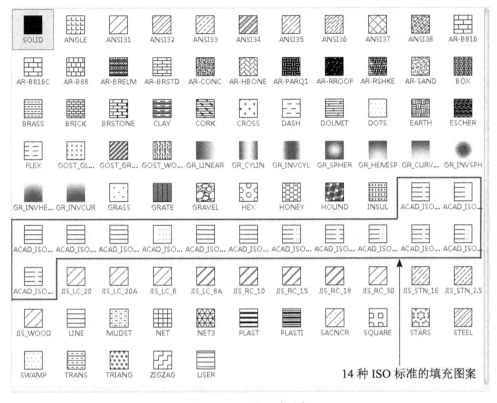

图 6-13 标准图案选择

6.2.4 关联填充图案

图案填充随着边界的更改自动更新。在默认情况下，用【图案填充】命令创建的图案填充区域是关联的，该设置存储在系统变量 HPASSOC 中。

使用 HPASSOC 中的设置通过从工具选项板或 DesignCenter（设计中心）拖动填充图案来创建图案填充。任何时候都可以删除图案填充的关联性，或者使用 HATCH 创建无关联填充。当 HPGAPTOL 系统变量设置为 0（默认值）时，如果编辑会创建开放的边界，则自动删除关联性。使用 HATCH 来创建独立于边界的非关联图案填充。编辑关联填充如图 6-14 所示。

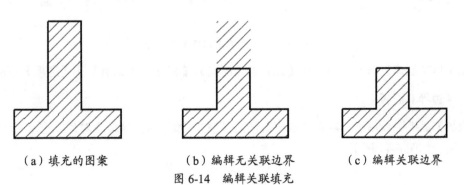

（a）填充的图案　　　　（b）编辑无关联边界　　　　（c）编辑关联边界

图 6-14 编辑关联填充

6.3 图案填充

使用【图案填充】命令可以在填充封闭区域或指定边界内进行填充。在默认情况下,【图案填充】命令将创建关联图案填充,图案会随着边界的更改而更新。

通过选择要填充的对象或通过定义边界然后指定内部点来创建图案填充。图案填充边界可以是形成封闭区域的任意对象的组合,如直线、圆弧、圆和多段线等。

6.3.1 使用图案填充

所谓图案,指的就是使用各种图线进行不同的排列组合而构成的图形元素,此类图形元素作为一个独立的整体,被填充到各种封闭的图形区域中,以表达各自的图形信息,如图 6-15 所示。

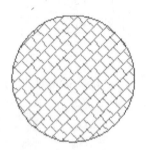
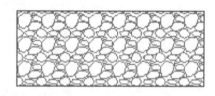

图 6-15 图案示例

执行【图案填充】命令主要有以下几种方式。
- 执行菜单栏中的【绘图】|【图案填充】命令。
- 单击【绘图】面板中的【图案填充】按钮。
- 在命令行中输入 BHATCH。

执行上述命令后,功能区将显示【图案填充创建】选项卡,如图 6-16 所示。

图 6-16 【图案填充创建】选项卡

【图案填充创建】选项卡中包括【边界】、【图案】、【特性】、【原点】和【选项】等面板。

1. 【边界】面板

【边界】面板主要用于拾取点(选择封闭的区域)、添加或删除边界对象、查看选项集等。【边界】面板如图 6-17 所示。

图 6-17 【边界】面板

【边界】面板中各选项的含义如下。

- 拾取点：根据围绕指定点构成封闭区域的现有对象确定边界。对话框将暂时关闭，系统将会提示拾取一个点，如图 6-18 所示。

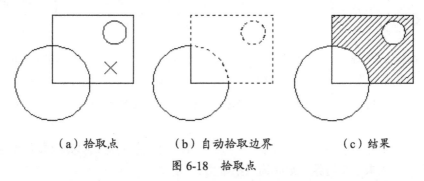

（a）拾取点　　（b）自动拾取边界　　（c）结果

图 6-18 拾取点

- 选择：根据构成封闭区域的选定对象确定边界。对话框将暂时关闭，系统将会提示选择对象，如图 6-19 所示。使用【选择】选项时，HATCH 不会自动检测内部对象。必须选择选定边界内的对象，以按照当前孤岛检测样式填充这些对象，如图 6-20 所示。

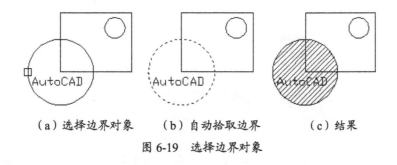

（a）选择边界对象　　（b）自动拾取边界　　（c）结果

图 6-19 选择边界对象

> **技巧点拨：**
>
> 在选择对象时，可以随时在绘图区域单击鼠标右键以显示快捷菜单，可以利用此快捷菜单放弃最后一个选定对象、更改选择方式、更改孤岛检测样式或预览图案填充或渐变色填充。

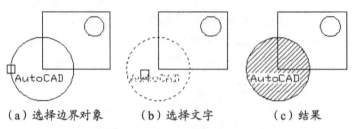

(a)选择边界对象　　(b)选择文字　　(c)结果

图 6-20　确定边界内的对象

- 删除:从边界定义中删除之前添加的任何对象。使用此命令,还可以在填充区域内添加新的填充边界,如图 6-21 所示。

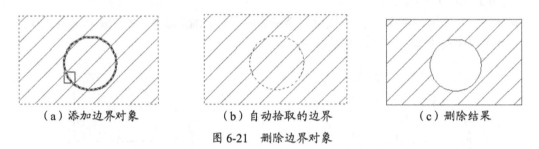

(a)添加边界对象　　(b)自动拾取的边界　　(c)删除结果

图 6-21　删除边界对象

- 重新创建:围绕选定的图案填充或填充对象创建多段线或面域,并使其与图案填充对象相关联。
- 显示边界对象:暂时关闭对话框,并使用当前的图案填充或填充设置显示当前定义的边界。如果未定义边界,则此选项不可用。

2. 【图案】面板

【图案】面板的主要作用是定义要应用的填充图案的外观。

【图案】面板中列出了可用的预定义图案,拖动上下滑动块,可查看更多图案的预览,如图 6-22 所示。

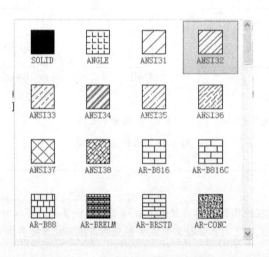

图 6-22　【图案】面板中的图案

3．【特性】面板

【特性】面板用于设置图案的特性，如图案的类型、颜色、背景色、图层、透明度、角度、填充比例和笔宽等，如图 6-23 所示。

图 6-23　【特性】面板

【特性】面板中各选项的含义如下。

- 图案类型：图案填充的类型有 4 种，即实体、渐变色、图案和用户定义。这 4 种类型在【图案】面板中也能找到，但在此处选择比较快捷。
- 图案填充颜色：为填充的图案选择颜色，单击列表的下三角按钮，展开颜色列表。如果需要更多的颜色选择，可以在颜色列表中选择【选择颜色】选项，打开【选择颜色】对话框，如图 6-24 所示。

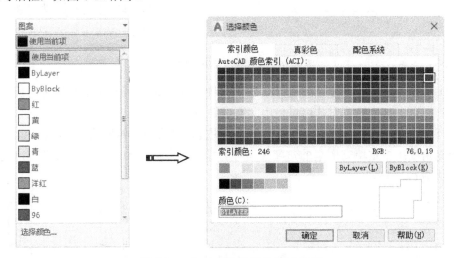

图 6-24　打开【选择颜色】对话框

- 背景色：是指在填充区域中，除填充图案外的区域颜色设置。
- 图案填充图层替代：从用户定义的图层中为定义的图案指定当前图层。如果用户没有定义图层，则此列表中仅仅显示 AutoCAD 默认的图层 0 和图层 Defpoints。
- 相对于图纸空间：在图纸空间中，此选项被激活。此选项用于设置相对于在图纸空间中图案的比例，选择此选项，将自动更改比例，如图 6-25 所示。

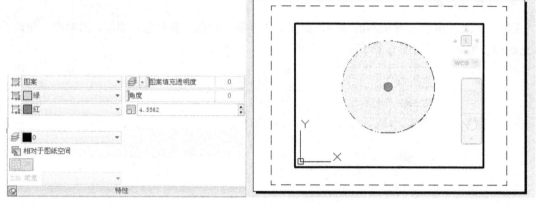

图 6-25 在图纸空间中设置相对比例

- 交叉线：当图案类型为【用户定义】时，【交叉线】选项被激活。图 6-26 所示为使用交叉线的前后对比。

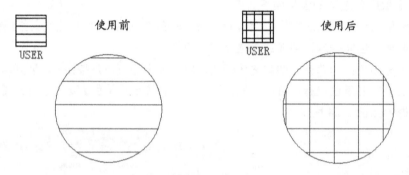

图 6-26 使用交叉线的前后对比

- ISO 笔宽：基于选定笔宽缩放 ISO 预定义图案（此选项等同于填充比例功能）。仅当用户指定了 ISO 图案时才可以使用此选项。
- 填充透明度：设定新图案填充或填充的透明度，替代当前对象的透明度。
- 填充角度：指定填充图案的角度（相对当前用户坐标系的 X 轴）。设置角度的填充图案如图 6-27 所示。

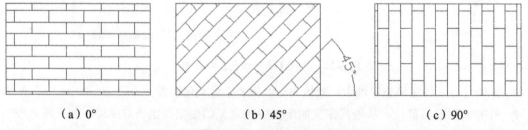

图 6-27 设置角度的填充图案

- 填充图案比例：放大或缩小预定义或自定义图案，如图 6-28 所示。

 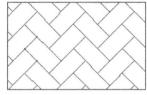 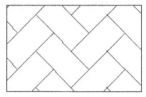

（a）比例为 0.5　　　　　　　（b）比例为 1.0　　　　　　　（c）比例为 1.5

图 6-28　填充图案的比例

4．【原点】面板

【原点】面板主要用于控制填充图案生成的起始位置。当某些图案填充（如砖块图案）需要与图案填充边界上的一点对齐时，在默认情况下，所有图案填充原点都对应于当前用户坐标系的原点。【原点】面板如图 6-29 所示。

【原点】面板中各选项的含义如下。

- 设定原点：单击此按钮，在图形区中可以直接指定新的图案填充原点。
- 左下、右下、左上、右上、中心和使用当前原点：根据图案填充对象边界的矩形范围来定义新原点。
- 存储为默认原点：将新的图案填充原点的值存储在 HPORIGIN 系统变量中。

图 6-29　【原点】面板

5．【选项】面板

【选项】面板主要用于控制几个常用的图案填充或填充选项。【选项】面板如图 6-30 所示。

图 6-30　【选项】面板

【选项】面板中各选项的含义如下。

- 关联：控制图案填充或填充的关联，关联的图案填充或填充在用户修改其边界时将会更新。
- 注释性：指定图案填充为注释性。
- 特性匹配：将图案的特性从一个填充对象复制到另一个要填充的对象中。
- 创建独立的图案填充：当指定了几个单独的闭合边界时，是创建单个图案填充对象，还是创建多个图案填充对象。当创建了 2 个或 2 个以上的填充图案时，此选项才可用。
- 外部孤岛检测：填充区域中的闭合边界称为孤岛，控制是否检测孤岛。如果不存在内部边界，那么指定孤岛检测样式是没有意义的。孤岛检测的 4 种方式为普通、外部、忽略和无，如图 6-31～图 6-34 所示。

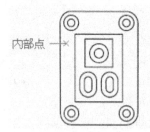 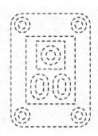 

（a）选定内部点　　　（b）检测边界　　　（c）填充结果

图 6-31　【普通】方式孤岛检测

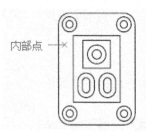  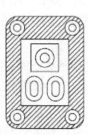

（a）选定内部点　　　（b）检测边界　　　（c）填充结果

图 6-32　【外部】方式孤岛检测

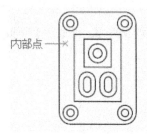 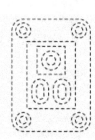 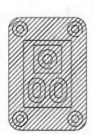

（a）选定内部点　　　（b）检测边界　　　（c）填充结果

图 6-33　【忽略】方式孤岛检测

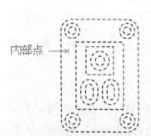 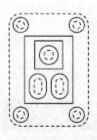 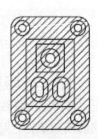

（a）检测边界　　　（b）要删除的孤岛　　　（c）删除结果

图 6-34　删除孤岛检测

● 置于边界之后：为图案填充或填充指定绘图次序。图案填充可以放在所有其他对象之后、所有其他对象之前、图案填充边界之后或图案填充边界之前。在下方的列表框中包括【不指定】、【后置】、【前置】、【置于边界之后】和【置于边界之前】选项。

当在【选项】面板的右下角单击按钮 时，会弹出【图案填充和渐变色】对话框，如图 6-35 所示，此对话框与 AutoCAD 2014 之前的版本中的填充图案功能对话框相同。

图 6-35　【图案填充和渐变色】对话框

6.3.2　创建无边界的图案填充

在特殊情况下，有时不需要显示填充图案的边界，用户可以使用如下几种方法创建不显示图案填充边界的图案填充。

● 使用【图案填充】命令创建图案填充，然后删除全部或部分边界对象。
● 使用【图案填充】命令创建图案填充，确保边界对象与图案填充不在同一图层上，然后关闭或冻结边界对象所在的图层。这是保持图案填充关联性的唯一方法。
● 可以用创建为修剪边界的对象修剪现有的图案填充，修剪图案填充以后需要删除这些对象。
● 用户可以通过在命令提示下使用 HATCH 的【绘图】选项指定边界点来定义图案填充边界。

例如，只通过填充图形中较大区域的一小部分，来显示较大区域被图案填充，如图 6-36 所示。

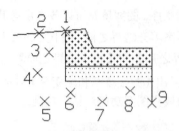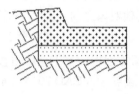

图 6-36 通过指定点来定义图案填充边界

动手操练——图案填充

下面通过一个小例子来学习如何使用【图案填充】命令。

step 01 打开素材文件【ex-1.dwg】。

step 02 在【默认】选项卡的【绘图】面板中单击【图案填充】按钮，功能区显示【图案填充创建】选项卡。

step 03 【图案填充创建】选项卡中的设置如下：选择的类型为【图案】；选择图案 ANSI31；角度为 90；比例为 0.8。设置完成后单击【拾取点】按钮，如图 6-37 所示。

图 6-37 设置图案填充

step 04 在图形中的 6 个点上进行选择，拾取点选择完成后按 Enter 键确认，结果如图 6-38 所示。

step 05 在【关闭】面板中单击【关闭图案填充创建】按钮，程序自动填充所选择的边界，结果如图 6-39 所示。

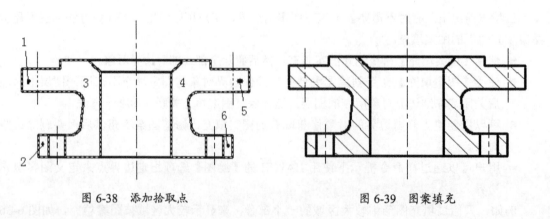

图 6-38 添加拾取点   图 6-39 图案填充

6.4 渐变色填充

渐变色填充在一种颜色的不同灰度之间或两种颜色之间使用过渡，渐变色填充提供光源反射到对象上的外观，可用于增强演示图形。

6.4.1 设置渐变色

渐变色填充可以通过【图案填充和渐变色】对话框中的【渐变色】选项卡进行设置，也可以在【图案填充创建】选项卡中选择渐变色图案。【渐变色】选项卡如图 6-40 所示。

图 6-40 【渐变色】选项卡

用户可以通过如下方式打开渐变色的填充创建选项。
- 菜单栏：选择【绘图】|【渐变色】命令。
- 面板：在【默认】选项卡的【绘图】面板中单击【渐变色】按钮。
- 命令行：输入 GRADIENT。

【渐变色】选项卡包含多个选项组，其中，【边界】、【选项】等选项组在【图案填充创建】选项卡中已有介绍，这里不再重复叙述。

1．【颜色】选项组

【颜色】选项组主要控制渐变色填充的颜色对比、颜色的选择等，包括【单色】和【双色】颜色显示选项。

- 【单色】选项：指定使用从较深色调到较浅色调平滑过渡的单色填充。选择该选项，将显示带有【浏览】按钮....，以及【暗】和【明】滑块的颜色样本，如图6-41所示。
- 【双色】选项：指定在两种颜色之间平滑过渡的双色渐变填充。选择该选项时，将显示颜色1和颜色2的带有【浏览】....按钮的颜色样本，如图6-42所示。

图6-41 【单色】选项

图6-42 【双色】选项

- 颜色样本：指定渐变填充的颜色。单击【浏览】按钮....会显示【选择颜色】对话框，从中可以选择索引颜色、真彩色或配色系统，如图6-43所示。

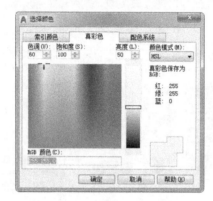

图6-43 【选择颜色】对话框

2．渐变图案预览

渐变图案预览显示用户所设置的9种颜色固定图案，这些图案包括线性扫掠状、球状和抛物面状图案，如图6-44所示。

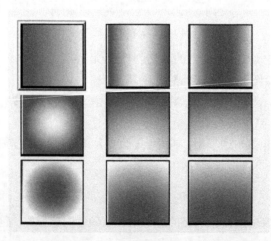

图6-44 渐变图案预览

3. 【方向】选项组

【方向】选项组用于指定渐变色的角度及其是否对称。该选项组中各选项的含义如下。

- 居中：指定对称的渐变配置。如果没有选中此选项，那么渐变色填充将朝左上方变化，创建光源在对象左边的图案，如图 6-45 所示。

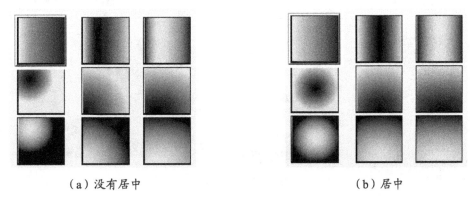

（a）没有居中　　　　　　　　　　　　（b）居中

图 6-45　对称的渐变配置

- 角度：指定渐变色填充的角度，相对当前用户坐标系指定的角度，如图 6-46 所示。此选项指定的渐变色填充角度与图案填充指定的角度互不影响。

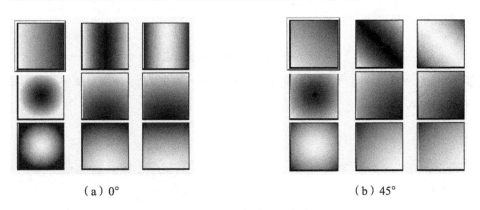

（a）0°　　　　　　　　　　　　　　　（b）45°

图 6-46　渐变色填充的角度

6.4.2　创建渐变色填充

本节用一个实例来说明渐变色填充的操作过程。本实例将渐变色填充颜色设为【双色】，并自选颜色，以及设置角度。

动手操练——创建渐变色

step 01　打开素材文件【ex-2.dwg】。

step 02　在【默认】选项卡的【绘图】面板中单击【渐变色】按钮，弹出【图案填充创建】选项卡。

step 03 在【特性】面板中设置以下参数：在颜色 1 的颜色样本列表中单击【更多颜色】按钮，在随后弹出的【选择颜色】对话框的【真彩色】选项卡中设置【色调】为 267、【饱和度】为 93、【亮度】为 77，然后关闭该对话框，如图 6-47 所示。

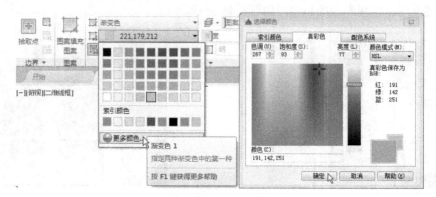

图 6-47 选择颜色

step 04 在【原点】面板中单击【居中】按钮，并设置角度为 30，如图 6-48 所示。

图 6-48 渐变色填充角度设置

step 05 在图形中选取一点作为渐变色填充的位置点，如图 6-49 所示。单击即可添加渐变色填充，结果如图 6-50 所示。

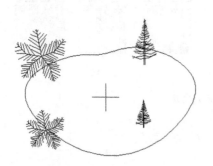

图 6-49 添加拾取点

图 6-50 渐变色填充

6.5 区域覆盖

区域覆盖对象是一块多边形区域，它可以使用当前背景色屏蔽底层的对象。此区域由区域覆盖边框进行绑定，可以打开此区域进行编辑，也可以关闭此区域进行打印。使用区域覆盖对象可以在现有对象上生成一个空白区域，用于添加注释或详细的屏蔽信息，如图 6-51 所示。

第 6 章 填充与渐变绘图

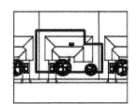
（a）绘制多段线

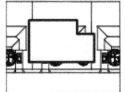
（b）擦除多段线内的对象

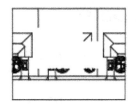
（c）擦除边框

图 6-51 区域覆盖

用户可以通过如下方式执行【区域覆盖】命令。
- 菜单栏：选择【绘图】|【区域覆盖】命令。
- 面板：在【默认】选项卡的【绘图】面板中单击【区域覆盖】按钮 。
- 命令行：输入 WIPEOUT。

执行 WIPEOUT 命令，命令行将显示如下操作提示：

```
命令：_WIPEOUT
指定第一点或 [边框(F)/多段线(P)] <多段线>：
```

上述命令行操作提示中各选项的含义如下。
- 第一点：根据一系列点确定区域覆盖对象的多边形边界。
- 边框：确定是否显示所有区域覆盖对象的边。
- 多段线：根据选定的多段线确定区域覆盖对象的多边形边界。

技巧点拨：
如果使用多段线创建区域覆盖对象，那么多段线必须闭合、只包括直线段且宽度为 0。

下面以实例来说明区域覆盖对象的创建过程。

动手操练——创建区域覆盖

step 01 打开素材文件【ex-3.dwg】。

step 02 在【默认】选项卡的【绘图】面板中单击【区域覆盖】按钮 ，然后按命令行的提示进行操作：

```
命令：_WIPEOUT
指定第一点或 [边框(F)/多段线(P)] <多段线>：✓         // 选择选项或按 Enter 键
选择闭合多段线：                                    // 选择多段线
是否要删除多段线？[是(Y)/否(N)] <否>：✓
```

step 03 创建区域覆盖对象的过程及结果如图 6-52 所示。

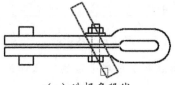
（a）选择多段线

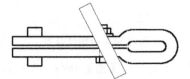
（b）擦除多段线内的对象

图 6-52 创建区域覆盖对象的过程及结果

6.6 综合案例

下面利用 2 个动手操练案例来说明面域与图案填充的综合应用过程。

6.6.1 案例一：利用面域绘制图形

本案例通过绘制如图 6-53 所示的 2 个零件图形，对【边界】、【面域】和【并集】等命令进行综合练习和巩固。

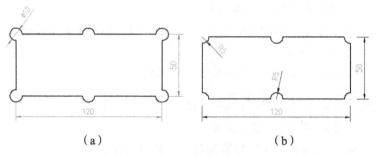

图 6-53　2 个零件图形

动手操练——利用面域绘制图形

step 01　创建空白文件。

step 02　使用快捷键 DS 激活【草图设置】命令，设置对象的捕捉模式为端点捕捉和圆心捕捉。

step 03　执行【图形界限】命令，设置的图形界限为 240×100，并将其最大化显示。

step 04　执行【矩形】命令，绘制长为 120、宽为 50 的矩形。命令行操作提示如下：

```
命令： _RECTANG
指定第一个角点或 [倒角(C)/标高(E)/圆角(F)/厚度(T)/宽度(W)]://在绘图区拾取一点
指定另一个角点或 [面积(A)/尺寸(D)/旋转(R)]: @120,50✓　//绘制的矩形如图 6-54 所示
```

step 05　单击【圆】按钮 ⊙，激活【圆】命令，绘制直径为 10 的圆。命令行操作提示如下：

```
命令： _CIRCLE
指定圆的圆心或 [三点(3P)/两点(2P)/切点、切点、半径(T)]://捕捉矩形左下角点作为圆心
指定圆的半径或 [直径(D)]: D✓
指定圆的直径: 10✓                      //绘制的圆如图 6-55 所示
```

图 6-54　绘制的矩形

图 6-55　绘制的圆

step 06　重复执行【圆】命令，分别以矩形其他 3 个角点和 2 条水平边的中点作为圆心，绘制直径为 10 的 5 个圆，结果如图 6-56 所示。

step 07 执行【绘图】|【边界】命令，打开如图 6-57 所示的【边界创建】对话框。

图 6-56 绘制 5 个圆

图 6-57 【边界创建】对话框

step 08 采用默认设置，单击左上角的【拾取点】按钮，返回绘图区，在命令行【拾取内部点:】的提示下，在矩形内部拾取一个点，此时系统自动分析出一个闭合的虚线边界，如图 6-58 所示。

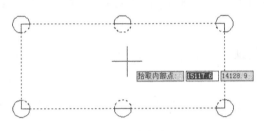

图 6-58 创建虚线边界

step 09 继续在命令行【拾取内部点:】的提示下，按 Enter 键，结束命令，结果创建出一个闭合的多段线边界。

step 10 使用快捷键 M 激活【移动】命令，使用【点选】方式选择上面创建的闭合边界，将其外移，结果如图 6-59 所示。

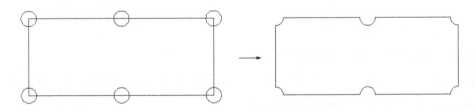

图 6-59 移出边界

step 11 执行【绘图】|【面域】命令，将 6 个圆和矩形转换为面域。命令行操作提示如下：

```
命令： REGION
选择对象：            // 拉出如图 6-60 所示的窗交选择框
选择对象：↙          // 结果所选择的 6 个圆和 1 个矩形被转换为面域
已提取 7 个环。
已创建 7 个面域。
```

step 12 执行【修改】|【实体编辑】|【并集】命令，将刚创建的 7 个面域进行合并。命令行操作提示如下：

```
命令: UNION
选择对象:                              // 使用窗交选择方式选择 7 个面域
选择对象: ↙                            // 结束命令,合并后的结果如图 6-61 所示
```

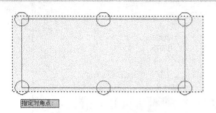
图 6-60 窗交选择框

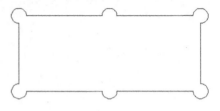
图 6-61 并集结果

6.6.2 案例二:为图形填充图案

本案例通过绘制如图 6-62 所示的地面拼花图例,对夹点编辑、图案填充等知识进行综合练习和巩固。

动手操练——为图形填充图案

step 01 快速创建空白文件。

step 02 执行【圆】和【直线】命令,绘制直径为 900 的圆和圆的垂直半径,如图 6-63 所示。

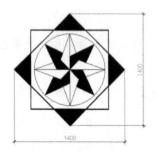
图 6-62 地面拼花图例

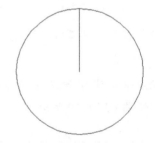
图 6-63 绘制结果

step 03 在无命令执行的前提下选择垂直线段,使其夹点显示。

step 04 以垂直线段的上夹点(半径与圆的交点位置)作为旋转复制的基点,操作夹点来旋转复制的垂直线段。命令行操作提示如下:

```
命令:                                                    // 进入夹点编辑模式
** 拉伸 **
指定拉伸点或 [基点(B)/复制(C)/放弃(U)/退出(X)]: ↙         // 进入夹点移动模式
** 移动 **
指定移动点或 [基点(B)/复制(C)/放弃(U)/退出(X)]: ↙         // 进入夹点旋转模式
** 旋转 **
指定旋转角度或 [基点(B)/复制(C)/放弃(U)/参照(R)/退出(X)]: C↙
** 旋转(多重) **
指定旋转角度或 [基点(B)/复制(C)/放弃(U)/参照(R)/退出(X)]: 20↙
** 旋转(多重) **
指定旋转角度或 [基点(B)/复制(C)/放弃(U)/参照(R)/退出(X)]: -20
** 旋转(多重) **
```

指定旋转角度或 [基点(B)/复制(C)/放弃(U)/参照(R)/退出(X)]:
//退出夹点编辑模式，编辑结果如图 6-64 所示

技巧点拨：

使用夹点旋转命令中的"多重"功能，可以在夹点旋转对象的同时，复制源对象。

step 05 以垂直线段的下夹点（圆心位置上的夹点）作为旋转复制的基点，将垂直线段逆时针旋转复制 45°，结果如图 6-65 所示。

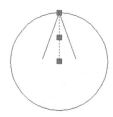   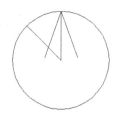

图 6-64　夹点旋转（一）　　　　　　　　　图 6-65　夹点旋转（二）

step 06 选择如图 6-66 所示的斜线显示夹点，以该斜线的下夹点作为旋转复制的基点，将该斜线顺时针旋转复制 45°，结果如图 6-67 所示。

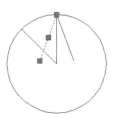   

图 6-66　显示夹点　　　　　　　　　　图 6-67　旋转结果

step 07 将旋转后的直线移动到指定交点上，结果如图 6-68 所示。

step 08 使用夹点拉伸功能，对直线进行编辑，然后删除多余的直线，仅保留如图 6-69 所示的结果。

   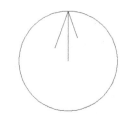

图 6-68　移动直线　　　　　　　　　　图 6-69　删除结果

step 09 使用【阵列】命令，将圆内的 3 条直线（上步骤操作的结果）进行环列阵列，阵列份数为 8，阵列结果如图 6-70 所示。

step 10 执行菜单栏中的【绘图】|【正多边形】命令，绘制出外接圆半径为 500 的正方形，如图 6-71 所示。

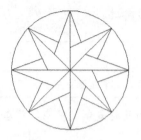
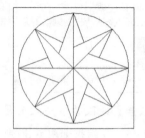

图 6-70　阵列结果　　　　　　　　　图 6-71　绘制正方形

step11　选择正方形以显示夹点，然后将正方形进行旋转复制，旋转角度为45°，如图 6-72 所示。

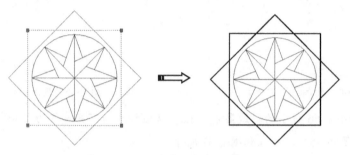

图 6-72　利用夹点旋转复制正方形

step12　单击【绘图】面板中的【图案填充】按钮，为绘制的图形进行实体图案填充，填充结果如图 6-73 所示。

图 6-73　填充结果

第 7 章
图形编辑与操作一

本章内容

在 AutoCAD 中,单纯地使用绘图命令或绘图工具只能绘制一些基本的图形对象。为了绘制复杂图形,在很多情况下必须借助图形编辑命令。AutoCAD 2020 提供了众多的图形编辑命令,如【复制】、【移动】、【旋转】、【镜像】、【偏移】、【阵列】、【拉伸】及【修剪】等。使用这些命令,可以修改已有图形或通过已有图形构造新的复杂图形。

知识要点

- ☑ 使用【夹点】命令编辑图形
- ☑ 修改指令
- ☑ 复制指令

7.1 利用【夹点】命令编辑图形

使用【夹点】命令可以在不调用任何编辑命令的情况下，对需要编辑的对象进行修改。只要单击所要编辑的对象后，当对象上出现若干夹点时，单击其中一个夹点作为编辑操作的基点，该点就会以高亮度显示，表示已成为基点。在选取基点后，就可以使用 AutoCAD 的夹点功能对相应的对象进行拉伸、移动、旋转等编辑操作。

7.1.1 夹点的定义和设置

当单击所要编辑的图形对象后，被选中图形的特征点（如端点、圆心、象限点等）将显示为蓝色的小方块，这些小方块被称为夹点。夹点有 2 种状态：未激活状态和被激活状态。单击某个未激活的夹点，该夹点被激活，以红色的实心小方框显示，这种处于被激活状态的夹点称为热夹点。

不同对象特征点的位置和数量也不相同。表 7-1 中列举了 AutoCAD 中常见的对象类型。

表 7-1 AutoCAD 中常见的对象类型

对 象 类 型	特征点的位置
直线	2 个端点和中点
多段线	直线段的 2 个端点、圆弧段的中点和 2 个端点
构造线	控制点及线上邻近的 2 个点
射线	起点及射线上的 1 个点
多线	控制线上的 2 个端点
圆弧	2 个端点和中点
圆	4 个象限点和圆心
椭圆	4 个顶点和中心点
椭圆弧	端点、中点和中心点
文字	插入点和第二个对齐点
段落文字	各顶点

执行【工具】|【选项】命令，打开【选项】对话框，可以通过【选项】对话框的【选择集】选项卡设置夹点的参数，如图 7-1 所示。

在【选择集】选项卡中包含对夹点选项的设置，这些设置主要有以下几种。

- 夹点尺寸：确定夹点小方块的大小，可以通过调整滑块的位置来设置。
- 夹点颜色：单击该按钮，可以打开【夹点颜色】对话框，如图 7-2 所示。在此对话框中可以对夹点未选中、悬停、选中这 3 种状态及夹点轮廓的颜色进行设置。

第 7 章 图形编辑与操作一

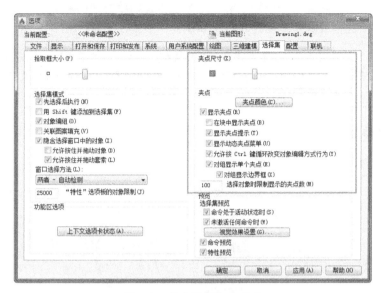

图 7-1 【选择集】选项卡

图 7-2 【夹点颜色】对话框

- 显示夹点：设置 AutoCAD 的夹点功能是否有效。【显示夹点】复选框下面的几个复选框用于设置夹点显示的具体内容。

7.1.2 利用【夹点】命令拉伸对象

在选择基点后，命令行将出现以下提示：

```
** 拉伸 **
指定拉伸点或 [基点(B)/复制(C)/放弃(U)/退出(X)]:
```

上述命令行中各选项的含义如下。

- 基点：重新确定拉伸基点。选择此选项，AutoCAD 将接着提示指定基点，在此提示下指定一个点作为基点来执行拉伸操作。
- 复制：允许用户进行多次拉伸操作。选择该选项，允许用户进行多次拉伸操作。此时用户可以确定一系列的拉伸点，以实现多次拉伸。
- 放弃：可以取消上一次操作。
- 退出：退出当前操作。

> **技巧点拨：**
> 在默认情况下，通过输入点的坐标或直接用鼠标指针拾取夹点进行拉伸操作后，AutoCAD 将把对象拉伸或移动到新的位置。因为对于某些夹点，移动时只能移动对象而不能拉伸对象，如文字、块、直线中点、圆心、椭圆中心和点对象上的夹点。

动手操练——拉伸图形

step 01 打开素材文件，如图 7-3 所示。

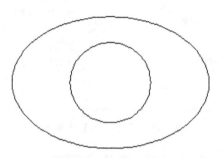

图 7-3 打开素材文件

step 02 选中图中的圆形，然后将夹点拖至新的位置，如图 7-4 所示。

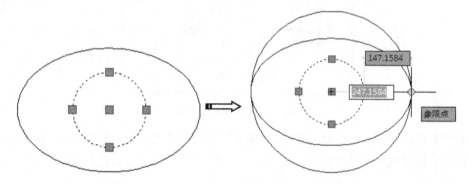

图 7-4 利用夹点拉伸对象

step 03 拉伸后的结果如图 7-5 所示。

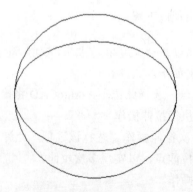

图 7-5 拉伸后的结果

7.1.3 利用【夹点】命令移动对象

移动对象仅仅是位置上的平移，对象的方向和大小并不会改变。要精确地移动对象，可以使用捕捉模式、坐标、夹点和对象捕捉模式。在夹点编辑模式下确定基点后，在命令行提示中输入 MO，按 Enter 键进入移动模式，命令行将显示如下提示信息：

```
** 移动 **
指定移动点或 [基点 (B) / 复制 (C) / 放弃 (U) / 退出 (X)]：
```

通过输入点的坐标或拾取点的方式确定平移对象的目的点后，即可以基点为平移的起点，以目的点为终点，将所选对象平移到新的位置，如图 7-6 所示。

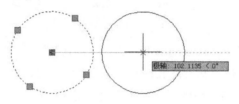

图 7-6 夹点移动对象

7.1.4 利用【夹点】命令旋转对象

在夹点编辑模式下，确定基点后，在命令行提示中输入 RO，按 Enter 键，进入旋转模式，命令行将显示如下提示信息：

```
** 旋转 **
指定旋转角度或 [基点 (B) / 复制 (C) / 放弃 (U) / 参照 (R) / 退出 (X)]：
```

在默认情况下，输入旋转的角度值或通过拖动方式确定旋转角度之后，即可将对象绕基点旋转指定的角度，如图 7-7 所示。

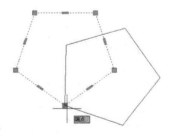

图 7-7 夹点旋转对象

7.1.5 利用【夹点】命令比例缩放

在夹点编辑模式下确定基点后，在命令行提示中输入 SC 进入缩放模式，命令行将显示如下提示信息：

```
**  比例缩放  **
指定比例因子或 [基点(B)/复制(C)/放弃(U)/参照(R)/退出(X)]：
```
在默认情况下，当确定了缩放的比例因子后，AutoCAD 将相对于基点进行缩放对象操作。

动手操练——缩放图形

step 01 打开素材文件，如图 7-8 所示。

step 02 选中所有图形，然后指定缩放基点，如图 7-9 所示。

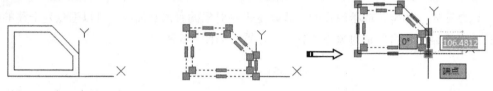

图 7-8 打开素材文件　　　　　　图 7-9 指定缩放基点

step 03 在命令行中输入 SC，执行【直线】命令后再输入比例因子 2，如图 7-10 所示。

step 04 按 Enter 键，完成图形的缩放，如图 7-11 所示。

图 7-10 输入比例因子　　　　　　图 7-11 比例缩放结果

技巧点拨：
当比例因子大于 1 时放大对象；当比例因子大于 0 而小于 1 时缩小对象。

7.1.6 利用【夹点】命令镜像对象

【镜像】对象只按镜像线改变图形，结果如图 7-12 所示。

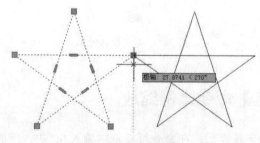

图 7-12 镜像对象

镜像在夹点编辑模式下确定基点后，在命令行提示中输入 MI 进入缩放模式，命令行将显示如下提示信息：

```
** 镜像 **
指定第二点或 [基点(B)/复制(C)/放弃(U)/退出(X)]:
```

在默认情况下，当确定了缩放的比例因子后，AutoCAD 将相对于基点进行缩放对象操作。

> **技巧点拨**：
> 当比例因子大于 1 时放大对象；当比例因子大于 0 而小于 1 时缩小对象。

7.2 修改指令

在 AutoCAD 2020 中，不仅可以使用夹点移动、旋转、对齐对象，还可以通过【修改】面板中的相关命令来实现。下面讲解【修改】面板中的【删除】、【移动】、【旋转】命令。

7.2.1 删除对象

【删除】是非常常用的一个命令，用于删除画面中不需要的对象。【删除】命令的执行方式主要有以下几种。

- 执行菜单栏中的【修改】|【删除】命令。
- 在命令行中输入 ERASE，然后按 Enter 键。
- 单击【修改】面板中的【删除】按钮。
- 选择对象，按 Delete 键。

执行【删除】命令后，命令行将显示如下提示信息：

```
命令：_ERASE
选择对象：找到 1 个↙          //指定删除的对象
选择对象：↙                    //结束选择
```

7.2.2 移动对象

移动对象是指对象的重定位，可以在指定方向上按指定距离移动对象，对象的位置发生了改变，但方向和大小不改变。

执行【移动】命令主要有以下几种方式。

- 执行菜单栏中的【修改】|【移动】命令。
- 单击【修改】面板中的【移动】按钮。

- 在命令行中输入 MOVE，然后按 Enter 键。

执行【删除】命令后，命令行将显示如下提示信息：

```
命令：_MOVE
选择对象：找到 1 个↙                                              // 指定移动对象
选择对象：
指定基点或 [位移(D)] <位移>：
指定第二个点或 <使用第一个点作为位移>：
```

图 7-13 所示为移动俯视图的操作。

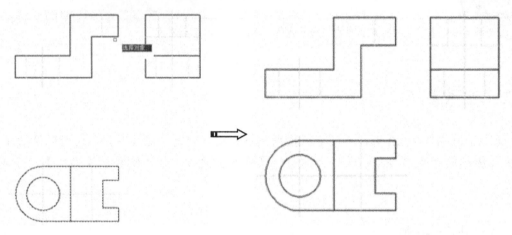

图 7-13　移动俯视图的操作

7.2.3　旋转对象

【旋转】命令用于将选择对象围绕指定的基点旋转一定的角度。在旋转对象时，如果输入的角度为正值，那么系统将按逆时针方向旋转；如果输入的角度为负值，那么系统将按顺时针方向旋转。

执行【旋转】命令主要有以下几种方式。

- 执行菜单栏中的【修改】|【旋转】命令。
- 单击【修改】面板中的【旋转】按钮 ○。
- 在命令行中输入 ROTATE，然后按 Enter 键。
- 使用命令简写 RO，然后按 Enter 键。

动手操练——旋转对象

step 01　打开素材文件，如图 7-14 所示。

step 02　选中图形中需要旋转的部分图线，如图 7-15 所示。

step 03　单击【修改】面板中的【旋转】按钮 ○，激活【旋转】命令。然后指定大圆的圆心作为旋转的基点，如图 7-16 所示。

第 7 章 图形编辑与操作一

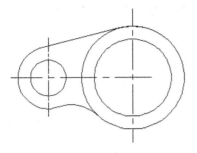

图 7-14 打开素材文件

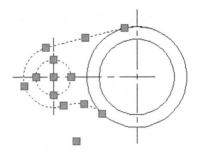

图 7-15 指定部分图线

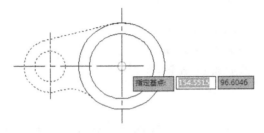

图 7-16 旋转的基点

step 04 在命令行中输入 C，然后输入旋转角度 180，按 Enter 键即可创建如图 7-17 所示的旋转复制对象。

```
ROTATE 指定旋转角度，或 [复制(C) 参照(R)] <0>: C
ROTATE 指定旋转角度，或 [复制(C) 参照(R)] <0>: 180
```

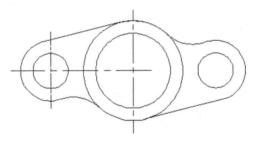

图 7-17 创建的旋转复制对象

> **技巧点拨：**
>
> 【参照】选项用于将对象进行参照旋转，即指定一个参照角度和新角度，这 2 个角度的差值就是对象的实际旋转角度。

7.3 复制指令

在 AutoCAD 中，单纯地使用绘图命令或绘图工具只能绘制一些基本的图形对象。为了绘制复杂图形,在很多情况下必须借助图形编辑命令。AutoCAD 2020 提供了众多的图形编辑命令,使用这些命令可以修改已有图形或通过已有图形构造新的复杂图形。

7.3.1 复制对象

【复制】命令用于对已有的对象复制出副本,并放置在指定的位置。复制出的图形尺寸、形状等保持不变,唯一发生改变的就是图形的位置。

执行【复制】命令主要有以下几种方式。

- 执行菜单栏中的【修改】|【复制】命令。
- 单击【修改】面板中的【复制】按钮。
- 在命令行中输入 COPY,然后按 Enter 键。
- 使用命令简写 CO,然后按 Enter 键。

动手操练——复制对象

在一般情况下,通常使用【复制】命令创建结构相同但位置不同的复合结构,下面通过典型的操作实例学习此命令的使用技巧。

step 01 新建一个空白文件。

step 02 执行【椭圆】和【圆】命令,配合象限点捕捉功能,绘制如图 7-18 所示的椭圆和圆。

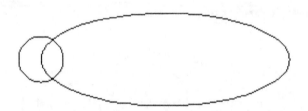

图 7-18 绘制结果

step 03 单击【修改】面板中的【复制】按钮,选中小圆图形进行多重复制,如图 7-19 所示。

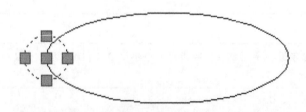

图 7-19 选中小圆

step 04 将小圆的圆心作为基点,然后将椭圆的象限点作为指定点复制小圆,如图 7-20 所示。

step 05 重复操作,在椭圆余下的象限点复制小圆,最后的结果如图 7-21 所示。

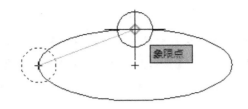

图 7-20　在象限点上复制小圆

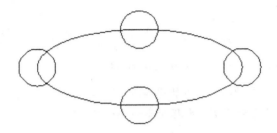

图 7-21　最后的结果

7.3.2　镜像对象

【镜像】命令用于将选择的图形以镜像线对称复制。在镜像过程中，源对象可以保留，也可以删除。

执行【镜像】命令主要有以下几种方式。

- 执行菜单栏中的【修改】|【镜像】命令。
- 单击【修改】面板中的【镜像】按钮⚠。
- 在命令行中输入 MIRROR，然后按 Enter 键。
- 使用命令简写 MI，然后按 Enter 键。

动手操练——镜像对象

绘制如图 7-22 所示的图形，该图形是上下对称的，可以利用 MIRROR 命令来绘制。

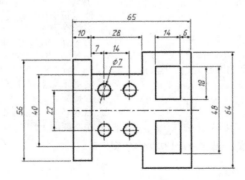

图 7-22　镜像图形

step 01　创建中心线层，设置图层颜色为蓝色，线型为 Center，线宽默认，设定线型全局比例因子为 0.2。

step 02 打开极轴追踪、对象捕捉及自动追踪功能。指定极轴追踪角度增量为 90°，设定对象捕捉方式为【端点】、【交点】及【圆心】，设置仅沿正交方向自动追踪。

step 03 绘制 2 条作图基准线 A、B，基准线 A 的长度约为 80，基准线 B 的长度约为 50。绘制平行线 C、D、E 等，如图 7-23（a）所示。

```
命令：_OFFSET
指定偏移距离或 <6.0000>: 10              // 输入平移距离
选择要偏移的对象，或 <退出>:              // 选择线段 A
指定要偏移的那一侧上的点:                 // 在线段 A 的右边单击
选择要偏移的对象，或 <退出>:              // 按 Enter 键结束
```

step 04 将基准线 A 向右平移至 D，平移距离为 38。

step 05 将基准线 A 向右平移至 E，平移距离为 65。

step 06 将基准线 B 向上平移至 F，平移距离为 20。

step 07 将基准线 B 向上平移至 G，平移距离为 28。

step 08 将基准线 B 向上平移至 H，平移距离为 32。

step 09 修剪多余线条，结果如图 7-23（b）所示。

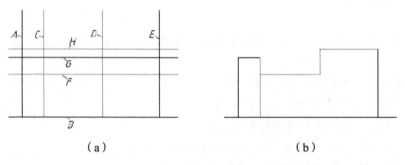

图 7-23　绘制平行线 C、D、E 等

step 10 绘制矩形和圆。

```
命令：_RECTANG
指定第一个角点或 [倒角(C)/标高(E)/圆角(F)/厚度(T)/宽度(W)]: FROM
                                        // 使用正交偏移捕捉
基点:                                    // 捕捉交点 I
<偏移>: @-6,-8                           // 输入 J 点的相对坐标
指定另一个角点: @-14,-18                 // 输入 K 点的相对坐标
命令：_CIRCLE 指定圆的圆心或 [三点(3P)/两点(2P)/相切、相切、半径(T)]: FROM
                                        // 使用正交偏移捕捉
基点:                                    // 捕捉交点 L
<偏移>: @7,11                            // 输入 M 点的相对坐标
指定圆的半径或 [直径(D)]: 3.5            // 输入圆的半径
```

step 11 再绘制圆的定位线，结果如图 7-24 所示。

step 12 复制圆，再镜像图形。

```
命令：_COPY
选择对象: 指定对角点: 找到 3 个          // 选择对象 N
选择对象:                                // 按 Enter 键
```

```
指定基点或 [位移(D)] <位移>：                    //单击一点
指定第二点或 <使用第一点作为位移>：14            //向右追踪并输入追踪距离
指定第二个点：                                    //按 Enter 键结束
命令：_MIRROR                                     //镜像图形
选择对象：指定对角点：找到 14 个                  //选择上半部分图形
选择对象：                                        //按 Enter 键
指定镜像线的第一点：                              //捕捉端点 O
指定镜像线的第二点：                              //捕捉端点 P
是否删除源对象？[是(Y)/否(N)] <N>：              //按 Enter 键结束
```

step 13 将线段 OP 及圆的定位线修改到中心线层，结果如图 7-25 所示。

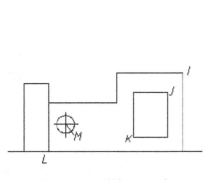
图 7-24 绘制圆的定位线

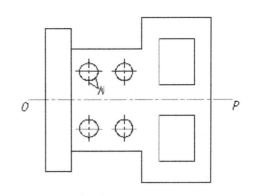
图 7-25 复制及镜像对象

> **技巧点拨：**
> 如果对文字进行镜像时，其镜像后的文字可读性取决于系统变量 MIRRTEX 的值。当变量值为 1 时，镜像后的文字不具有可读性；当变量值为 0 时，镜像后的文字具有可读性。

7.3.3 阵列对象

【阵列】是一种用于创建规则图形结构的复合命令，使用此命令可以创建均布结构或聚心结构的复制图形。

1. 矩形阵列

所谓【矩形阵列】，指的就是将图形对象按照指定的行数和列数，呈矩形的排列方式进行大规模复制。

执行【矩形阵列】命令主要有以下几种方式。

- 执行菜单栏中的【修改】|【阵列】|【矩形阵列】命令。
- 单击【修改】面板中的【矩形阵列】按钮 。
- 在命令行中输入 ARRAYRECT，然后按 Enter 键。

执行【矩形阵列】命令后，命令行操作提示如下：

```
命令：_ARRAYRECT
选择对象：找到 1 个                              //选择阵列对象
```

```
选择对象：✓                                           // 确认选择
类型 = 矩形   关联 = 是
为项目数指定对角点或 [基点(B)/角度(A)/计数(C)] <计数>: // 拉出一条斜线，如图 7-26 所示
指定对角点以间隔项目或 [间距(S)] <间距>:               // 调整阵列间距，如图 7-27 所示
按 Enter 键接受或 [关联(AS)/基点(B)/行(R)/列(C)/层(L)/退出(X)] <退出>: ✓
// 确认，并打开如图 7-28 所示的快捷菜单
```

图 7-26　设置阵列的数目　　　　　　　图 7-27　调整阵列间距

技巧点拨：

矩形阵列的【角度】选项用于设置阵列的角度，使阵列后的图形对象沿着某一角度进行倾斜，如图 7-29 所示。

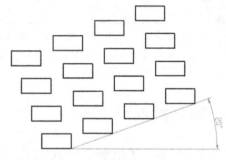

图 7-28　快捷菜单　　　　　　　　　　图 7-29　角度示例

2. 环形阵列

所谓【环形阵列】，指的是将图形对象按照指定的中心点和阵列数目，呈圆形排列。

执行【环形阵列】命令主要有以下几种方式。

- 执行【修改】|【阵列】|【环形阵列】命令。
- 单击【修改】面板中的【环形阵列】按钮。
- 在命令行中输入 ARRAYPOLAR，然后按 Enter 键。

动手操练——环形阵列

step 01　新建一个空白文件。

step 02　执行【圆】和【矩形】命令，配合象限点捕捉，绘制图形，如图 7-30 所示。

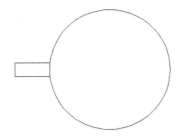

图 7-30　绘制图形

step 03　执行菜单栏中的【修改】|【阵列】|【环形阵列】命令，选择矩形作为阵列对象，然后选择圆心作为阵列中心点，激活并打开【阵列创建】选项卡。

step 04　在【阵列创建】选项卡中将【项目数】设置为10，【介于】设置为36，如图7-31所示。

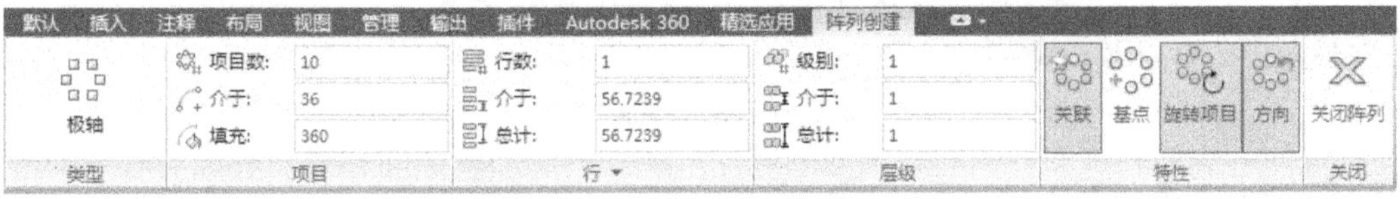

图 7-31　设置阵列参数

step 05　单击【关闭阵列】按钮，完成阵列，结果如图7-32所示。

> **技巧点拨：**
> 【旋转项目】选项用于环形阵列对象时，对象本身朝向阵列中心点进行阵列。如果不设置旋转项目，那么对象本身将保持原有状态进行环形阵列，如图7-33所示。

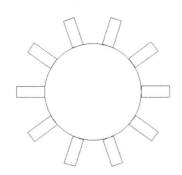

图 7-32　环形阵列示例（一）

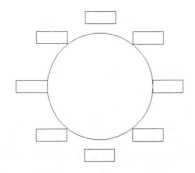

图 7-33　环形阵列示例（二）

3．路径阵列

【路径阵列】是将对象沿着一条路径进行排列，排列形态由路径形态决定。

动手操练——路径阵列

step 01　绘制1个圆。

step 02　执行【修改】|【阵列】|【路径阵列】命令，激活【路径阵列】命令，命令行操作

提示如下：

```
命令：ARRAYPATH
选择对象：找到 1 个                                    // 选择圆
选择对象：✓                                           // 确认选择
类型 = 路径   关联 = 是
选择路径曲线：                                         // 选择弧形
输入沿路径的项数或 [方向(O)/表达式(E)] <方向>: 15        // 输入复制的数量
指定沿路径的项目之间的距离或 [定数等分(D)/总距离(T)/表达式(E)] <沿路径平均定数等分
(D)>: ✓                                              // 定义图形密度，如图 7-34 所示
按 Enter 键接受或 [关联(AS)/基点(B)/项目(I)/行(R)/层(L)/对齐项目(A)/Z 方向(Z)/
退出(X)] <退出>: ✓                                    // 自动弹出快捷菜单，如图 7-35 所示
```

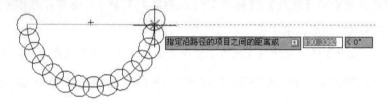

图 7-34　定义图形密度

step 03　操作结果如图 7-36 所示。

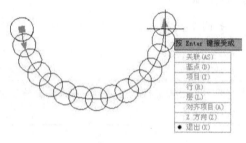

图 7-35　快捷菜单

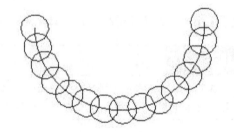

图 7-36　操作结果

7.3.4　偏移对象

【偏移】命令用于将图形按照一定的距离或指定的通过点，偏移选择的图形对象。

执行【偏移】命令主要有以下几种方式。

- 执行菜单栏中的【修改】|【偏移】命令。
- 单击【修改】面板中的【偏移】按钮。
- 在命令行中输入 OFFSET，然后按 Enter 键。
- 使用命令简写 O，然后按 Enter 键。

1. 将对象距离偏移

不同结构的对象，其偏移结果也会不同。例如，在对圆、椭圆等对象偏移后，对象的尺寸会发生变化，而对直线偏移后，尺寸保持不变。

动手操练——利用【偏移】命令绘制底座局部剖视图

底座局部剖视图如图 7-37 所示，本例主要利用 OFFSET 命令将各部分定位，再使用 CHAMFER、FILLET、TRIM、SPLINE 和 BHATCH 命令绘制此图。

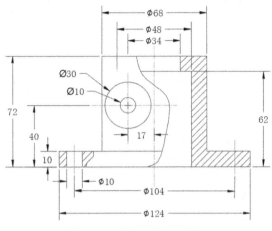

图 7-37 底座局部剖视图

step 01 新建一个空白文件，然后设置【中心线】图层、【细实线】图层和【轮廓线】图层。

step 02 将【中心线】图层设置为当前图层。单击【直线】按钮，绘制 1 条竖直中心线，然后将【轮廓线】图层设置为当前图层，重复执行【直线】命令，绘制 1 条水平轮廓线，结果如图 7-38 所示。

step 03 单击【偏移】按钮，将水平轮廓线向上偏移，偏移距离分别为 10、40、62、72。重复执行【偏移】命令，将竖直中心线分别向两侧偏移 17、34、52、62。选取偏移后的直线，将其所在层修改为【轮廓线】图层，得到的结果如图 7-39 所示。

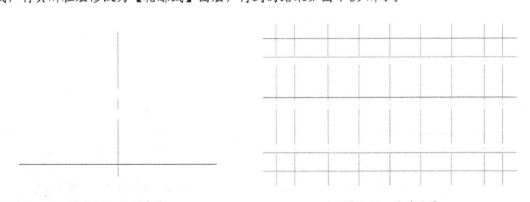

图 7-38 绘制直线　　　　　　　图 7-39 偏移结果

技巧点拨：

在选择偏移对象时，只能以点选的方式选择对象，并且每次只能偏移一个对象。

step 04 单击【样条曲线拟合】按钮，绘制中部的剖切线，命令行操作提示如下：

```
命令：_SPLINE
指定第一点或 [对象(O)]:
指定下一点:
指定下一点或 [闭合(C)/拟合公差(F)] <起点切向>:
指定下一点或 [闭合(C)/拟合公差(F)] <起点切向>:
指定下一点或 [闭合(C)/拟合公差(F)] <起点切向>:
指定起点切向:
指定端点切向:
```

绘制的样条曲线如图 7-40 所示。

step 05 单击【修剪】按钮，修剪相关图线，然后将部分中心线线型转换为实线线型，修剪后的结果如图 7-41 所示。

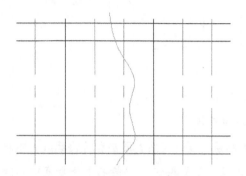

图 7-40 绘制的样条曲线（一）

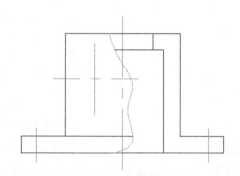

图 7-41 修剪后的结果

step 06 单击【偏移】按钮，将线段 1 向两侧分别偏移 5，并修剪。转换图层，将图线线型进行转换，结果如图 7-42 所示。

step 07 单击【样条曲线拟合】按钮，绘制中部的剖切线，并进行修剪，结果如图 7-43 所示。

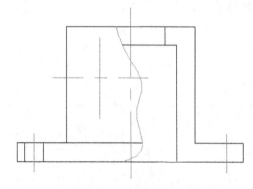

图 7-42 偏移处理

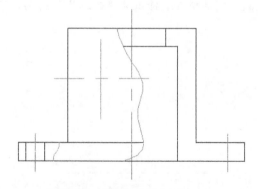

图 7-43 绘制的样条曲线（二）

step 08 单击【圆】按钮，以中心线交点为圆心，分别绘制半径为 15 和 5 的同心圆，结果如图 7-44 所示。

step 09 将【细实线】图层设置为当前图层。单击【图案填充】按钮，打开【图案填充创建】选项卡，选择【用户定义】类型，选择角度为 45°，间距为 3，勾选或取消勾选【双向】复选框，选择相应的填充区域。确认后进行填充，填充结果如图 7-45 所示。

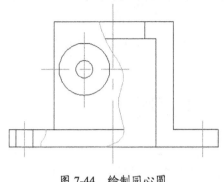
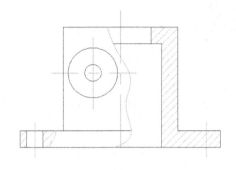

图 7-44　绘制同心圆　　　　　　　　图 7-45　填充结果

2．将对象定点偏移

所谓定点偏移，指的就是为偏移对象指定一个通过点，然后偏移对象。

动手操练——定点偏移对象

【定点偏移】命令通常需要配合使用【对象捕捉】功能。

step 01　打开如图 7-46 所示的素材文件。

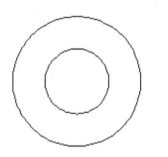
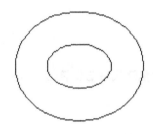

图 7-46　打开素材文件

step 02　单击【修改】面板中的【偏移】按钮，激活【偏移】命令，对小圆进行偏移，使偏移出的圆与大椭圆相切，如图 7-47 所示。

step 03　偏移结果如图 7-48 所示。

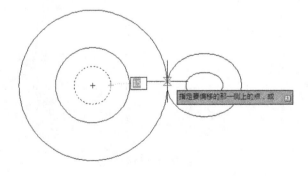
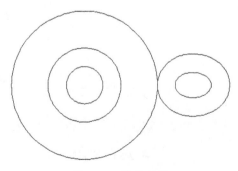

图 7-47　指定位置　　　　　　　　　图 7-48　偏移结果

> **技巧点拨：**
> 【通过】选项用于按照指定的通过点偏移对象，所偏移出的对象将通过事先指定的目标点。

7.4 综合案例——绘制电动机供电系统图

电动机供电线路是基本的动力供电线路，既可以绘制成单线的，也可以绘制成三线的。单线的比较简单，可以先绘制，然后借鉴它绘制成三线的电动机供电线路。电动机供电系统图如图 7-49 所示。

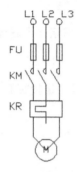

图 7-49　电动机供电系统图

动手操练——绘制电动机供电系统图

1. 单线图

step 01　新建图形文件。

step 02　绘制接线柱符号。单击【绘图】面板中的【圆】按钮 ⊙，绘制直径为 5 的圆，结果如图 7-50 所示。

step 03　绘制熔断器符号。单击【绘图】面板中的【矩形】按钮 ▭，绘制起点在圆的左边象限点的矩形 5×（-15），结果如图 7-51 所示。

图 7-50　绘制圆　　　　　　　　　图 7-51　绘制矩形

step 04　绘制触点符号。单击【修改】面板中的【复制】按钮 ⊙，以圆心为复制基点、矩形底边中点为复制第二点执行复制圆的操作，结果如图 7-52 所示。

step 05 排布电气符号。单击【修改】面板中的【移动】按钮 ✥，把矩形 5×（-15）和圆向下方移动，移动距离为 20，结果如图 7-53 所示。

图 7-52 复制圆　　　　　　　　图 7-53 移动矩形和圆

step 06 单击【修改】面板中的【移动】按钮 ✥，把圆向下方移动，移动距离为 10，结果如图 7-54 所示。

step 07 绘制接线。单击【绘图】面板中的【直线】按钮 ╱，绘制起点在如图 7-55 所示象限点、端点在如图 7-56 所示象限点的连线，结果如图 7-57 所示。

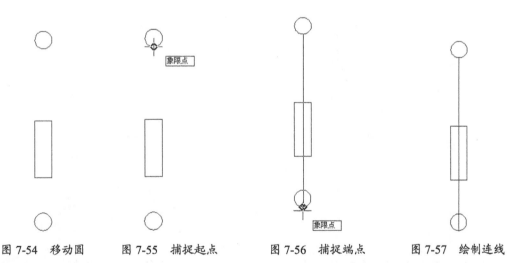

图 7-54 移动圆　　图 7-55 捕捉起点　　图 7-56 捕捉端点　　图 7-57 绘制连线

step 08 单击【修改】面板中的【修剪】按钮 ⌿，以如图 7-58 所示虚线为修剪边，修剪捕捉块所示圆弧。

step 09 单击【绘图】面板中的【直线】按钮 ╱，按命令行操作提示绘制直线。命令行操作提示如下：

```
命令：_LINE
指定第一点：                              // 捕捉如图 7-59 所示左图的端点
指定下一点或 [放弃(U)]：@0,-15            // 按相对坐标输入
指定下一点或 [放弃(U)]：@0,-50
```

指定下一点或 [闭合(C)/放弃(U)]：　　　　　　　//按Enter键，结果如图7-59右图所示

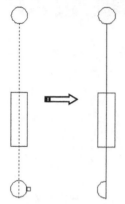

图7-58　修剪圆弧

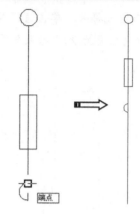

图7-59　绘制直线

step 10　单击【修改】面板中的【旋转】按钮，以如图7-60所示端点为旋转中心，把虚线所示的直线旋转30°。

step 11　绘制电动机符号。单击【绘图】面板中的【圆】按钮，绘制直径为20的圆。

step 12　单击【修改】面板中的【移动】按钮，把直径为20的圆以其上边象限点为移动基准点、如图7-61所示端点为移动目标点进行移动。

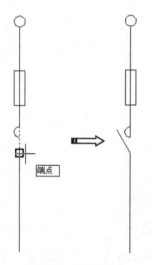

图7-60　旋转直线

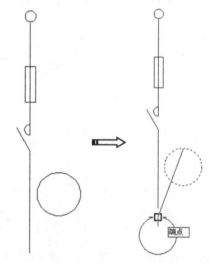

图7-61　绘制并移动圆

step 13　绘制热继电器符号。单击【绘图】面板中的【矩形】按钮，绘制起点在圆的左边象限点的矩形30×15。

step 14　单击【修改】面板中的【移动】按钮，把矩形30×15以其下边中点为移动基准点、如图7-62所示端点为移动目标点进行移动。

step 15　单击【修改】面板中的【移动】按钮，把矩形30×15向上方移动，移动距离为30，结果如图7-63所示。

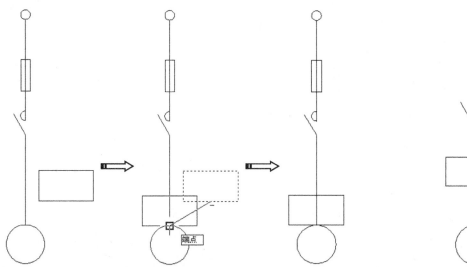

图 7-62 绘制并移动矩形（一）　　　　图 7-63 向上移动矩形

step 16 单击【绘图】面板中的【矩形】按钮 ☐，绘制 10×5 的矩形。

step 17 单击【修改】面板中的【移动】按钮 ✥，把绘制好的 10×5 的矩形向上方移动，移动距离为 5，结果如图 7-64 所示。

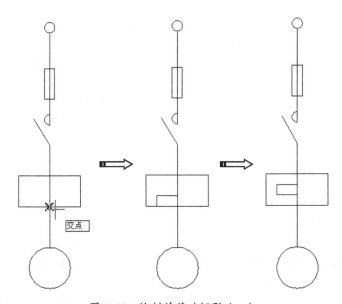

图 7-64 绘制并移动矩形（二）

step 18 单击【修改】面板中的【修剪】按钮 ✂，以如图 7-65 所示矩形 10×5 为修剪边，修剪光标所示线段。

step 19 输入各种符号的文字代号。单击【文字】面板中的【多行文字】按钮 A，在直径为 20 的圆中输入文字代号 M，表示电动机，结果如图 7-66 所示。

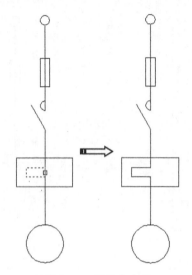
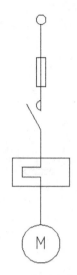

　　图 7-65　修剪直线段　　　　　　图 7-66　输入文字代号

step 20　单击【修改】面板中的【复制】按钮，把文字代号在元件旁边各复制一份，结果如图 7-67 所示。

step 21　双击文字代号进行编辑，将其改成各个元件的代号，结果如图 7-68 所示。

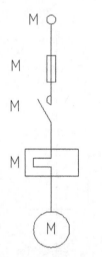
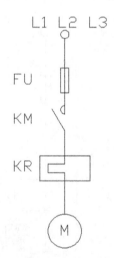

　　图 7-67　复制文字代号　　　　　　图 7-68　修改文字代号

2. 三线图

step 01　排布图形的基本内容。单击【修改】面板中的【复制】按钮，按如图 7-69 所示选取图形，然后向右复制一份，复制距离为 12，结果如图 7-70 所示。

step 02　利用【复制】命令按如图 7-69 所示选取图形，然后向左复制一份，复制距离为 12，结果如图 7-71 所示。

step 03 单击【修改】面板中的【移动】按钮✥,适当调整各个文字代号的位置,使其与元件位置相符,结果如图 7-72 所示。

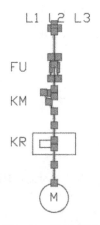

图 7-69 选择图形

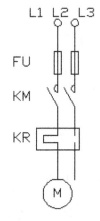

图 7-70 向右复制图形

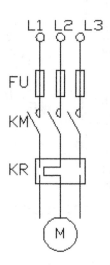

图 7-71 向左复制图形

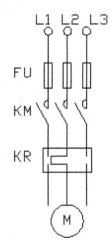

图 7-72 调整文字的位置

step 04 该步骤绘制新的连线。单击【绘图】面板中的【直线】按钮,绘制起点在电动机符号圆心,端点在 @30<135 的直线,结果如图 7-73 所示。

step 05 单击【修改】面板中的【镜像】按钮,以过电动机符号圆心、垂直向下的直线为对称轴,把斜线对称复制一份,结果如图 7-74 所示。

step 06 单击【修改】面板中的【修剪】按钮,以如图 7-75 虚线所示矩形为修剪边,修剪捕捉块所示的两边线头。

step 07 选择以如图 7-76 虚线所示图形为修剪边,修剪光标所示的两边线头。

step 08 单击【修改】面板中的【打断】按钮,把如图 7-77 所示直线从光标位置以下打断。

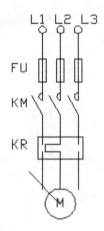

图 7-73 绘制斜线

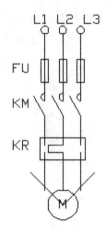

图 7-74 对称复制斜线

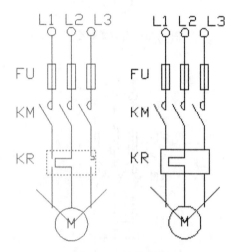

图 7-75 修剪图形

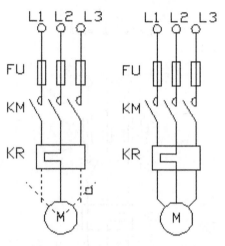

图 7-76 修剪线头

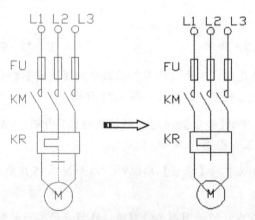

图 7-77 打断直线

step 09 至此，完成三线图的绘制。

第 8 章
图形编辑与操作二

本章内容

图形绘制完成后,有时还需要进行修改和编辑处理,第 7 章主要介绍了图形的编辑,本章将继续介绍图形的修改操作、图形的分解与合并,以及图形的特性匹配。

知识要点

- ☑ 图形修改
- ☑ 分解与合并操作
- ☑ 编辑对象特性

8.1 图形修改

在 AutoCAD 2020 中，可以使用【修剪】和【延伸】命令缩短或拉长对象，从而与其他对象的边相接。另外，也可以使用【缩放】、【拉伸】和【拉长】命令，在一个方向上调整对象的大小，或者按比例增大或缩小对象。

8.1.1 缩放对象

【缩放】命令用于将对象进行等比例放大或缩小，使用此命令可以创建形状相同但大小不同的图形结构。

执行【缩放】命令主要有以下几种方式。
- 执行菜单栏中的【修改】|【缩放】命令。
- 单击【修改】面板中的【缩放】按钮 。
- 在命令行中输入 SCALE，然后按 Enter 键。
- 使用命令简写 SC，然后按 Enter 键。

动手操练——图形的缩放

step 01 新建一个空白文件。

step 02 使用快捷键 C 激活【圆】命令，绘制直径为 100 的圆，结果如图 8-1 所示。

step 03 单击【修改】面板中的【缩放】按钮 ，激活【缩放】命令，将圆图形的【比例因子】选项设置为 0.5。命令行操作提示如下：

```
命令：_SCALE
选择对象：                                    //选择刚绘制的圆
选择对象：✓                                   //结束对象的选择
指定基点：                                    //捕捉圆的圆心
指定比例因子或 [复制(C)/参照(R)] <1.0000>:0.5✓   //输入缩放比例
```

step 04 缩放结果如图 8-2 所示。

图 8-1　绘制的圆　　　　　　　　　　　图 8-2　缩放结果

技巧点拨：

在等比例缩放对象时，如果输入的比例因子大于 1，那么对象将被放大；如果输入的比例因子小于 1，那么对象将被缩小。

8.1.2 拉伸对象

【拉伸】命令用于将对象进行不等比缩放，进而改变对象的尺寸或形状。拉伸示例如图 8-3 所示。

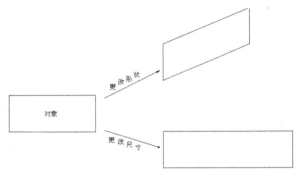

图 8-3 拉伸示例

执行【拉伸】命令主要有以下几种方式。
- 执行菜单栏中的【修改】|【拉伸】命令。
- 单击【修改】面板中的【拉伸】按钮。
- 在命令行中输入 STRETCH，然后按 Enter 键。
- 使用命令简写 S，然后按 Enter 键。

动手操练——拉伸对象

通常用于拉伸的对象有直线、圆弧、椭圆弧、多段线、样条曲线等。下面通过将某矩形的短边尺寸拉伸为原来的 2 倍，而长边尺寸拉伸为原来的 1.5 倍，学习使用【拉伸】命令。

step 01 新建一个空白文件。

step 02 使用【矩形】命令绘制 1 个矩形。

step 03 单击【修改】面板中的【拉伸】按钮，激活【拉伸】命令，对矩形的水平边进行拉伸。命令行操作提示如下：

```
命令：_STRETCH
以交叉窗口或交叉多边形选择要拉伸的对象 ...
选择对象：                        //拉出如图 8-4 所示的窗交选择框
选择对象：✓                       //结束对象的选择
指定基点或 [位移(D)] <位移>：       //捕捉矩形的左下角点，作为拉伸的基点
指定第二个点或 <使用第一个点作为位移>： //捕捉矩形底边的中点作为拉伸目标点
```

step 04 水平边拉伸结果如图 8-5 所示。

图 8-4 窗交选择框（一）　　　　　图 8-5 水平边拉伸结果

> **技巧点拨：**
> 如果所选择的图形对象完全处于选择框内时，那么拉伸的结果只能是图形对象相对于原位置的平移。

step 05 按 Enter 键，重复执行【拉伸】命令，将矩形的竖直边拉伸为原来的 1.5 倍。命令行操作提示如下：

```
命令：_STRETCH
以交叉窗口或交叉多边形选择要拉伸的对象...
选择对象：                              // 拉出如图 8-6 所示的窗交选择框
选择对象：✓                             // 结束对象的选择
指定基点或 [位移(D)] <位移>：             // 捕捉矩形的左下角点作为拉伸基点
指定第二个点或 <使用第一个点作为位移>：    // 捕捉矩形的左上角点作为拉伸目标点
```

step 06 竖直拉伸结果如图 8-7 所示。

图 8-6 窗交选择框（二）

图 8-7 竖直拉伸结果

8.1.3 修剪对象

【修剪】命令用于修剪对象上指定的部分，但在修剪时，需要事先指定一个边界。

执行【修剪】命令主要有以下几种方式。

- 执行菜单栏中的【修改】|【修剪】命令。
- 单击【修改】面板中的【修剪】按钮 -/-。
- 在命令行中输入 TRIM，然后按 Enter 键。
- 使用命令简写 TR，然后按 Enter 键。

1．常规修剪

在修剪对象时，边界的选择是关键，而边界必须与修剪对象相交，或者与其延长线相交，才能成功修剪对象。因此，系统为用户设定了 2 种修剪模式，即修剪模式和不修剪模式，默认的是不修剪模式。

动手操练——对象的修剪

下面通过具体的实例，学习默认模式下的修剪操作。

step 01 新建一个空白文件。

step 02 使用【直线】命令绘制如图 8-8 左图所示的 2 条直线。

step 03 单击【修改】面板中的【修剪】按钮 -/-，激活【修剪】命令，对水平直线进行修剪。

命令行操作提示如下:

```
命令: TRIM
当前设置: 投影=UCS,边=无
选择剪切边...
选择对象或 <全部选择>:                    //选择倾斜直线作为边界
选择对象: ✓                              //结束边界的选择
选择要修剪的对象,或按住 Shift 键选择要延伸的对象,或[栏选(F)/窗交(C)/投影式(P)/
边(E)/删除(R)/放弃(U)]:                  //在水平直线的右端单击,定位需要删除的部分
选择要修剪的对象,或按住 Shift 键选择要延伸的对象,或[栏选(F)/窗交(C)/投影(P)/边(E)/
删除(R)/放弃(U)]: ✓                      //结束命令
```

step 04 修剪结果如图 8-8 右图所示。

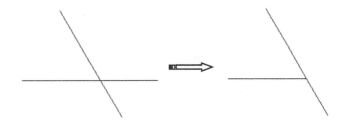

图 8-8 修剪结果

> **技巧点拨:**
>
> 当修剪多个对象时,可以使用【栏选】和【窗交选择】这 2 种选项功能,而【栏选】方式需要绘制一条或多条栅栏线,所有与栅栏线相交的对象都会被选择,如图 8-9 所示和图 8-10 所示。

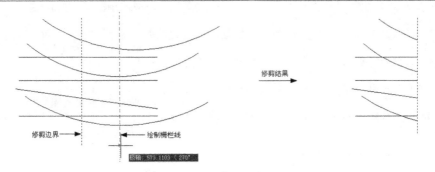

图 8-9 【栏选】方式示例

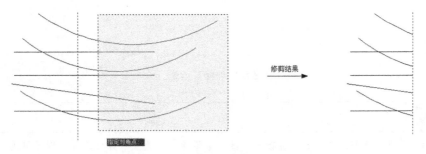

图 8-10 【窗交选择】方式示例

2. 隐含交点下的修剪

所谓隐含交点，指的是边界与对象没有实际的交点，而是边界被延长后，与对象存在一个隐含交点。

对隐含交点下的图线进行修剪时，需要更改默认的修剪模式，即将默认模式更改为修剪模式。

动手操练——隐含交点下的修剪

step 01 使用【直线】命令绘制如图 8-11 所示的 2 条直线。

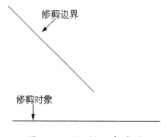

图 8-11 绘制 2 条直线

step 02 单击【修改】面板中的【修剪】按钮 -/--，激活【修剪】命令，对水平直线进行修剪。命令行操作提示如下：

```
命令：_TRIM
当前设置：投影=UCS，边=无
选择剪切边...
选择对象或 <全部选择>：✓                    //选择刚绘制的倾斜直线
选择对象：
选择要修剪的对象，或按住 Shift 键选择要延伸的对象，或[栏选(F)/窗交(C)/投影(P)/边(E)/
删除(R)/放弃(U)]：E✓                        //激活【边】选项功能
输入隐含边延伸模式 [延伸(E)/不延伸(N)] <不延伸>：E✓
                                             //设置修剪模式为延伸模式
选择要修剪的对象，或按住 Shift 键选择要延伸的对象，或[栏选(F)/窗交(C)/投影(P)/边(E)/
删除(R)/放弃(U)]：                           //在水平直线的右端单击
选择要修剪的对象，或按住 Shift 键选择要延伸的对象，或[栏选(F)/窗交(C)/投影(P)/边(E)/
删除(R)/放弃(U)]：✓                          //结束修剪命令
```

step 03 修剪结果如图 8-12 所示。

图 8-12 修剪结果

技巧点拨：

【边】选项用于确定修剪边的隐含延伸模式，其中【延伸】选项表示剪切边界可以无限延长，边界与被剪实体不必相交；【不延伸】选项表示剪切边界只有与被剪实体相交时才有效。

8.1.4 延伸对象

【延伸】命令用于将对象延伸至指定的边界上，用于延伸的对象有直线、圆弧、椭圆弧、非闭合的二维多段线和三维多段线，以及射线等。

执行【延伸】命令主要有以下几种方式。

- 执行菜单栏中的【修改】|【延伸】命令。
- 单击【修改】面板中的【延伸】按钮 。
- 在命令行中输入 EXTEND，然后按 Enter 键。
- 使用命令简写 EX，然后按 Enter 键。

1．常规延伸

在延伸对象时，也需要为对象指定边界。指定边界时，有 2 种情况：一种是对象被延长后与边界存在一个实际的交点，另一种是与边界的延长线相交于一点。

为此，AutoCAD 与为用户提供了 2 种模式，即延伸模式和不延伸模式，系统默认的是不延伸模式。

动手操练——对象的延伸

step 01 使用【直线】命令绘制如图 8-13 左图所示的 2 条直线。

step 02 执行【修改】|【延伸】命令，对垂直直线进行延伸，使之与水平直线垂直相交。命令行操作提示如下：

```
命令：_EXTEND
当前设置：投影=UCS，边=无
选择边界的边 ...
选择对象或 <全部选择>：                    //选择水平直线作为边界
选择对象：✓                              //结束边界的选择
选择要延伸的对象，或按住 Shift 键选择要修剪的对象，或 [栏选(F)/窗交(C)/投影(P)/边(E)/
放弃(U)]：                               //在垂直直线的下端单击
选择要延伸的对象，或按住 Shift 键选择要修剪的对象，或 [栏选(F)/窗交(C)/投影(P)/边(E)/
放弃(U)]：✓                              //结束命令
```

step 03 垂直直线的下端被延伸，如图 8-13 右图所示。

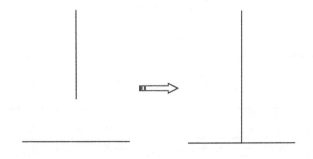

图 8-13　延伸示例

> **技巧点拨：**
> 在选择延伸对象时，要在靠近延伸边界的一端选择需要延伸的对象，否则对象将不被延伸。

2. 隐含交点下的延伸

所谓隐含交点，指的是边界与对象延长线没有实际的交点，而是边界被延长后，与对象延长线存在一个隐含交点。

对隐含交点下的图线进行延伸时，需要更改默认的延伸模式，即将默认模式更改为延伸模式。

动手操练——隐含交点下的延伸

step 01 使用【直线】命令绘制如图 8-14 左图所示的 2 条直线。

step 02 执行【修剪】命令，将垂直直线的下端延长，使之与水平直线的延长线相交。命令行操作提示如下：

```
命令: EXTEND
当前设置: 投影=UCS, 边=无
选择边界的边...
选择对象:                        //选择水平直线作为延伸边界
选择对象: ✓                      //结束边界的选择
选择要延伸的对象,或按住 Shift 键选择要修剪的对象,或 [栏选(F)/窗交(C)/投影(P)/边(E)/放弃(U)]:E✓       //激活【边】选项
输入隐含边延伸模式 [延伸(E)/不延伸(N)] <不延伸>: E✓
                                //设置模式为延伸模式
选择要延伸的对象,或按住 Shift 键选择要修剪的对象,或 [栏选(F)/窗交(C)/投影(P)/边(E)/放弃(U)]:
                                //在垂直直线的下端单击
选择要延伸的对象,或按住 Shift 键选择要修剪的对象,或 [栏选(F)/窗交(C)/投影(P)/边(E)/放弃(U)]:✓
                                //结束命令
```

step 03 延伸结果如图 8-14 右图所示。

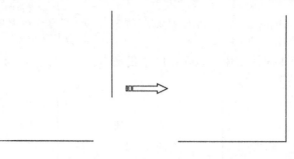

图 8-14 延伸示例

> **技巧点拨：**
> 【边】选项用于确定延伸边的方式。【延伸】选项将使用隐含的延伸边界来延伸对象，实际上，边界和延伸对象并没有真正相交，AutoCAD 会假想将延伸边延长，然后延伸；【不延伸】选项确定边界不延伸，只有边界与延伸对象真正相交后才能完成延伸操作。

8.1.5 拉长对象

【拉长】命令用于将对象拉长或缩短，在拉长过程中，不仅可以改变线对象的长度，还可以更改弧对象的角度。

执行【拉长】命令主要有以下几种方式。

- 执行菜单栏中的【修改】|【拉长】命令。
- 在命令行中输入 LENGTHEN，然后按 Enter 键。
- 使用命令简写 LEN，然后按 Enter 键。

1. 增量拉长

所谓增量拉长，指的是按照事先指定的长度增量或角度增量，将对象拉长或缩短。

动手操练——拉长对象

step 01 新建一个空白文件。

step 02 使用【直线】命令绘制长为 200 的水平直线，如图 8-15 上图所示。

step 03 执行【修改】|【拉长】命令，将水平直线水平向右拉长 50 个单位。命令行操作提示如下：

```
命令：_LENGTHEN
选择对象或 [增量(DE)/百分数(P)/全部(T)/动态(DY)]:DE↙        //激活【增量】选项
输入长度增量或 [角度(A)] <0.0000>:50↙                      //设置长度增量
选择要修改的对象或 [放弃(U)]:                              //在直线的右端单击
选择要修改的对象或 [放弃(U)]:↙                            //退出命令
```

step 04 拉长结果如图 8-15 下图所示。

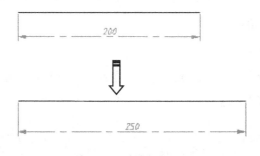

图 8-15　增量拉长示例

> **技巧点拨：**
> 如果把增量值设置为正值，那么系统将拉长对象；反之，则缩短对象。

2. 百分数拉长

所谓百分数拉长，指的是以总长的百分比将对象拉长或缩短，长度的百分数必须为正，并且是非零数值。

动手操练——使用【百分数】选项拉长对象

step 01 新建一个空白文件。

step 02 使用【直线】命令绘制任意长度的水平直线，如图 8-16 上图所示。

step 03 执行【修改】|【拉长】命令，将水平直线拉长 200%。命令行操作提示如下：

```
命令：_LENGTHEN
选择对象或 [增量(DE)/百分数(P)/全部(T)/动态(DY)]: P↙    //激活【百分数】选项
输入长度百分数 <100.0000>:200↙                          //设置拉长的百分数
选择要修改的对象或 [放弃(U)]:                            //在直线的一端单击
选择要修改的对象或 [放弃(U)]:↙                          //结束命令
```

step 04 拉长结果如图 8-16 下图所示。

图 8-16　百分数拉长示例

技巧点拨：

当长度百分比值小于 100 时，将缩短对象；输入长度的百分比值大于 100 时，将拉伸对象。

3．全部拉长

所谓全部拉长，指的是根据指定的总长度或总角度拉长或缩短对象。

动手操练——将对象全部拉长

step 01 新建一个空白文件。

step 02 使用【直线】命令绘制任意长度的水平直线，如图 8-17 上图所示。

step 03 执行【修改】|【拉长】命令，将水平直线拉长为 500 个单位。命令行操作提示如下：

```
命令：_LENGTHEN
选择对象或 [增量(DE)/百分数(P)/全部(T)/动态(DY)]:T↙    //激活【全部】选项
指定总长度或 [角度(A)] <1.0000>:500↙                   //设置总长度
选择要修改的对象或 [放弃(U)]:                           //在直线的一端单击
选择要修改的对象或 [放弃(U)]:↙                         //退出命令
```

step 04 结果源对象的长度被拉长为 500，如图 8-17 下图所示。

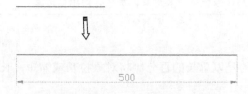

图 8-17　全部拉长示例

第 8 章　图形编辑与操作二

> **技巧点拨：**
> 如果源对象的总长度或总角度大于所指定的总长度或总角度，那么源对象将被缩短；反之，则被拉长。

4．动态拉长

所谓动态拉长，指的是根据图形对象的端点位置动态改变其长度。激活【动态】选项功能之后，AutoCAD 将端点移动到所需的长度或角度，另一端保持固定，如图 8-18 所示。

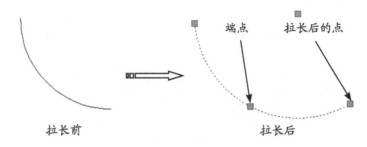

图 8-18　动态拉长示例

8.1.6　倒角

【倒角】命令指的是使用一条线段连接两条非平行的图线，用于倒角的图线一般有直线、多段线、矩形、多边形等，不能倒角的图线有圆、圆弧、椭圆和椭圆弧等。下面介绍几种常用的倒角功能。

执行【倒角】命令主要有以下几种方式。
- 执行菜单栏中的【修改】|【倒角】命令。
- 单击【修改】面板中的【倒角】按钮 。
- 在命令行中输入 CHAMFER，然后按 Enter 键。
- 使用命令简写 CHA，然后按 Enter 键。

1．距离倒角

所谓距离倒角，指的是直接输入 2 条图线上的倒角距离，对图线执行倒角操作。

动手操练——距离倒角

step 01　新建一个空白文件。

step 02　绘制如图 8-19 左图所示的 2 条直线。

step 03　单击【修改】面板中的【倒角】按钮 ，激活【倒角】命令，对两条直线执行距离倒角操作。命令行操作提示如下：

```
命令： CHAMFER
(【修剪】模式) 当前倒角距离 1 = 0.0000，距离 2 = 0.0000
选择第一条直线或 [放弃(U)/多段线(P)/距离(D)/角度(A)/修剪(T)/方式(E)/多个(M)]：
```

```
D↙                                                              //激活【距离】选项
指定第一个倒角距离 <0.0000>:40↙                                   //设置第一倒角长度
指定第二个倒角距离 <25.0000>:50↙                                  //设置第二倒角长度
选择第一条直线或 [放弃(U)/多段线(P)/距离(D)/角度(A)/修剪(T)/方式(E)/多个(M)]:
                                                                //选择水平线段
选择第二条直线,或按住 Shift 键选择要应用角点的直线：              //选择倾斜线段
```

技巧点拨：

在此操作提示中,【放弃】选项用于在不中止命令的前提下,撤销上一步操作;【多个】选项用于在执行一次命令时,可以对多条图线执行倒角操作。

step 04 距离倒角的结果如图 8-19 右图所示。

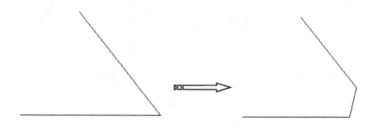

图 8-19 距离倒角示例

技巧点拨：

用于倒角的 2 个倒角距离值不能为负值,如果将 2 个倒角距离设置为 0,那么倒角的结果就是 2 条图线被修剪或延长,直至相交于一点。

2. 角度倒角

所谓角度倒角,指的是通过设置一条图线的倒角长度和倒角角度,为图线倒角。

动手操练——图形的角度倒角

step 01 新建一个空白文件。

step 02 使用【直线】命令绘制如图 8-20 左图所示的 2 条垂直直线。

step 03 单击【修改】面板中的【倒角】按钮,激活【倒角】命令,对 2 条直线进行角度倒角。

命令行操作提示如下:

```
命令: CHAMFER
(【修剪】模式) 当前倒角长度 = 15.0000, 角度 = 10
选择第一条直线或 [放弃(U)/多段线(P)/距离(D)/角度(A)/修剪(T)/方式(E)/多个(M)]: A
指定第一条直线的倒角长度 <15.0000>: 30
指定第一条直线的倒角角度 <10>: 45
选择第一条直线或 [放弃(U)/多段线(P)/距离(D)/角度(A)/修剪(T)/方式(E)/多个(M)]:
选择第二条直线,或按住 Shift 键选择直线以应用角点或 [距离(D)/角度(A)/方法(M)]:
```

step 04 角度倒角的结果如图 8-20 右图所示。

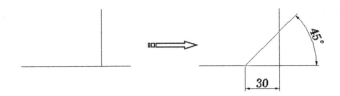

图 8-20 角度倒角示例

技巧点拨：

在此操作提示中，【方式】选项用于确定倒角的方式，要求选择【距离】或【角度】选项。另外，系统变量 CHAMMODE 控制着倒角的方式：当 CHAMMODE=0 时，系统支持距离倒角模式；当 CHAMMODE=1 时，系统支持角度倒角模式。

---

3. 多段线倒角

【多段线】选项用于为整条多段线的所有相邻元素边执行同时倒角操作。在为多段线执行倒角操作时，可以使用相同的倒角距离值，也可以使用不同的倒角距离值。

动手操练——多段线倒角

step 01 使用【多段线】命令绘制如图 8-21 左图所示的多段线。

step 02 单击【修改】面板中的【倒角】按钮，激活【倒角】命令，对多段线执行倒角操作。命令行操作提示如下：

```
命令：_CHAMFER
(【修剪】模式）当前倒角距离 1 = 0.0000，距离 2 = 0.0000
选择第一条直线或 [放弃(U)/多段线(P)/距离(D)/角度(A)/修剪(T)/方式(E)/多个(M)]:D↙
                                        //激活【距离】选项
指定第一个倒角距离 <0.0000>:30↙         //设置第一倒角长度
指定第二个倒角距离 <50.0000>:20↙        //设置第二倒角长度
选择二维多段线或 [距离(D)/角度(A)/方法(M)]:  //选择刚绘制的多段线
6 条直线已被倒角
```

step 03 多段线倒角的结果如图 8-21 右图所示。

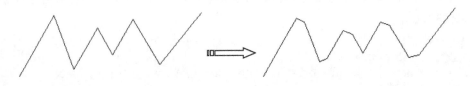

图 8-21 多段线倒角示例

4. 设置倒角模式

【修剪】选项用于设置倒角的修剪状态，系统提供了 2 种倒角边的修剪模式，即修剪模式和不修剪模式。如果设置为修剪模式，那么被倒角的 2 条直线被修剪到倒角的端点，系统默认的是修剪模式；如果设置为不修剪模式，那么用于倒角的图线将不被修剪，如图 8-22 所示。

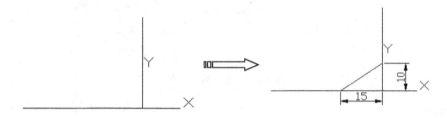

图 8-22　不修剪模式下的倒角

技巧点拨：

系统变量 TRIMMODE 控制着倒角的修剪状态。当 TRIMMODE=0 时，系统保持对象不被修剪；当 TRIMMODE=1 时，系统支持倒角的修剪模式。

8.1.7　圆角

所谓圆角对象，指的是使用一段给定半径的圆弧光滑连接两条图线，在一般情况下，用于圆角的图线有直线、多段线、样条曲线、构造线、射线、圆弧和椭圆弧等。

执行【圆角】命令主要有以下几种方式。

- 执行菜单栏中的【修改】|【圆角】命令。
- 单击【修改】面板中的【圆角】按钮 。
- 在命令行中输入 FILLET，然后按 Enter 键。
- 使用命令简写 F，然后按 Enter 键。

动手操练——直线与圆弧倒圆角

step 01　新建一个空白文件。

step 02　使用【直线】和【圆弧】命令绘制如图 8-23 左图所示的直线与圆弧。

step 03　单击【修改】面板中的【圆角】按钮 ，激活【圆角】命令，对直线和圆弧进行圆角处理。命令行操作提示如下：

```
命令：FILLET
当前设置：模式 = 修剪，半径 = 0.0000
选择第一个对象或 [放弃(U)/多段线(P)/半径(R)/修剪(T)/多个(M)]: R↙
//激活【半径】选项
指定圆角半径 <0.0000>:100 ↙
选择第一个对象或 [放弃(U)/多段线(P)/半径(R)/修剪(T)/多个(M)]://选择倾斜线段
选择第二个对象，或按住 Shift 键选择要应用角点的对象：         //选择圆弧
```

step 04　图线的圆角效果如图 8-23 右图所示。

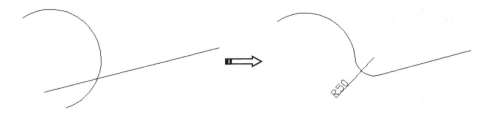

图 8-23 圆角示例

> **技巧点拨：**
> 【多个】选项用于为多个对象进行圆角处理，不需要重复执行命令。如果用于圆角的图线处于同一图层中，那么圆角也处于同一图层中；如果两个圆角对象不在同一图层中，那么圆角将处于当前图层中。同样，圆角的颜色、线型和线宽也都遵守这一规则。

> **技巧点拨：**
> 【多段线】选项用于对多段线的相邻元素进行圆角处理，激活此选项后，AutoCAD 将以默认的圆角半径对整条多段线相邻各边进行圆角处理，如图 8-24 所示。

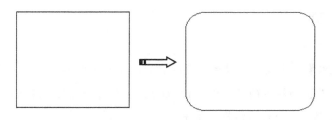

图 8-24 多段线圆角示例

与【倒角】命令一样，【圆角】命令也存在 2 种圆角模式，即修剪模式和不修剪模式，以上实例都是在修剪模式下进行圆角处理，而不修剪模式下的圆角效果如图 8-25 所示。

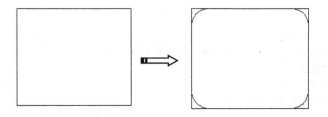

图 8-25 不修剪模式下的圆角效果

> **技巧点拨：**
> 用户也可以通过系统变量 TRIMMODE 设置圆角的修剪模式，当系统变量 TRIMMODE 的值为 0 时，保持对象不被修剪；当系统变量 TRIMMODE 的值为 1 时，表示对对象进行圆角处理后再修剪。

8.2 分解与合并操作

在 AutoCAD 中，可以将一个对象打断为 2 个或 2 个以上的对象，对象之间可以有间隙，也可以将一条多段线分解为多个对象，还可以将多个对象合并为一个对象，更可以选择对象以删除。上述操作包括删除对象、打断对象、合并对象和分解对象，下面对打断对象、合并对象和分解对象展开介绍。

8.2.1 打断对象

所谓打断对象，指的是将对象打断为相连的两部分，或者打断并删除图形对象中的一部分。
执行【打断】命令主要有以下几种方式。
- 执行菜单栏中的【修改】|【打断】命令。
- 单击【修改】面板中的【打断】按钮。
- 在命令行中输入 BREAK，然后按 Enter 键。
- 使用命令简写 BR，然后按 Enter 键。

使用【打断】命令可以删除对象上任意两点之间的部分。

动手操练——打断图形

step 01 新建一个空白文件。

step 02 使用【直线】命令绘制长度为 500 的直线，结果如图 8-26 上图所示。

step 03 单击【修改】面板中的【打断】按钮，配合点的捕捉和输入功能，在水平直线上删除 40 个单位的距离。命令行操作提示如下：

```
命令：_BREAK
选择对象：                          // 选择刚绘制的直线
指定第二个打断点 或 [第一点(F)]:f↙   // 激活【第一点】选项
指定第一个打断点：                   // 捕捉线段的中点作为第一断点
指定第二个打断点:@150,0↙            // 定位第二断点
```

> **技巧点拨：**
>
> 【第一点】选项用于重新确定第一断点。由于在选择对象时不可能拾取到准确的第一点，因此需要激活该选项，以重新定位第一断点。

step 04 打断结果如图 8-26 下图所示。

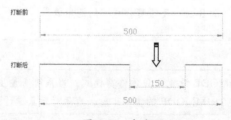

图 8-26 打断示例

8.2.2 合并对象

所谓合并对象，指的是将相同角度的 2 条或多条线段合并为 1 条线段，还可以将圆弧或椭圆弧合并为一个整圆和椭圆，如图 8-27 所示。

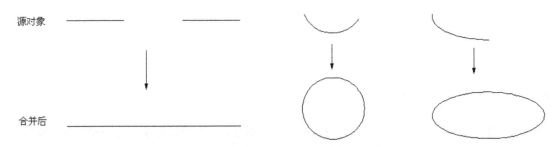

图 8-27 合并对象示例

执行【合并】命令主要有以下几种方式。
- 执行菜单栏中的【修改】|【合并】命令。
- 单击【修改】面板中的【合并】按钮 ⊢⊢。
- 在命令行中输入 JOIN，然后按 Enter 键。
- 使用命令简写 J，然后按 Enter 键。

动手操练——图形的合并

step 01 使用【直线】命令绘制 2 条线段。

step 02 执行【修改】|【合并】命令，将 2 条线段合并为 1 条线段，如图 8-28 所示。

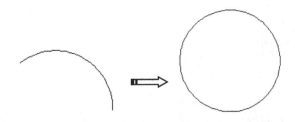

图 8-28 合并线段

step 03 执行【绘图】|【圆弧】命令，绘制一段圆弧。

step 04 重复执行【修改】|【合并】命令，将圆弧合并为圆，如图 8-29 所示。

图 8-29 合并圆弧

step 05 执行【绘图】|【椭圆弧】命令，绘制一段椭圆弧。

step 06 重复执行【修改】|【合并】命令，将椭圆弧合并为椭圆，如图 8-30 所示。

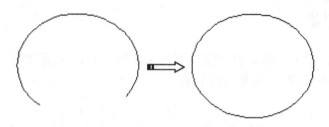

图 8-30　合并椭圆弧

8.2.3　分解对象

【分解】命令用于将组合对象分解成各自独立的对象，以方便对分解后的各对象进行编辑。

执行【分解】命令主要有以下几种方式。

- 执行菜单栏中的【修改】|【分解】命令。
- 单击【修改】面板中的【分解】按钮 。
- 在命令行中输入 EXPLODE，然后按 Enter 键。
- 使用命令简写 X，然后按 Enter 键。

经常用于分解的组合对象有矩形、正多边形、多段线、边界及一些块等。在激活命令后，选择需要分解的对象，然后按 Enter 键即可将对象分解。如果是对具有一定宽度的多段线进行分解，那么 AutoCAD 将忽略其宽度并沿多段线的中心放置分解的多段线，如图 8-31 所示。

图 8-31　分解的多段线

> **技巧点拨：**
>
> AutoCAD 一次只能删除一个编组级，如果一个块包含一条多段线或一个嵌套块，那么对该块的分解需要先分解出该多段线或嵌套块，然后分别分解该块中的各个对象。

8.3　编辑对象特性

8.3.1　【特性】选项板

在 AutoCAD 2020 中，可以利用【特性】选项板修改选定对象的完整性。

打开【特性】选项板主要有以下几种方式。

- 执行菜单栏中的【修改】|【特性】命令。

第 8 章 图形编辑与操作二

- 执行【工具】|【对象特性管理器】命令。

执行【特性】命令后，系统将打开【特性】选项板，如图 8-32 所示。

> **技巧点拨：**
> 当选取多个对象时，【特性】选项板将显示这些对象的共有特性。

选择对象与【特性】选项板显示内容的含义如下。

- 在没有选取对象时，【特性】选项板将显示整张图纸的特性。
- 如果选择一个对象，那么【特性】选项板将列出该对象的全部特性及其当前设置。
- 如果选择同一类型的多个对象，那么【特性】选项板将列出这些对象的共有特性及当前设置。
- 如果选择不同的类型的多个对象，那么【特性】选项板只列出这些对象的基本特性及其当前设置。

在【特性】选项板中单击【快速选择】按钮 ，打开【快速选择】对话框，如图 8-33 所示，用户可以通过该对话框快速创建选择集。

图 8-32 【特性】选项板

图 8-33 【快速选择】对话框

8.3.2 特性匹配

【特性匹配】是一个使用非常方便的编辑工具，对编辑同类对象非常有用。它将源对象的特性，包括颜色、图层、线型、线型比例等，全部赋予目标对象。

执行【特性匹配】命令主要有以下几种方式。

- 单击【标准】面板中的【特性匹配】按钮 。
- 在命令行中输入 MATCHPROP，然后按 Enter 键。
- 使用简写命令 MA，然后按 Enter 键。

执行【特性匹配】命令后，命令行的操作提示如下：

```
命令：'_MATCHPROP
选择源对象：                              // 选择一个图形作为源对象
```

```
当前活动设置：    颜色  图层  线型  线型比例  线宽  透明度  厚度  打印样式  标注  文字
    图案填充  多段线  视口  表格材质  阴影显示  多重引线
选择目标对象或 [设置(S)]：                    //将源对象的属性赋予所选的目标
```

如果在该操作提示下直接选择对象，那么所选对象的特性将由源对象的特性替代。如果在该操作提示中输入 S，那么将打开如图 8-34 所示的【特性设置】对话框，使用该对话框可以设置要匹配的选项。

图 8-34　【特性设置】对话框

8.4　综合案例——冷冻泵配电系统及控制原理图

本章主要介绍二维图形的绘制，下面以如图 8-35 所示的冷冻泵配电系统及控制原理图为例介绍图形的基本绘制方法。

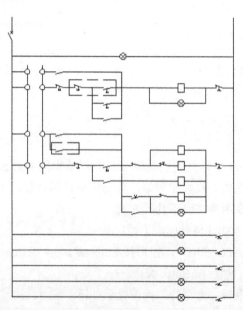

图 8-35　冷冻泵配电系统及控制原理图

1. 绘制主线路及指示灯

step 01 新建一个空白文件。

step 02 单击【绘图】面板中的【直线】按钮，绘制一条竖直直线，长度为36，如图8-36所示。命令行操作提示如下：

```
命令：_LINE 指定第一点：          //使用【直线】命令
指定下一点或 [放弃(U)]: 36        //指定长度
指定下一点或 [放弃(U)]: *取消*
```

step 03 单击【直线】按钮，绘制一条水平直线，长度为6，如图8-37所示。命令行操作提示如下：

```
命令：_LINE 指定第一点：          //使用【直线】命令
指定下一点或 [放弃(U)]: 6         //指定长度
指定下一点或 [放弃(U)]: *取消*
```

图8-36 绘制竖直直线（一）　　　　图8-37 绘制水平直线（一）

step 04 选中上一步骤所绘制的水平直线，单击【修改】面板中的【移动】按钮，分别单击2个基点，如图8-38和图8-39所示。命令行操作提示如下：

```
命令：MOVE 找到 1 个
指定基点或 [位移(D)] <位移>：指定第二个点或 <使用第一个点作为位移>：
```

图8-38 选择中点　　　　　　　　　图8-39 选择端点

step 05 选中刚移动的直线，单击【修改】面板中的【旋转】按钮，选择旋转基点，并输入旋转角度45°，如图8-40和图8-41所示，按Enter键确认。命令行操作提示如下：

```
命令：_ROTATE                                        //使用【旋转】命令
UCS 当前的正角方向： ANGDIR=逆时针  ANGBASE=0.00
找到 1 个
指定基点：
指定旋转角度，或 [复制(C)/参照(R)] <0.00>: 45         //指定旋转角度
```

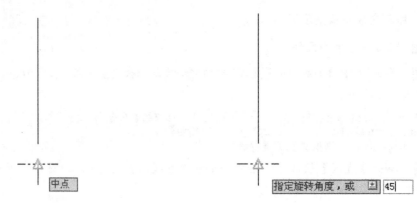

图 8-40 选择基点（一）　　　　　　　　图 8-41 输入旋转角度

step 06 选择刚旋转的直线，如图 8-42 所示。单击【修改】面板中的【镜像】按钮 ![], 选择基点，如图 8-43 所示。选择放置方向，如图 8-44 所示，按 Enter 键确认。命令行操作提示如下：

```
命令：MIRROR 找到 1 个                //使用【镜像】命令
指定镜像线的第一点：指定镜像线的第二点： //指定图中的基点
要删除源对象吗？[是(Y)/否(N)] <N>:
```

图 8-42 选择直线 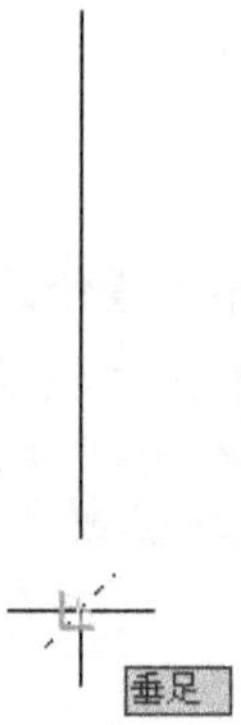　　　图 8-43 选择基点（二） 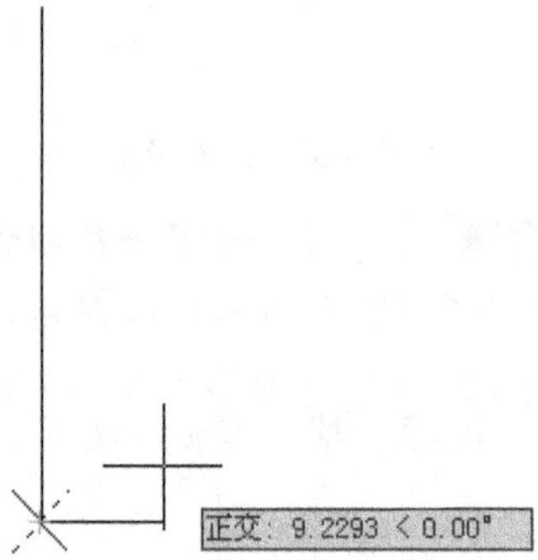　　　图 8-44 选择放置方向

step 07 单击【直线】按钮 ![], 绘制一条延伸直线，如图 8-45 所示。沿直线延伸，单击后绘制斜线，如图 8-46 所示，输入角度 60°，按 Enter 键确认。命令行操作提示如下：

```
命令：_LINE 指定第一点：              //使用【直线】命令
指定下一点或 [放弃(U)]: 60            //指定角度
指定下一点或 [放弃(U)]: *取消*
```

step 08 单击【直线】按钮 ![], 绘制一条竖直直线，如图 8-47 所示，长度可以长一些，如 600。命令行操作提示如下：

```
命令：_LINE 指定第一点：              //使用【直线】命令
指定下一点或 [放弃(U)]: 600           //指定长度
指定下一点或 [放弃(U)]: *取消*
```

step 09 单击【直线】按钮 ![], 绘制一条对称直线，如图 8-48 所示，长度和左边的图形相同。命令行操作提示如下：

```
命令：_LINE 指定第一点：       // 使用【直线】命令
指定下一点或 [放弃(U)]：
指定下一点或 [放弃(U)]：*取消*
```

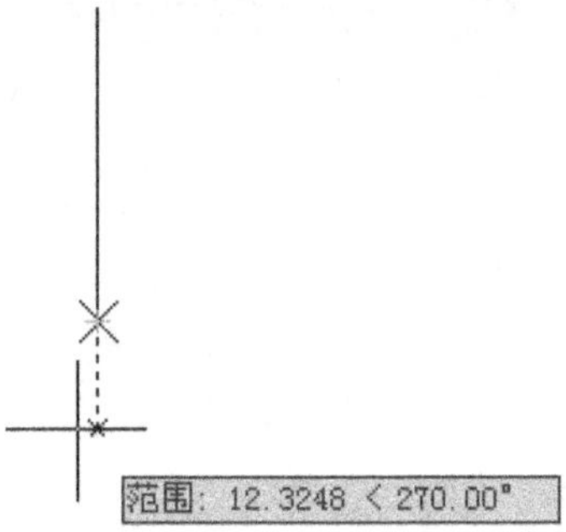

图 8-45 绘制延伸直线 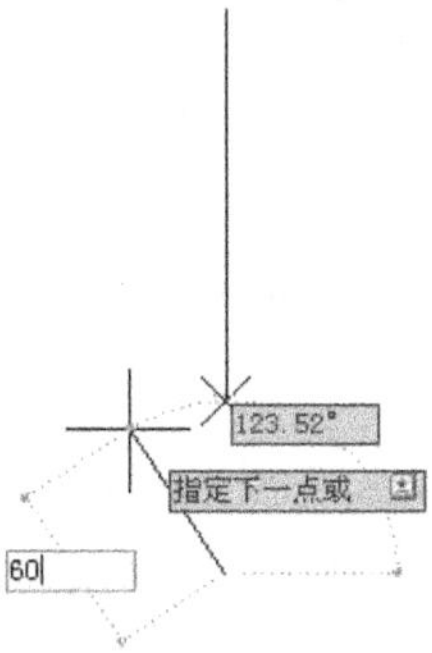   图 8-46 绘制斜线 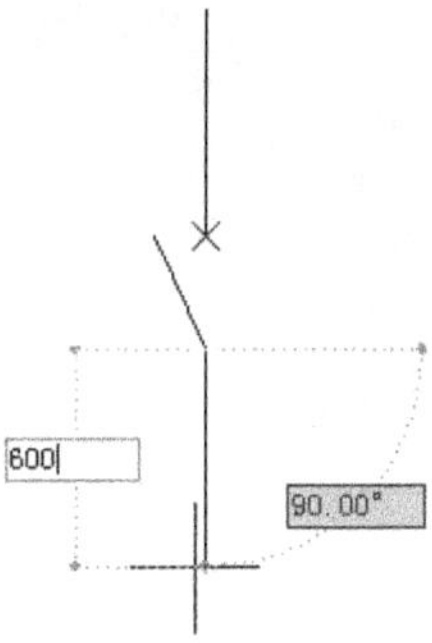   图 8-47 绘制竖直直线（二）

step 10 单击【直线】按钮，绘制一条水平直线，如图8-49所示，长度和距离可以适当掌握。命令行操作提示如下：

```
命令：_LINE 指定第一点：       // 使用【直线】命令
指定下一点或 [放弃(U)]：
指定下一点或 [放弃(U)]：*取消*
```

图 8-48 绘制对称直线   图 8-49 绘制水平直线（二）

step 11 单击【绘图】面板中的【圆】按钮，在水平直线右端绘制一个半径为7.5的圆，如图8-50所示。命令行操作提示如下：

```
命令：CIRCLE 指定圆的圆心或 [三点(3P)/两点(2P)/切点、切点、半径(T)]： // 使用【圆】命令
指定圆的半径或 [直径(D)]：7.5                                        // 半径为7.5
```

图 8-50 绘制圆

step 12 单击【直线】按钮，绘制直线，如图 8-51 所示；选中绘制的直线，单击【修改】面板中的【旋转】按钮，旋转直线，旋转角度为 45°，如图 8-52 所示。命令行操作提示如下：

```
命令：_LINE 指定第一点：                              //使用【直线】命令
指定下一点或 [放弃(U)]：
指定下一点或 [放弃(U)]：*取消*
命令：
命令：_ROTATE                                         //使用【旋转】命令
UCS 当前的正角方向： ANGDIR=逆时针 ANGBASE=0.00
找到 1 个
指定基点：
指定旋转角度，或 [复制(C)/参照(R)] <45.00>： 45        //指定旋转角度
```

step 13 使用同样的方法绘制另一条直线，如图 8-53 所示。

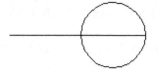  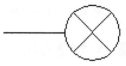

图 8-51　绘制圆上的直线　　　　图 8-52　旋转直线　　　　图 8-53　绘制另一条直线

step 14 单击【直线】按钮，绘制一条直线，如图 8-54 所示。

step 15 单击【直线】按钮，绘制一条直线，如图 8-55 所示。

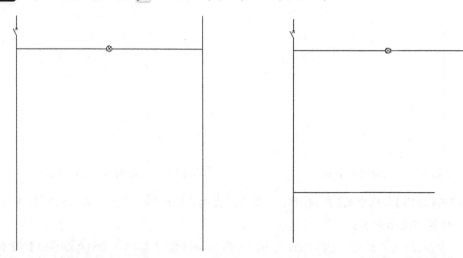

图 8-54　绘制直线（一）　　　　　　　　　图 8-55　绘制直线（二）

step 16 选择刚绘制的圆，单击【修改】面板中的【复制】按钮，选择基点，如图 8-56 所示，放置在直线右端，如图 8-57 所示。命令行操作提示如下：

```
命令：_COPY 找到 3 个         //使用【复制】命令
当前设置： 复制模式 = 多个
指定基点或 [位移(D)/模式(O)] <位移>：指定第二个点或 <使用第一个点作为位移>：
指定第二个点或 [退出(E)/放弃(U)] <退出>： *取消*
```

图 8-56　选择基点（三）　　　　　图 8-57　复制图形（一）

step 17　单击【直线】按钮，绘制一条直线，如图 8-58 所示。

step 18　单击【直线】按钮，绘制 2 条直线组成一个开关，如图 8-59 所示。

step 19　单击【直线】按钮，绘制开关部分，每条线的长度都是 2.81，如图 8-60 所示。

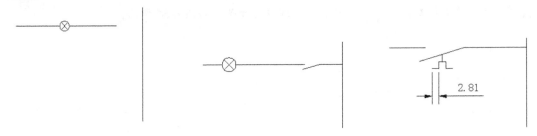

图 8-58　绘制直线（三）　　　图 8-59　绘制开关　　　图 8-60　绘制开关部分

step 20　选中绘制完成的包括灯和开关的线路，如图 8-61 所示。单击【修改】面板中的【复制】按钮，依次复制其他 4 条线路，如图 8-62 所示。命令行操作提示如下：

```
命令：COPY 找到 13 个    //使用【复制】命令
当前设置：复制模式 = 多个
指定基点或 [位移(D)/模式(O)] <位移>：指定第二个点或 <使用第一个点作为位移>：36
                                                //指定移动距离
指定第二个点或 <使用第一个点作为位移>：72
指定第二个点或 <使用第一个点作为位移>：108
指定第二个点或 <使用第一个点作为位移>：144
指定第二个点或 [退出(E)/放弃(U)] <退出>： *取消*
```

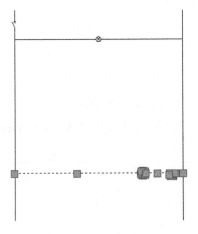 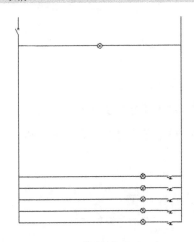

图 8-61　选择图形　　　　　　　　图 8-62　复制图形（二）

2. 绘制第一部分支路

step 01 单击【绘图】面板中的【直线】按钮，绘制 2 条直线，如图 8-63 所示。单击【绘图】面板中的【圆】按钮，绘制 2 个半径为 6 的圆。命令行操作提示如下：

```
命令：_LINE 指定第一点：                            // 使用【直线】命令
指定下一点或 [放弃(U)]：                           // 指定长度
指定下一点或 [放弃(U)]：*取消*
命令：
命令：
命令：_CIRCLE 指定圆的圆心或 [三点(3P)/两点(2P)/切点、切点、半径(T)]：
// 使用【圆】命令
指定圆的半径或 [直径(D)]：6                        // 半径为 6
```

step 02 单击【直线】按钮，绘制 2 条直线作为开关，如图 8-64 所示。

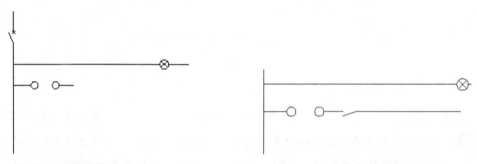

图 8-63 绘制 2 条直线（一）　　　　　　图 8-64 绘制开关线路

step 03 选中线路断开部分，单击【修改】面板中的【复制】按钮进行复制，如图 8-65 所示。

step 04 单击【直线】按钮，绘制 2 条直线作为开关（注意是相交的），如图 8-66 所示。

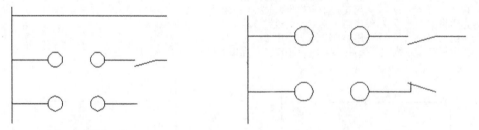

图 8-65 复制图形（一）　　　　　　图 8-66 绘制开关

step 05 单击【直线】按钮，绘制开关的其他部分，尺寸比例可参照图 8-67。

step 06 依次单击【直线】按钮和【复制】按钮，绘制线路并复制开关，如图 8-68 所示。

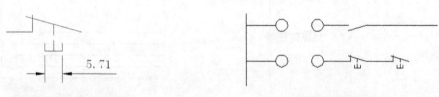

图 8-67 绘制开关图形　　　　　　图 8-68 复制图形（二）

step 07 使用同样的方法复制第三个开关,并进行修改,如图 8-69 所示。

图 8-69 复制第三个开关

step 08 单击【直线】按钮,绘制线路的其他部分,尺寸比例可参照图 8-70。

step 09 单击【复制】按钮,复制开关,如图 8-71 所示。

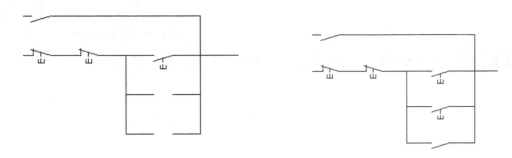

图 8-70 绘制线路(一)　　　　图 8-71 复制开关

step 10 单击【直线】按钮,在线路右端绘制一个矩形,如图 8-72 所示。

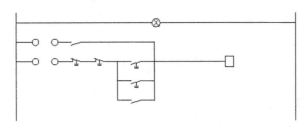

图 8-72 绘制矩形

step 11 单击【直线】按钮,绘制线路,如图 8-73 所示。

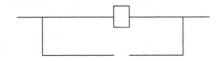

图 8-73 绘制线路(二)

step 12 依次单击【直线】按钮和【复制】按钮,绘制线路灯泡和开关,如图 8-74 所示。

step 13 在【默认】选项卡的【特性】面板中单击【线型选择】下拉按钮,在弹出的下拉列表中选择 DASHED2 选项，如图 8-75 所示。

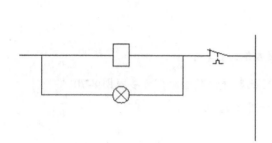

图 8-74　绘制灯泡和开关

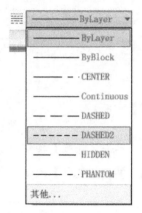

图 8-75　选择 DASHED2 选项

step 14　单击【直线】按钮，绘制方框，如图 8-76 所示，并恢复到原线型。

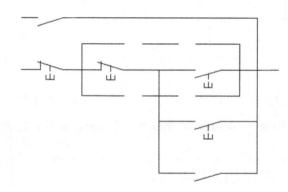

图 8-76　绘制方框

3. 绘制第二部分支路

step 01　单击【修改】面板中的【复制】按钮，复制第二部分线路，如图 8-77 所示。

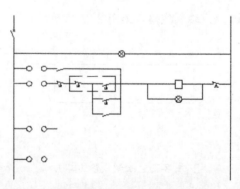

图 8-77　复制第二部分线路

step 02　单击【绘图】面板中的【直线】按钮，绘制直线线路，如图 8-78 所示。

step 03 单击【复制】按钮，复制开关，如图 8-79 所示。

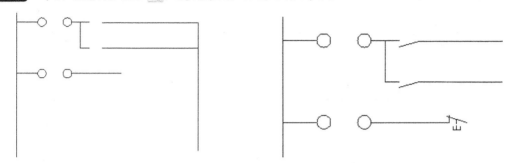

图 8-78　绘制直线线路　　　　　图 8-79　复制开关

step 04 继续单击【复制】按钮和【直线】按钮，绘制其他线路和开关，如图 8-80 所示。

step 05 继续单击【复制】按钮和【直线】按钮，绘制其他线路和开关，如图 8-81 所示。

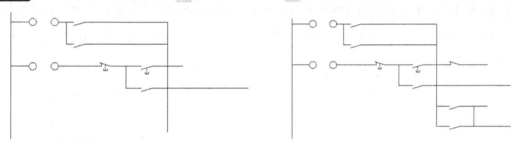

图 8-80　绘制其他线路和开关（一）　　　图 8-81　绘制其他线路和开关（二）

step 06 单击【绘图】面板中的【直线】按钮，在如图 8-82 所示的开关上绘制 2 条直线。

step 07 单击【绘图】面板中的【圆弧】按钮，绘制一个半圆弧，如图 8-83 所示。命令行操作提示如下：

```
命令： ARC 指定圆弧的起点或 [圆心(C)]:                    // 使用【圆弧】命令
指定圆弧的第二个点或 [圆心(C)/端点(E)]: C
指定圆弧的圆心: 2.18                                      // 指定半径
指定圆弧的端点或 [角度(A)/弦长(L)]:
```

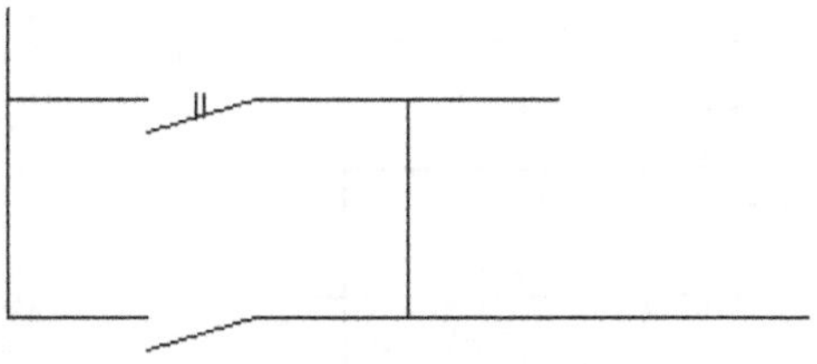

图 8-82　绘制 2 条直线 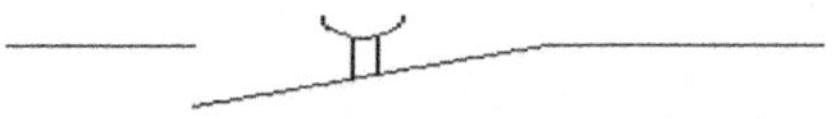　　　　　图 8-83　绘制圆弧

step 08 继续单击【复制】按钮和【直线】按钮，绘制其他线路和开关，如图 8-84 所示，注意修改开关的形状。

step 09 单击【修改】面板中的【复制】按钮，复制矩形和灯泡，如图 8-85 所示。

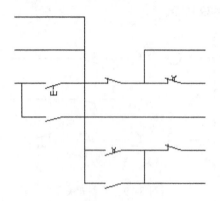
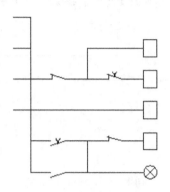

图 8-84　绘制其他线路和开关（三）　　　　图 8-85　复制矩形和灯泡

step 10　继续单击【复制】按钮和【直线】按钮，绘制其他线路和开关，如图 8-86 所示。

step 11　在【默认】选项卡的【特性】面板中单击【线型选择】下拉按钮，在弹出的下拉列表中选择 DASHED2 选项，如图 8-87 所示。单击【绘图】面板中的【直线】按钮，绘制矩形，如图 8-88 所示，绘制完成后恢复默认线型。

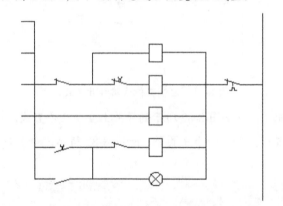
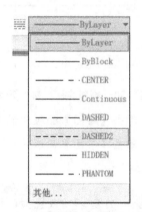

图 8-86　绘制其他线路和开关（四）　　　　图 8-87　选择 DASHED2 选项

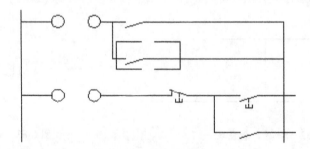

图 8-88　绘制矩形

step 12　单击【绘图】面板中的【直线】按钮，绘制连接线路，如图 8-89 所示。

step 13　对角度和距离进行进一步调整，绘制完成的电路图形如图 8-90 所示。

step 14　至此，图形绘制完成。

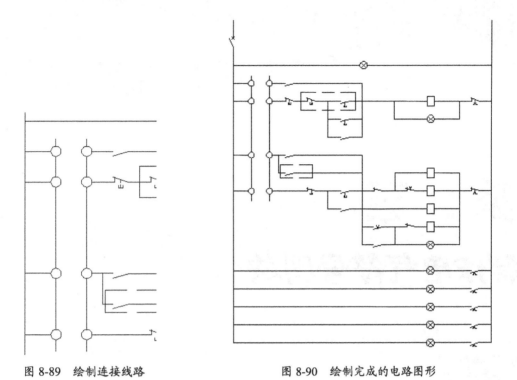

图 8-89 绘制连接线路　　　　图 8-90 绘制完成的电路图形

第 9 章
制作电气符号图块

本章内容

在绘制电气控制系统图时,如果图中有大量相同或相似的电气符号,就可以把要重复绘制的电气符号或单个子系统线路图创建成块(也称为图块),并根据需要为块创建属性,并指定块的名称、用途及设计者等信息,在需要时直接插入它们,从而提高绘图效率。

知识要点

- ☑ 块概述
- ☑ 创建块
- ☑ 制作基本电气符号图块

第 9 章 制作电气符号图块

9.1 块概述

在电气线路控制图中一旦插入块，该块就永久性地插入当前图形中，成为当前图形的一部分。【插入】选项卡如图 9-1 所示。

图 9-1 【插入】选项卡

9.1.1 块定义

块可以是绘制在几个图层上的不同颜色、线型和线宽特性的对象的组合。尽管块总是在当前图层上，但块参照保存了有关包含在该块中的对象的原图层、颜色和线型特性等信息。

块的定义方法主要有以下几种。
- 合并对象，从而在当前图形中创建块定义。
- 使用【块编辑器】命令将动态行为添加到当前图形中的块定义。
- 创建一个图形文件，随后将它作为块插入其他图形中。
- 使用若干种相关块定义创建一个图形文件，从而用作块库。

9.1.2 块的特点

在 AutoCAD 中，使用块不仅可以提高绘图效率、节省存储空间，还便于修改图形，为块添加属性，并且控制块中的对象是保留其原特性还是继承当前的图层、颜色、线型或线宽设置。例如，在电气工程图中，常用的开关、电阻、线圈、电源等都可以定义为块，在定义块时，需要指定块名、块中对象、块插入基点和块插入单位等。图 9-2 所示为某控制系统原理图。

1．提高绘图效率

使用 AutoCAD 绘图时，经常需要绘制一些重复出现的图形对象，如果把这些图形对象定义成块保存起来，再次绘制该图形时就可以直接插入已经定义的块，这样就避免了大量的、重复性的工作，从而为用户提高绘图效率。

2．节省存储空间

AutoCAD 要保存图中每个对象的相关信息，如对象的类型、位置、图层、线型及颜色等，这些信息占据了大量的程序存储空间。如果在一幅图中绘制大量相同的图形，势必会造成操作系统运行缓慢，但把这些相同的图形定义成块，需要该图形时直接插入即可，从而节省了磁盘空间。

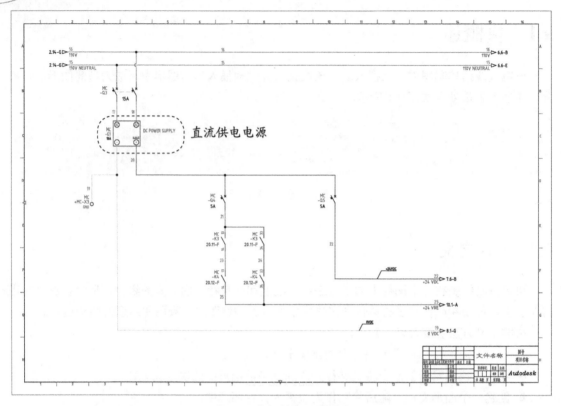

图 9-2 某控制系统原理图

3．便于修改图形

一张工程图往往要经过多次修改。例如，在机械设计中，旧的国家标准（GB）用虚线表示螺栓的内径，而新的国家标准则用细实线表示，如果对旧图纸中的每个螺栓按新的国家标准来修改，既费时又不方便。但如果原来各个螺栓是通过插入块的方式绘制的，那么只要修改定义的块，图中所有块图形都会相应地修改。

4．为块添加属性

很多块还要求用文字信息进一步解释其用途。AutoCAD 允许为块创建这些文字属性，可以在插入的块中显示或不显示这些属性，也可以从图中提取这些信息并将它们传送到数据库中。

9.2 创建块

块是一个或多个对象组成的对象集合，常用于绘制复杂、重复的图形。一旦一组对象组合成块，就可以根据作图需要将这组对象插入图中任意指定位置，而且还可以按不同的比例和旋转角度插入。本节着重介绍块的创建、插入块、删除块和多重插入块等内容。

9.2.1 块的创建

通过选择对象、指定插入点，然后为其命名，可以创建块定义。用户可以创建自己的块，也可以使用设计中心或工具选项板中提供的块。

执行【创建块】命令主要有以下几种方式。
- 菜单栏：选择【绘图】|【块】|【创建块】命令。
- 面板：在【默认】选项卡的【块】面板中单击【创建块】按钮。
- 面板：在【插入】选项卡的【块定义】面板中单击【创建块】按钮。
- 命令行：BLOCK。

执行 BLOCK 命令，程序将弹出【块定义】对话框，如图 9-3 所示。

图 9-3　【块定义】对话框

【块定义】对话框中各选项的含义如下。
- 名称：指定块的名称。名称最多可以包含 255 个字符，包括字母、数字、空格，以及操作系统或程序未作他用的任何特殊字符。

提示：
不能用 DIRECT、LIGHT、AVE_RENDER、RM_SDB、SH_SPOT 和 OVERHEAD 作为有效的块名称。

- 【基点】选项组：指定块的插入基点，默认值是（0,0,0）。

提示：
此基点是图形插入过程中旋转或移动的参照点。

  ➢ 在屏幕上指定：在屏幕窗口中指定块的插入基点。
  ➢ 【拾取点】按钮：暂时关闭对话框，从而使用户可以在当前图形中拾取插入基点。
  ➢ X：指定基点的 X 轴坐标值。
  ➢ Y：指定基点的 Y 轴坐标值。

➢ Z：指定基点的 Z 轴坐标值。
● 【设置】选项组：指定块的设置。
　➢ 块单位：指定块参照插入单位。
　➢ 【超链接】按钮：单击此按钮可以打开【插入超链接】对话框，使用该对话框可以将某个超链接与块定义相关联，如图 9-4 所示。
● 在块编辑器中打开：勾选此复选框，将在块编辑器中打开当前的块定义。
● 【对象】选项组：指定新块中要包含的对象，以及创建块之后如何处理这些对象，是保留还是删除选定的对象或将它们转换成块实例。
　➢ 在屏幕上指定：在屏幕中选择块包含的对象。
　➢ 【选择对象】按钮：暂时关闭【块定义】对话框，允许用户选择块对象。完成选择对象后，按 Enter 键重新打开【块定义】对话框。
　➢ 【快速选择】按钮：单击此按钮将打开【快速选择】对话框，在该对话框中定义选择集，如图 9-5 所示。

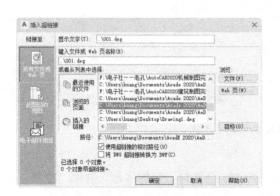
图 9-4　【插入超链接】对话框

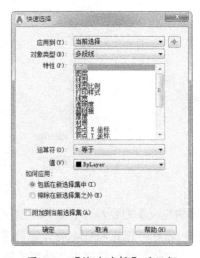
图 9-5　【快速选择】对话框

　➢ 保留：创建块以后，将选定对象保留在图形中作为区别对象。
　➢ 转换为块：创建块以后，将选定对象转换成图形中的块实例。
　➢ 删除：创建块以后，从图形中删除选定的对象。
　➢ 未选定对象：此区域将显示选定对象的数目。
● 【方式】选项组：指定块的生成方式。
　➢ 注释性：指定块为注释性。单击信息图标可以了解有关注释性对象的更多信息。【使块方向与布局匹配】复选框用于指定在图纸空间视口中的块参照的方向与布局的方向相匹配；如果未选择【注释性】复选框，则该选项不可用。
　➢ 按统一比例缩放：指定块参照是否按统一比例缩放。
　➢ 允许分解：指定块参照是否可以被分解。
每个块定义必须包括块名、一个或多个对象、用于插入块的基点坐标值和所有相关的属性数据。插入块时，将基点作为放置块的参照。

> **技巧点拨：**
> 建议用户指定基点位于块中对象的左下角。在以后插入块时将提示指定插入点，块基点与指定的插入点对齐。

下面以实例来说明块的创建。

动手操练——创建【直流供电电源】块

step 01 新建一个空白文件。

step 02 使用【矩形】、【圆形】和【直线】命令绘制如图 9-6 所示的图形。

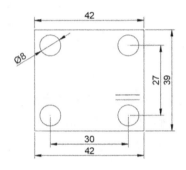

图 9-6 绘制图形

step 03 将其中一条直线改为虚线，并调整比例因子，结果如图 9-7 所示。

图 9-7 改变线型

step 04 单击【多行文字】按钮 A，输入文本，如图 9-8 所示。

图 9-8 输入文本

step 05 在【插入】选项卡的【块】面板中单击【创建块】按钮，打开【块定义】对话框。在【名称】文本框中输入块的名称【直流供电电源】，然后单击【拾取点】按钮，如图9-9所示。

step 06 程序将暂时关闭【块定义】对话框，在绘图区域中指定图形的中心点作为块插入基点，如图9-10所示。

图 9-9　输入块的名称

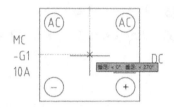

图 9-10　指定基点

step 07 指定基点后返回【块定义】对话框。单击【选择对象】按钮，切换到图形窗口，使用窗口选择的方法选择窗口中全部的图形元素，然后按Enter键返回【块定义】对话框。

step 08 此时，在【名称】文本框旁边生成块图标。保留其余选项默认设置，最后单击【确定】按钮，完成块的定义，如图9-11所示。

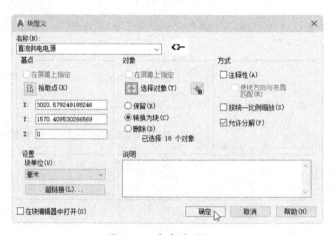

图 9-11　完成块的定义

技巧点拨：

在创建块时，必须先输入要创建块的图形对象，否则显示【块-未选定任何对象】对话框，如图9-12所示。如果新块名与已有块重名，那么程序将显示【块-重新定义块】对话框，要求用户更新块定义或参照，如图9-13所示。

图 9-12 【块－未选定任何对象】对话框

图 9-13 【块－重新定义块】对话框

9.2.2 插入块

要插入块，需要先创建块。在【插入】选项卡的【块】面板中单击【插入】按钮，会弹出块列表，选取一个块，将其插入图形中，如图 9-14 所示。

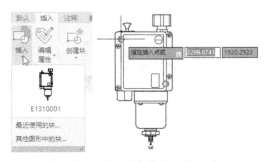
图 9-14 插入【饱和交流互感器】块

块的插入方法较多，主要有以下几种：通过块列表插入块、在命令行中输入 -INSERT 命令、在工具选项板中插入块。

1．通过块列表插入块

凡是用户自定义的块或块库，都可以在块列表中选择块并将其插入其他图形文件中。将一个完整的图形文件插入其他图形中时，图形信息将作为块定义复制到当前图形的块表中，后续插入具有不同位置、比例和旋转角度的块定义。

2．在命令行中输入 -INSERT 命令

如果在命令行中输入 -INSERT 命令，将显示如下命令行操作提示：

```
命令：-INSERT
输入块名或 [?] <上一个>：                              // 输入块名
单位：毫米    转换：1.00000000                        // 显示转换单位和比例
指定插入点或 [基点 (B)// 比例 (S)//X//Y//Z// 旋转 (R)]：  // 指定插入点或输入选项
输入 X 比例因子，指定对角点，或 [角点 (C)//XYZ(XYZ)] <1>：// 输入 X 缩放因子
输入 Y 比例因子或 <使用 X 比例因子>：                   // 输入 Y 缩放因子
指定旋转角度 <0>：                                    // 输入块旋转角度
```

上述命令行操作提示中各选项的含义如下。

- 输入块名：如果在当前编辑任务期间已经在当前图形中插入了块，则最后插入的块的名称作为当前块出现在提示中。

- 插入点：指定块或图形的位置，此点与块定义时的基点重合。
- 基点：将块临时放置到其当前所在的图形中，并允许在将块参考拖动到位时为其指定新基点。这不会影响为块参照定义的实际基点。
- 比例：设置 X 轴、Y 轴和 Z 轴的比例因子。
- X//Y//Z：设置 X、Y、Z 的比例因子。
- 旋转：设置块插入的旋转角度。
- 指定对角点：指定缩放比例的对角点。

3．在工具选项板中插入块

在块列表下方选择【最近使用的块】命令，弹出【块】工具选项板。可以选择当前图形中的块再次插入，也可以选择其他图形中的块插入，如图 9-15 所示。选择一个块，直接将其拖入图形中即可。

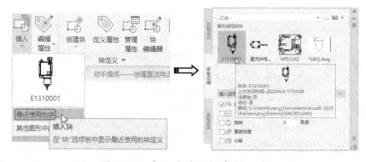

图 9-15　在工具选项板中插入块

9.2.3　删除块

要删除未使用的块定义并减小图形尺寸，在绘图过程可以使用【清理】命令。【清理】命令主要用于删除图形中未使用的命名项目，如块定义和图层。

在菜单栏中选择【文件】|【图形实用工具】|【清理】命令，程序将弹出【清理】对话框，如图 9-16 所示。勾选【块】选项，将预览区中的块选中并进行清理。

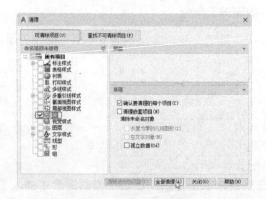

图 9-16　【清理】对话框

9.2.4 多重插入块

多重插入块就是在矩形阵列中插入一个块的多个引用。在插入过程中，MINSERT 命令不能像使用 INSERT 命令那样在块名前使用"*"来分解块对象。

下面用实例说明多重插入块的操作过程。

动手操练——多重插入块

本实例中插入块的块名称为【螺纹孔】，基点为孔中心，如图 9-17 所示。

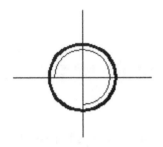

图 9-17 要插入的【螺纹孔】块

step 01 打开素材文件【ex-3.dwg】。

step 02 在命令行中输入 MINSERT，然后将【螺纹孔】块插入图形中，命令行操作提示如下：

```
命令：MINSERT
输入块名或 [?] <螺纹孔>：                              //输入块名
单位：毫米    转换：1.00000000                         //转换信息提示
指定插入点或 [基点(B)//比例(S)//X//Y//Z//旋转(R)];      //指定插入基点
输入 X 比例因子，指定对角点，或 [角点(C)//XYZ(XYZ)] <1>:✓  //输入 X 比例因子
输入 Y 比例因子或 <使用 X 比例因子>:✓                  //输入 Y 比例因子
指定旋转角度 <0>:✓                                    //输入块旋转角度
输入行数 (---) <1>: 2 ✓                               //输入行数
输入列数 (||||) <1>: 4 ✓                              //输入列数
输入行间距或指定单位单元 (---): 38 ✓                   //输入行间距
指定列间距 (||||): 23 ✓                               //输入列间距
```

step 03 绘制结果如图 9-18 所示。

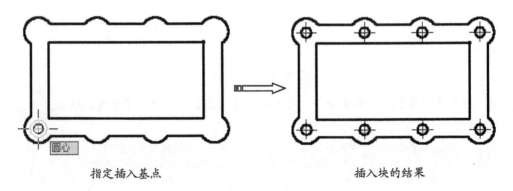

指定插入基点   插入块的结果

图 9-18 插入块

9.3 制作基本电气符号图块

本节主要介绍基本电气符号的绘制方法。关于块的创建，除了前面介绍的创建块方法，还有一种简单的制作方法，即【复制】|【粘贴为块】。

例如，图 9-19 所示的二极管符号绘制完成后，按 Ctrl+C 组合键将其复制，然后在图形区中执行右键菜单中的【剪贴板】|【粘贴为块】命令，二极管符号图形被粘贴为块。

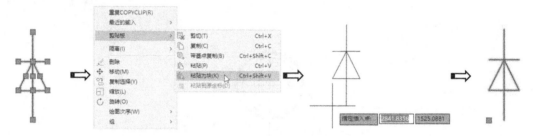

图 9-19 复制图形并粘贴为块

9.3.1 绘制导线和连接器件

导线和连接器件主要包括电线、屏蔽或绞合导线、同轴电缆和插座等，较为常用的是导线和插座。

动手操练——绘制三相导线

绘制如图 9-20 所示的三相导线。

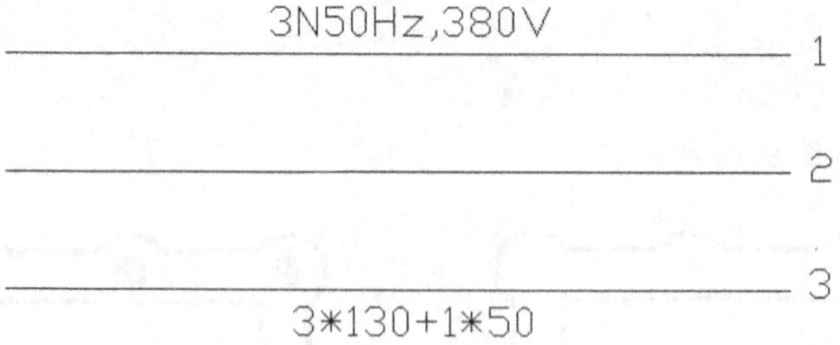

```
           3N50Hz,380V
—————————————————————————— 1

—————————————————————————— 2

—————————————————————————— 3
           3*130+1*50
```

图 9-20 三相导线

step 01 执行【绘图】|【直线】命令，或者单击【绘图】面板中的【直线】按钮 ，命令行操作提示如下：

```
命令：_LINE 指定第一点：0,0↵           //按绝对坐标输入直线段的起点
指定下一点或 [放弃(U)]：100,0↵         //按绝对坐标输入直线段的终点
指定下一点或 [放弃(U)]：↵              //按 Enter 键，结果如图 9-21 所示
```

图 9-21　绘制直线 1

step 02　单击【复制】按钮，另外复制 2 条直线，如图 9-22 所示，命令行操作提示如下：

```
命令：_OFFSET
当前设置：删除源=否　图层=源　OFFSETGAPTYPE=0
指定偏移距离或 [通过(T)|删除(E)|图层(L)] <通过>: 15↵            //指定偏移距离
选择要偏移的对象，或 [退出(E)|放弃(U)] <退出>:                 //捕捉图中直线1
指定要偏移的那一侧上的点，或 [退出(E)|多个(M)|放弃(U)] <退出>: //在直线1下方单击
选择要偏移的对象，或 [退出(E)|放弃(U)] <退出>:                 //捕捉直线2
指定要偏移的那一侧上的点，或 [退出(E)|多个(M)|放弃(U)] <退出>: //在直线2下方单击
选择要偏移的对象，或 [退出(E)|放弃(U)] <退出>: ↵              //按 Enter 键
```

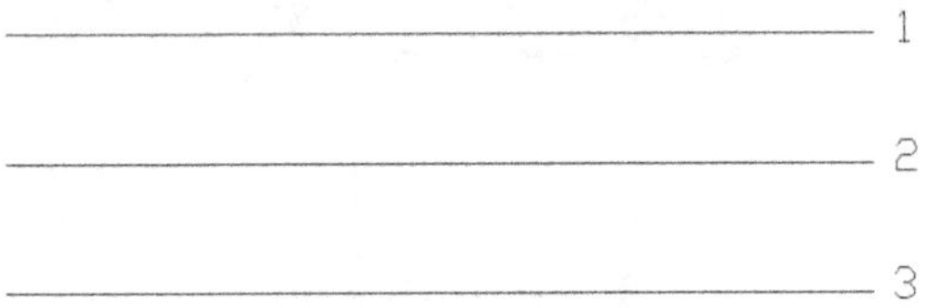

图 9-22　复制 2 条直线

step 03　单击【多行文字】按钮，输入相应的文字，如图 9-23 所示。

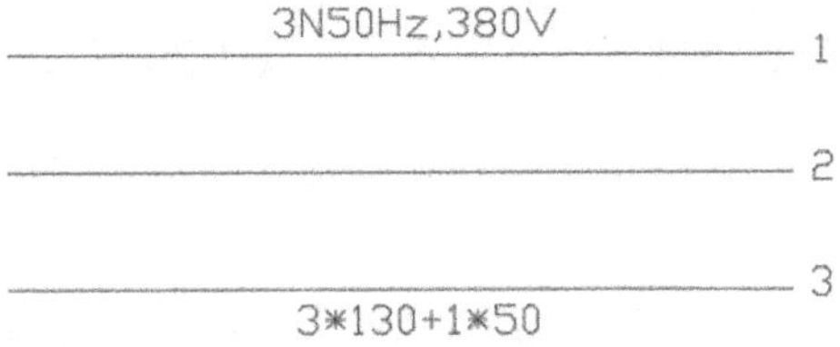

图 9-23　输入相应的文字

动手操练——绘制插座符号

绘制如图 9-24 所示的插座符号。

step 01　单击【直线】按钮，绘制 1 条直线，长度为 20。单击【圆心、半径】按钮，绘制 1 个圆，圆心在直线中点，结果如图 9-25 所示。

图 9-24　插座符号

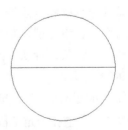

图 9-25　绘制直线和圆

step 02 修剪图形。单击【修剪】按钮，将圆修剪成半圆，结果如图 9-26 所示。

step 03 单击【直线】按钮，绘制 2 条直线，长度都为 5，结果如图 9-27 所示。

图 9-26 修剪圆

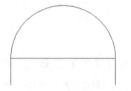

图 9-27 绘制直线

step 04 单击【移动】按钮，选中竖直线为平移对象，将这 2 条直线分别向左和向右平移，平移距离都为 5，结果如图 9-28 所示。

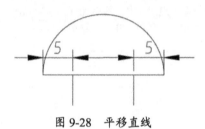

图 9-28 平移直线

9.3.2 绘制无源元件符号

无源元件主要包括电阻器、电感器、电容器、铁氧体磁芯等，较为常用的为电阻器、电感器和电容器。

1. 电阻器

电阻器（简称电阻）是电子设备中应用最广泛的元件之一，在电路中起限流、分流、降压、分压、负载作用，并与电容器配合起到滤波器及阻抗匹配等作用。导电体对电流的阻碍作用称为电阻，用符号 R 表示。电阻的单位为欧姆、千欧和兆欧，分别用 Ω、kΩ 和 MΩ 表示。

电阻器的种类繁多，若根据电阻器的电阻值在电路中的特性划分，可分为固定电阻器、电位器（可变电阻器）和敏感电阻器三大类。

- 固定电阻器：按组成材料不同可将固定电阻器分为非线绕电阻器和线绕电阻器两大类。非线绕电阻器可分为薄膜电阻器、实芯型电阻器和金属玻璃釉电阻器等，其中薄膜电阻器又可分为碳膜电阻器和金属膜电阻器。按用途不同可将固定电阻器分为普通型（通用型）、精密型、功率型、高压型和高阻型等。按形状不同可将固定电阻器分为圆柱状、管状、片状、纽扣状、块状和马蹄状等。常用的固定电阻器的图形符号如图 9-29 所示。
- 电位器（可变电阻器）：电位器靠一个电刷（运动接点）在电阻器上移动而获得变化的电阻值，其值在一定范围内连续可调。电位器是一种机电元件，可以把机械位移变换成电压变化。电位器的分类有以下几种：按电阻材料不同可分为薄膜（非线绕）电位器和线绕电位器；按结构不同可分为单圈电位器、多圈电位器、单联电位器、双联电位器和多联电位器等；按有无开关可分为带开关电位器和不带开关电位器，其中开关形式有旋转式、推拉式和按键式等；按调节活动机构的运动方式可分为旋转式电位器和直滑式电位器；按用途不同又可分为普通电位器、精密电位器、功率电位器、微调电位器和专用电位器等。电位器的图形符号如图9-30所示。

图 9-29 常用的固定电阻器的图形符号　　　　图 9-30 电位器的图形符号

- 敏感电阻器：敏感电阻器的电特性（如电阻率）对温度、光和机械力等物理量表现敏感，如光敏电阻器、热敏电阻器、压敏电阻器和气敏电阻器等。由于此类电阻器基本上是用半导体材料制成的，因此也叫半导体电阻器。热敏电阻器和压敏电阻器的图形符号如图9-31所示。

热敏电阻器的图形符号　　　　　　　压敏电阻器的图形符号

图 9-31 热敏电阻器和压敏电阻器的图形符号

根据《电子设备用固定电阻器、固定电容器型号命名方法》（GB/T 2470—1995）的规定，电阻器和电位器的型号由以下4个部分组成。第一部分：主称，用一个字母表示，表示产品的名字，如R表示电阻，W表示电位器。第二部分：材料，一般用一个字母表示，表示电阻体用什么材料制成。第三部分：特征，是产品的主要特征，一般用一个数字或一个字母表示。第四部分：序号，一般用数字表示，表示同类产品中的不同品种，以区分产品的外形尺寸和性能指标等，如RT11型表示普通碳膜电阻器。

动手操练——绘制电阻符号

绘制如图9-32所示的电阻符号。

图 9-32 电阻符号

step 01　单击【矩形】按钮▭，绘制矩形，如图9-33所示。

图 9-33　绘制矩形

step 02　单击【分解】按钮，将矩形分解。执行完毕后，该矩形已经被分解为 4 条直线。

step 03　单击【直线】按钮，捕捉矩形左侧边中点，如图 9-34 所示，然后向左边绘制 1 条长度为 10 的水平直线。

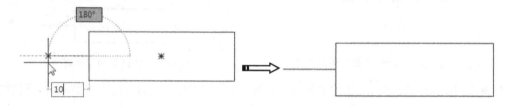

图 9-34　捕捉左侧边中点绘制水平直线

step 04　单击【直线】按钮，捕捉矩形右侧边中点，如图 9-35 所示，然后向右边绘制 1 条长度为 10 的直线。至此，完成电阻符号的绘制。

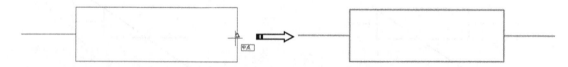

图 9-35　捕捉右侧边中点绘制水平直线

2．电感器

电感器又称电感线圈，是用漆包线在绝缘骨架上绕制而成的一种能存储磁场能的电子元件，它在电路中具有阻交流、通直流、阻高频和通低频的特性。电感器用符号 L 表示，单位为亨利（H）、毫亨利（mH）和微亨利（μH），$1H=10^3 mH=10^6 \mu H$。电感器的种类很多。根据电感器的电感量是否可调，分为固定电感器、可变电感器和微调电感器等；根据导磁体性质，可分为带磁芯的电感器和不带磁芯的电感器；根据绕线结构，可分为单层线圈、多层线圈和蜂房式线圈等。

动手操练——绘制电感器符号

绘制如图 9-36 所示的电感器符号。

图 9-36　电感器符号

step 01 绘制半圆弧。执行【绘图】|【圆弧】|【三点】命令，绘制半径为 60 的半圆弧，结果如图 9-37 所示。

图 9-37　绘制半圆弧

step 02 单击【矩形阵列】按钮，选择要阵列的半圆弧后，弹出【阵列创建】选项卡。

step 03 设置行数为 1，列偏移为 120，其他参数保持系统默认值即可。按 Enter 键完成矩形阵列，结果如图 9-38 所示。

图 9-38　阵列图形

step 04 执行【直线】命令，打开正交模式和对象捕捉模式，捕捉图形左侧端点，向下绘制一条长度为 120 的直线，如图 9-39 所示。

图 9-39　捕捉左侧端点绘制竖直直线

step 05 再捕捉图形右侧端点，向下绘制一条长度为 120 的直线，如图 9-40 所示。至此完成了电感器符号的绘制。

图 9-40　捕捉右侧端点绘制竖直直线

3. 电容器

电容器（简称电容）由两个金属电极中间夹一层电介质构成。在两个电极之间加上电压时，电极上就储存电荷，因此，电容器是一种储能元件。它是各种电子产品中不可或缺的基本元件，具有隔直流、通交流、通高频和阻低频的特性，在电路中用于调谐、滤波和能量转换等。电容用符号 C 表示，电容单位有法拉（F）、微法拉（μF）和皮法拉（pF），$1F=10^6 μF=10^{12} pF$。

动手操练——绘制电容器符号

绘制如图 9-41 所示的电容器符号。

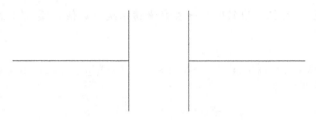

图 9-41 电容器符号

step 01 单击【矩形】按钮□，绘制长为 9、宽为 15 的矩形，如图 9-42 所示。

step 02 单击【分解】按钮，将矩形分解，该矩形被分解为 4 条直线。

step 03 单击状态栏中的【正交模式】按钮，并打开捕捉对象模式，然后单击【直线】按钮，捕捉如图 9-43 所示的中点，以其为起点向左绘制 1 条长度为 15 的直线。

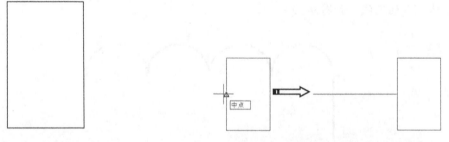

图 9-42 绘制矩形　　　　　　图 9-43 捕捉左侧边中点绘制直线

step 04 再捕捉如图 9-44 所示的中点，以其为起点向右绘制 1 条长度为 15 的直线。

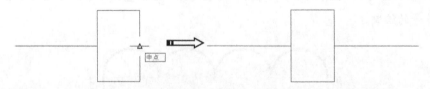

图 9-44 捕捉右侧边中点绘制直线

step 05 删除多余的直线。绘制完成的电容器符号如图 9-45 所示。

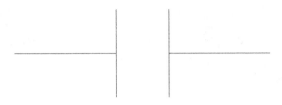

图 9-45 绘制完成的电容器符号

9.3.3 绘制半导体管和电子管

半导体管和电子管主要包括二极管、三极管、晶闸管、电子管、辐射探测器件等，比较常用的电气图形符号是二极管符号、三极管符号和稳压二极管符号。

1. 二极管符号

半导体二极管又称晶体二极管，简称二极管，由一个 PN 结加上引线及管壳构成。二极管具有单向导电性。二极管的种类很多：按制作材料不同，可分为锗二极管和硅二极管；按制作工艺不同，可分为点接触型二极管和面接触型二极管，点接触型二极管用于小电流的整流、检测、限幅及开关等电路中，面接触型二极管主要起整流作用；按用途不同，可分为整流二极管、检波二极管、稳压二极管、变容二极管和光敏二极管等。

动手操练——绘制二极管符号

绘制如图 9-46 所示的二极管符号。

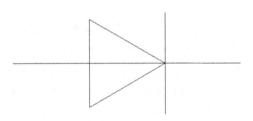

图 9-46 二极管符号

step 01 单击【正多边形】按钮，先绘制一个正三角形。执行【正交模式】命令，指定圆的半径为 20。绘制的正三角形如图 9-47 所示。命令行操作提示如下：

```
命令：_POLYGON
输入边的数目 <4>：3↙                        // 三角形为三边
指定正多边形的中点或 [边(E)]：              // 在图上任意选一点
输入选项 [内接于圆(I) | 外切于圆(C)]<I>：I↙  // 选择【内接于圆】选项
指定圆的半径：20↙                           // 指定圆的半径，按 Enter 键
```

step 02 单击【旋转】按钮，捕捉如图 9-48 所示的交点，执行【正交模式】命令，将正三角形逆时针旋转 30°。命令行操作提示如下：

```
命令：_ROTATE
UCS 当前的正角方向：ANGDIR=逆时针 ANGBASE=0
选择对象：找到 1 个                          // 拾取正三角形
```

```
选择对象：✓                                              // 按 Enter 键
指定基点：                                                // 捕捉基点
指定旋转角度，或 [复制(C)| 参照(R)] <0>: 30 ✓              // 指定旋转角度
```

step 03 旋转后的正三角形如图 9-49 所示。

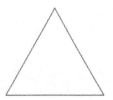
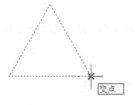
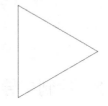

图 9-47 绘制的正三角形　　　　图 9-48 捕捉交点　　　　图 9-49 旋转后的正三角形

step 04 单击【绘图】面板中的【直线】按钮，在正交模式下，捕捉如图 9-50 所示的交点，以其为起点向左绘制长度为 60 的水平直线，向右绘制长度为 30 的水平直线，向上和向下分别绘制长度为 20 的竖直直线，完成二极管符号的绘制。

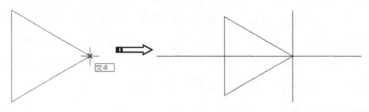

图 9-50 捕捉交点绘制直线

2. 三极管符号

半导体三极管又称双极型晶体管和晶体三极管，简称三极管，是一种控制电流的半导体器件，它的基本作用是把微弱的电信号转换成幅度较大的电信号。此外，三极管还可作为无触点开关。由于三极管具有结构牢固、寿命长、体积小及耗电量小等特点，因此被广泛应用于各种电子设备中。三极管的种类很多。按所用的半导体材料不同，可分为硅管和锗管；按结构不同，可分为 NPN 管和 PNP 管；按用途不同，可分为低频管、中频管、超高频管、大功率管、小功率管和开关管等；按封装方式不同，可分为玻璃壳封装管、金属壳封装管和塑料封装管等。

动手操练——绘制 PNP 型三极管符号

绘制如图 9-51 所示的 PNP 型三极管符号。

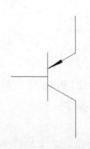

图 9-51 PNP 型三极管符号

第 9 章 制作电气符号图块

step 01 绘制一个正三角形。单击【正多边形】按钮⬠，指定圆的半径为 20。绘制的正三角形如图 9-52 所示。命令行操作提示如下：

```
命令：_POLYGON
输入边的数目 <4>：3✓                                // 指定边数为 3
指定正多边形的中点或 [边 (E)]：                       // 在屏幕上单击任意一点
输入选项 [内接于圆 (I) | 外切于圆 (C)]<I>：I✓         // 选择【内接于圆】选项
指定圆的半径：20✓                                    // 指定圆的半径
```

step 02 将正三角形顺时针旋转 30°。执行【旋转】命令↻，命令行操作提示如下：

```
命令：_ROTATE
UCS 当前的正角方向：ANGDIR= 逆时针  ANGBASE=0
选择对象：找到 1 个                                   // 选择对象
选择对象：✓                                          // 按 Enter 键
指定基点：                                            // 捕捉如图 9-53 所示的交点
指定旋转角度，或 [复制 (C) | 参照 (R)] <0>：-30✓      // 指定旋转角度，结果如图 9-54 所示
```

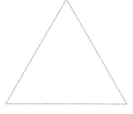
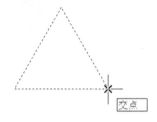
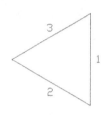

图 9-52 绘制的正三角形　　　图 9-53 捕捉交点　　　图 9-54 旋转结果

step 03 单击【分解】按钮，将正三角形分解为独立的 3 条直线。

step 04 对直线 1 进行偏移操作，结果如图 9-55 所示。单击【偏移】按钮，命令行操作提示如下：

```
命令：_OFFSET
当前设置：删除源 = 否  图层 = 源  OFFSETGAPTYPE=0
指定偏移距离或 [通过 (T) | 删除 (E) | 图层 (L)] <通过>：20✓    // 指定偏移距离
选择要偏移的对象，或 [退出 (E) | 放弃 (U)] <退出>：             // 选择直线 1
指定要偏移的那一侧上的点，或 [退出 (E) | 多个 (M) | 放弃 (U)] <退出>：
// 在直线 1 的左侧单击一点
选择要偏移的对象，或 [退出 (E) | 放弃 (U)] <退出>：✓           // 按 Enter 键结束命令
```

step 05 单击【修改】面板中的【修剪】按钮，按 Enter 键确认后，修剪偏移直线左侧的部分图线，结果如图 9-56 所示。

step 06 单击【修改】面板中的【删除】按钮，删除直线 1，结果如图 9-57 所示。

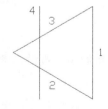
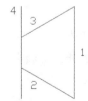
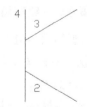

图 9-55 偏移直线 1　　　图 9-56 修剪图形　　　图 9-57 删除直线 1

step 07 单击【绘图】面板中的【直线】按钮，在正交模式下，捕捉直线 4 的中点向左绘

制 1 条直线，长度为 40，捕捉直线 2 的右侧端点向下绘制 1 条直线，长度为 40，捕捉直线 3 的右侧端点向上绘制 1 条直线，长度为 40，结果如图 9-58 所示。

step 08 单击【多段线】按钮，以直线 3 的左侧端点为起点（见图 9-59），以直线 3 的中点为终点绘制多段线，其起点宽度为 0，终点宽度为 3。命令行操作提示如下：

```
命令：_PLINE
指定起点：                                              //捕捉直线 1 与直线 3 的交点
当前线宽为 3.0000
指定下一个点或 [圆弧(A)|半宽(H)|长度(L)|放弃(U)|宽度(W)]：W↙  //选择【宽度】选项
指定起点宽度 <3.0000>：0↙                                //指定起点宽度
指定端点宽度 <0.0000>：3↙                                //指定端点宽度
指定下一个点或 [圆弧(A)|半宽(H)|长度(L)|放弃(U)|宽度(W)]：   //捕捉直线 3 的中点
指定下一点或 [圆弧(A)|闭合(C)|半宽(H)|长度(L)|放弃(U)|宽度(W)]：↙ //按 Enter 键
```

step 09 绘制完成的 PNP 型三极管符号如图 9-60 所示。

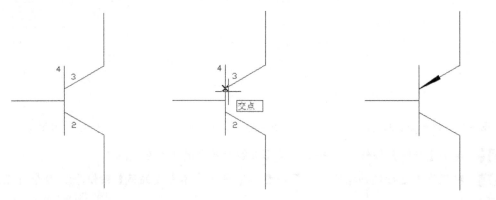

图 9-58 绘制直线　　图 9-59 捕捉起点　　图 9-60 绘制完成的 PNP 型三极管符号

3．稳压二极管符号

稳压二极管又叫齐纳二极管，利用 PN 结反向击穿状态，其电流可以在很大范围内变化而电压基本不变的现象，制成的起稳压作用的二极管。

稳压二极管是一种直到临界反向击穿电压前都具有很高电阻的半导体元件。在临界击穿点上，反向电阻降低到一个很小的数值，在这个低电阻区中电流增加而电压保持恒定。稳压二极管是根据击穿电压来分档的，因为这种特性，稳压管主要被作为稳压器或电压基准元件使用。稳压二极管可以串联起来以便在较高的电压上使用，通过串联就可以获得更高的稳定电压。

动手操练——绘制稳压二极管符号

绘制如图 9-61 所示的稳压二极管符号。

step 01 单击【正多边形】按钮，打开正交模式，绘制如图 9-62 所示的正三角形。命令行操作提示如下：

```
命令：_POLYGON
输入边的数目 <4>：3↙                                //绘制正三角形
指定正多边形的中心点或 [边(E)]：                    //在屏幕上单击任意一点
输入选项 [内接于圆(I)|外切于圆(C)] <I>：I↙          //选择【内接于圆】选项
指定圆的半径：10↙                                   //指定圆的半径
```

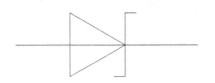

图 9-61　稳压二极管符号　　　　　　　　　图 9-62　绘制正三角形

step 02　单击【复制】按钮 ，以捕捉到的直线 AB 的中点为基准点，以 C 点为目标点复制直线 AB，结果如图 9-63 所示。

step 03　单击【绘图】面板中的【直线】按钮 ，在正交模式下，捕捉 C 点，以其为起点向上绘制长度为 20 的竖直直线，然后以该点为起点向下绘制长度为 30 的竖直直线，结果如图 9-64 所示。

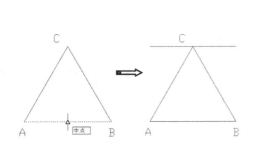
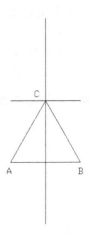

图 9-63　复制直线 AB　　　　　　　　　　　图 9-64　绘制竖直直线

step 04　单击【绘图】面板中的【直线】按钮 ，在正交模式下，捕捉如图 9-65 所示的左端点，向上绘制 1 条直线，长度为 5。

step 05　捕捉如图 9-66 所示的右端点，向下绘制 1 条直线，长度为 5，结果如图 9-67 所示。

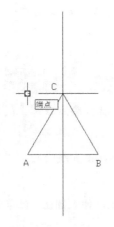
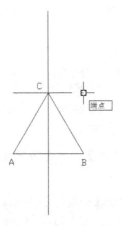
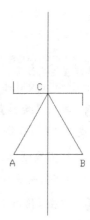

图 9-65　捕捉左端点　　　　图 9-66　捕捉右端点　　　　图 9-67　绘制直线

step 06 单击【旋转】按钮，将图形顺时针旋转90°。绘制完成的稳压二极管符号如图9-68所示。

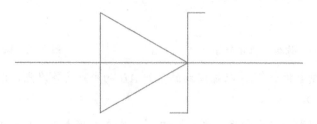

图9-68 绘制完成的稳压二极管符号

9.3.4 绘制电能的发生和转换图形符号

电能的发生和转换元器件包括绕组、发电机、变压器、变流器等，比较常用的元器件图形符号是三相绕线转子异步电动机符号、交流测速发电机符号和三绕组变压器符号。

动手操练——绘制三相绕线转子异步电动机符号

绘制如图9-69所示的三相绕线转子异步电动机符号。

图9-69 三相绕线转子异步电动机符号

step 01 单击【绘图】面板中的【圆心、半径】按钮，绘制一个圆，结果如图9-70所示。命令行操作提示如下：

```
命令：CIRCLE
指定圆的圆心或 [三点(3P)|两点(2P)|相切、相切、半径(T)]：     //单击屏幕上一点
指定圆的半径或 [直径(D)] <10.0000>：✓                        //指定圆的半径
```

step 02 单击【绘图】面板中的【直线】按钮，在正交模式下，捕捉起点在圆上的象限点，绘制长度为10的直线，结果如图9-71所示。

step 03 对直线进行偏移。单击【修改】面板中的【偏移】按钮，把直线向两侧进行偏移，偏移距离为5，结果如图9-72所示。

step 04 单击【修改】面板中的【延伸】按钮，将偏移得到的直线延伸至圆上，结果如图9-73所示。

图 9-70　绘制圆　　　　　　　　　图 9-71　绘制直线

图 9-72　偏移直线　　　　　　　　图 9-73　延伸直线

step 05　单击【修改】面板中的【镜像】按钮，以圆的水平直径为对称轴，把 3 条直线对称复制一份，结果如图 9-74 所示。

step 06　单击【修改】面板中的【偏移】按钮，把圆向外侧偏移，偏移距离为 1.2，结果如图 9-75 所示。

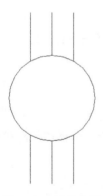
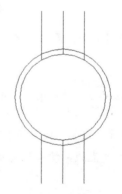

图 9-74　镜像直线　　　　　　　　图 9-75　偏移圆

step 07　单击【修改】面板中的【修剪】按钮，以外侧圆为修剪边，修剪其内部上边的线头，结果如图 9-76 所示。

step 08　单击【多行文字】按钮，输入文字、符号。然后单击【修改】面板中的【平移】按钮，将文本内容调整至合适的位置（中心位置），结果如图 9-77 所示。

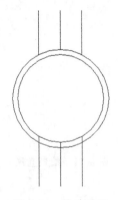

图 9-76 修剪图形　　　　　　　　　　图 9-77 添加文字符号

动手操练——绘制交流测速发电机符号

绘制如图 9-78 所示的交流测速发电机符号。

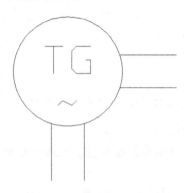

图 9-78 交流测速发电机符号

step 01 单击【绘图】面板中的【圆心、半径】按钮，绘制一个圆，结果如图 9-79 所示。命令行操作提示如下：

```
命令：CIRCLE
指定圆的圆心或 [三点(3P)|两点(2P)|相切、相切、半径(T)]：          //单击屏幕上一点
指定圆的半径或 [直径(D)] <10.0000>：✓                              //指定圆的半径
```

step 02 单击【绘图】面板中的【直线】按钮，在正交模式下，捕捉的起点在圆右侧象限点，绘制长度为 10 的直线，结果如图 9-80 所示。

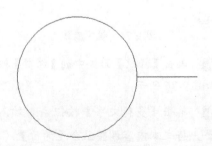

图 9-79 绘制圆　　　　　　　　　　图 9-80 绘制直线

step 03 对直线进行偏移。单击【修改】面板中的【偏移】按钮，把直线向两侧偏移，偏移距离为 3，结果如图 9-81 所示。

step 04 单击【修改】面板中的【延伸】按钮，将偏移得到的直线延伸至圆上，结果如图 9-82 所示。

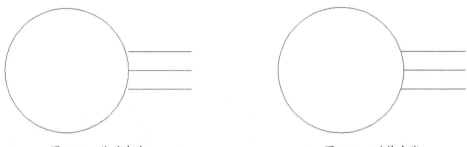

图 9-81 偏移直线　　　　　　　图 9-82 延伸直线

step 05 单击【修改】面板中的【删除】按钮，删除中间的直线，结果如图 9-83 所示。

step 06 按同样的方法绘制位于圆下侧的 2 条直线，结果如图 9-84 所示。

图 9-83 删除中间的直线　　　　　图 9-84 绘制垂直直线

step 07 单击【绘图】面板中的【多行文字】按钮，输入文字、符号。然后单击【修改】面板中的【平移】按钮，将文本内容调整至合适位置（中心位置）。绘制完成的交流测速发电机符号如图 9-85 所示。

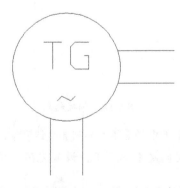

图 9-85 绘制完成的交流测速发电机符号

动手操练——绘制三绕组变压器符号

绘制如图 9-86 所示的三绕组变压器符号。

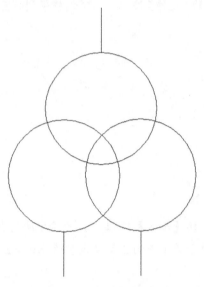

图 9-86 三绕组变压器符号

step 01 单击【绘图】面板中的【圆心、半径】按钮⊙，绘制一个圆，结果如图 9-87 所示。命令行操作提示如下：

```
命令：_CIRCLE
指定圆的圆心或 [三点(3P)|两点(2P)|相切、相切、半径(T)]：     //单击屏幕上一点
指定圆的半径或 [直径(D)]：10✓                              //指定圆的半径
```

step 02 单击【绘图】面板中的【直线】按钮，绘制起点在如图 9-88 所示象限点，垂直向上且长度为 8 的直线，结果如图 9-89 所示。

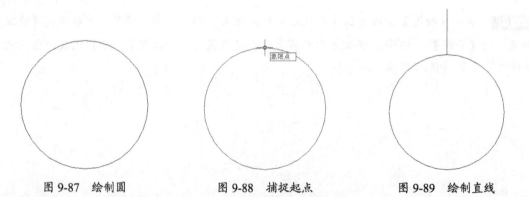

图 9-87 绘制圆　　　　图 9-88 捕捉起点　　　　图 9-89 绘制直线

step 03 阵列圆。单击【修改】面板中的【环形阵列】按钮，选取要阵列的圆并按 Enter 键后，指定阵列的中心点，弹出【阵列创建】选项卡。设置完阵列参数，再按 Enter 键即可完成环形阵列，如图 9-90 所示。

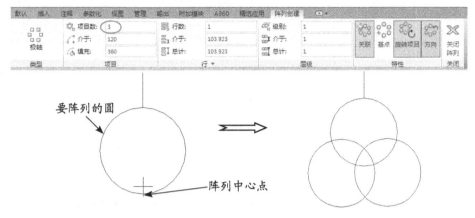

图 9-90 环形阵列圆

step 04 单击【修改】面板中的【复制】按钮，以直线上端点为复制基准点，如图 9-91、图 9-92 所示的捕捉点为复制目标点，把直线段向下复制 2 份。至此，完成了三绕组变压器符号的绘制。

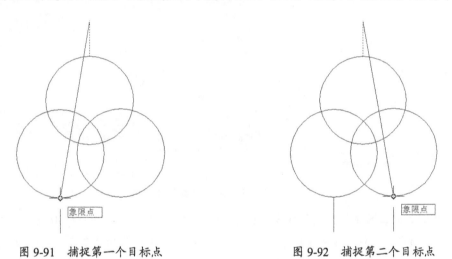

图 9-91 捕捉第一个目标点　　　　图 9-92 捕捉第二个目标点

9.3.5 绘制开关、控制和保护装置图形符号

常见的开关、控制和保护装置的图形符号包括触点符号、开关装置符号、控制装置符号、继电器符号、接触器符号、熔断器符号、避雷器符号等。下面介绍单极开关符号和多极开关符号的绘制。

动手操练——绘制单极开关符号

绘制如图 9-93 所示的单极开关符号。

step 01 单击【绘图】面板中的【直线】按钮，打开正交模式。绘制 3 条长度均为 20 的相连直线，结果如图 9-94 所示。

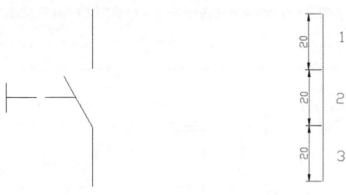

图 9-93 单极开关符号　　　　　　　图 9-94 绘制 3 条相连的直线

step 02 单击【特性】面板中的【线型】下拉按钮，在弹出的下拉列表中选择【其他】选项，弹出【线型管理器】对话框，然后单击【加载】按钮，如图 9-95 所示。

图 9-95 打开【线型管理器】对话框

step 03 在随后弹出的【加载或重载线型】对话框中选择 ACAD_ISO02W100 线型，如图 9-96 所示，单击【确定】按钮，返回【线型管理器】对话框。选中加载的 ACAD_ISO02W100 线型，再单击【当前】按钮，就可以将当前线型设置为虚线，最后单击【线型管理器】对话框中的【确定】按钮完成线型的加载，如图 9-97 所示。

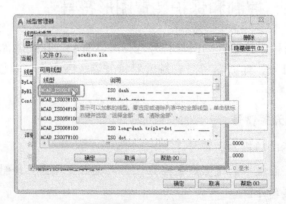

图 9-96 加载线型

第 9 章 制作电气符号图块

图 9-97 将 ACAD_ISO02W100 线型置为当前

step 04 单击【直线】按钮，在正交模式下，捕捉直线 2 的中点，以其为起点向左绘制一条长度为 30 的直线 4，结果如图 9-98 所示。

step 05 选中 Continuous 置为当前线型。单击【直线】按钮，在正交模式下，捕捉直线 4 的端点为起点，分别向上和向下绘制长度均为 5 的短实线，结果如图 9-99 所示。

图 9-98 绘制虚线　　　　　　　　　　图 9-99 绘制短实线

step 06 执行【旋转】命令，将直线 2 以如图 9-100 所示捕捉点为基点逆时针旋转 30°，结果如图 9-101 所示。

图 9-100 捕捉基点　　　　　　　　　图 9-101 旋转直线 2

step 07 单击【修改】面板中的【修剪】按钮，以直线 2 为修剪边对直线 4 进行修剪，结果如图 9-102 所示。至此，完成单极开关符号的绘制。

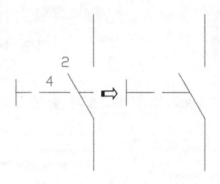

图 9-102　修剪完成的结果

动手操练——绘制多极开关符号

绘制如图 9-103 所示的多极开关符号。

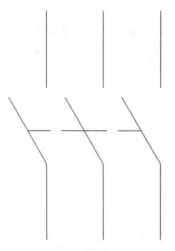

图 9-103　多极开关符号

step 01　单击【直线】按钮，然后单击状态栏中的【正交模式】按钮。绘制 3 条长度均为 20 的相连直线，如图 9-104 所示。

step 02　单击【修改】面板中的【旋转】按钮，逆时针旋转直线 2，结果如图 9-105 所示。

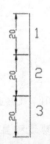　　　　　　　　　　　　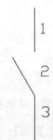

图 9-104　绘制 3 条相连的直线　　　　　图 9-105　旋转直线 2

step 03 阵列图形。单击【修改】面板中的【矩形阵列】按钮，选中要阵列的直线，然后按 Enter 键，弹出【阵列创建】选项卡。在【阵列创建】选项卡中设置矩形阵列参数，按 Enter 键即可完成矩形阵列，如图 9-106 所示。

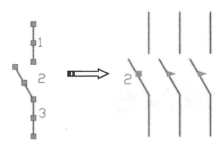

图 9-106 矩形阵列图形

step 04 参考绘制单极开关符号过程中所采用的方法，将当前线型设置为虚线，线型为 ACAD_ISO02W100。

step 05 单击【直线】按钮，捕捉两侧直线 2 和直线 4 的中点，并用虚线连接起来，最终结果如图 9-107 所示。

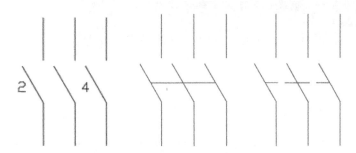

图 9-107 绘制直线并改变线型

第 10 章
电气图的文字注释

本章内容

电气图绘制完成后,还要添加说明文字和明细表格,这样才算是一张完整的电气工程图。本章将着重介绍 AutoCAD 2020 中文字和表格的添加与编辑,使读者详细了解文字样式、表格样式的编辑方法。

知识要点

- ☑ 文字概述
- ☑ 使用文字样式
- ☑ 单行文字
- ☑ 多行文字
- ☑ 符号与特殊符号
- ☑ 表格

10.1 文字概述

文字注释是 AutoCAD 图形中很重要的图形元素，也是机械工程图、电气工程图、建筑工程图等制图中不可或缺的重要组成部分。在一张完整的图样中，通过包括一些文字注释来标注图样中的一些非图形信息。例如，机械工程图中的技术要求、装配说明、标题栏信息、选项卡，以及建筑工程图中的材料说明、施工要求等。

文字注释功能可以通过【文字】面板、【文字】工具条选择相应命令进行调用，也可以在菜单栏中选择【绘图】|【文字】命令，在弹出的【文字】菜单中选择。【文字】面板如图 10-1 所示，【文字】工具条如图 10-2 所示。

图 10-1 【文字】面板

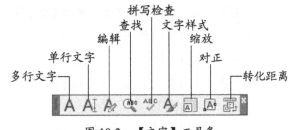

图 10-2 【文字】工具条

图形注释文字包括单行文字和多行文字。对于不需要多种字体或多行的简短项，可以创建单行文字。对于较长、较为复杂的内容，可以创建多行文字或段落文字。

在创建单行文字或多行文字之前，需要指定文字样式并设置对齐方式，文字样式设置文字对象的默认特征。

10.2 使用文字样式

在 AutoCAD 中，所有文字都有与之相关联的文字样式。文字样式包括文字的字体、字型、高度、宽度系数、倾斜角、反向、倒置及垂直等参数。在图形中输入文字时，当前的文字样式决定输入文字的字体、字号、角度、方向和其他文字特征。

10.2.1 创建文字样式

在创建文字注释和尺寸标注时，AutoCAD 通常使用当前的文字样式，用户也可以根据具体要求重新设置文字样式或创建新的样式。文字样式的创建、修改是通过【文字样式】对话框来实现的，如图 10-3 所示。

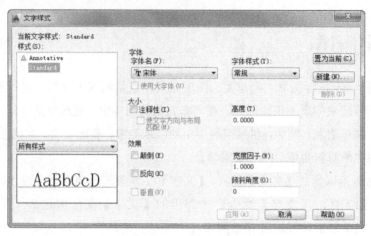

图 10-3 【文字样式】对话框

用户可以通过如下方式打开【文字样式】对话框。

● 菜单栏：选择【格式】|【文字样式】命令。
● 工具条：单击【文字样式】按钮 。
● 面板：在【默认】选项卡的【注释】面板中单击【文字样式】按钮 。
● 命令行：输入 STYLE。

【字体】选项组用于设置字体名及字体样式等属性。其中，【字体名】选项的下拉列表中列出了 FONTS 文件夹中所有注册的 TrueType 字体和所有编译的形（shx）字体的字体族名。【字体样式】选项用于指定字体格式，如粗体、斜体等。【使用大字体】复选框用于指定亚洲语言的大字体文件，只有在【字体名】下拉列表中选择带有 shx 后缀的字体文件，该复选框才会被激活，如选择 iso.shx。

10.2.2 修改文字样式

修改多行文字对象的文字样式时，已更新的设置将应用到整个对象中，单个字符的某些格式可能会被保留，也可能不会被保留。例如，颜色、堆叠和下画线等格式将继续使用原格式，而粗体、字体、高度及斜体等格式将随着修改的格式而发生改变。

可以在【文字样式】对话框中修改现有的样式，也可以通过更新使用该文字样式的现有文字来反映修改的效果。

技巧点拨：
某些样式设置对多行文字和单行文字对象的影响不同。例如，修改【颠倒】和【反向】选项对多行文字对象无影响，修改【宽度因子】和【倾斜角度】选项对单行文字无影响。

10.3 单行文字

对于不需要多种字体或多行的简短项，可以创建单行文字。使用【单行文字】命令创建文本时，可以创建单行文字，也可以创建出多行文字，但创建的多行文字的每行都是独立的，可对其进行单独编辑。使用【单行文字】命令创建的单行文字如图 10-4 所示。

图 10-4　使用【单行文字】命令创建的单行文字

10.3.1 创建单行文字

使用【单行文字】命令可以输入单行文本，也可以输入多行文本。在文字创建过程中，可以在图形窗口中选择一个点作为文字的起点，并输入文本，通过按 Enter 键来结束每行，若要停止命令，则按 Esc 键。单行文字的每行文字都是独立的对象，可以重新定位、调整格式或进行其他修改。

执行【单行文字】命令主要有以下几种方式。
- 菜单栏：选择【绘图】|【文字】|【单行文字】命令。
- 工具条：单击【单行文字】按钮 。
- 面板：在【注释】选项卡的【文字】面板中单击【单行文字】按钮 。
- 命令行：输入 TEXT。

执行 TEXT 命令，命令行将显示如下操作提示：

```
命令：TEXT
当前文字样式：【Standard】    文字高度：2.5000    注释性：否         // 文字样式设置
指定文字的起点或 [对正(J)/样式(S)]：                                // 文字选项
```

上述操作提示中各选项的含义如下。
- 文字的起点：指定文字对象的起点。当指定文字的起点后，命令行显示【指定高度 <2.5000>：】，若要另行输入高度值，直接输入就可以创建指定高度的文字。若使用默认高度值，按 Enter 键即可。
- 对正：控制文字的对正方式。
- 样式：指定文字样式，文字样式决定文字字符的外观。使用此选项，需要在【文字样式】对话框中新建文字样式。

在操作提示中若选择【对正】选项，那么命令行会显示如下操作提示：

```
输入选项 [左(L)/居中(C)/右(R)/对齐(A)/中间(M)/布满(F)/左上(TL)/中上(TC)/
右上(TR)/左中(ML)/正中(MC)/右中(MR)/左下(BL)/中下(BC)/右下(BR)]：
```

上述操作提示中各选项的含义如下。
- 左：通过指定文字起点（整个文本的左下角点）、高度和方向来绘制文字，如图 10-5 所示。
- 布满：通过指定长度（由两点定义的基线）和高度形成的矩形区域，来绘制布满整个区域的文字，如图 10-6 所示。

图 10-5　对齐文字

图 10-6　布满文字

技巧点拨：
对于对齐文字，字符的大小根据其高度按比例调整。文字字符串越长，字符越矮。

- 右：通过指定文字起点（整个文本的右下角点）、高度和方向来绘制文字。
- 对齐：通过指定基线起点和端点确定文字角度来绘制文字。
- 居中：从基线的水平中心对齐文字，此基线是由用户给出的点指定的，另外，居中文字还可以调整其角度，如图 10-7 所示。
- 中间：文字在基线的水平中点和指定高度的垂直中点上对齐，中间对齐的文字不保持在基线上，如图 10-8 所示。另外，使用【中间】选项也可以使文字旋转。

图 10-7　居中文字

图 10-8　中间文字

其余选项表示的文字对正方式如图 10-9 所示。

图 10-9　其余选项表示的文字对正方式

10.3.2　编辑单行文字

编辑单行文字包括编辑文字的内容、对正方式及缩放比例。用户可以在菜单栏中选择【修

改】|【对象】|【文字】命令，然后在弹出的菜单中选择相应的命令来编辑单行文字。编辑单行文字的命令如图 10-10 所示。

图 10-10　编辑单行文字的命令

用户也可以在图形区中双击要编辑的单行文字，然后重新输入新内容。

1. 【编辑】命令

【编辑】命令用于编辑文字的内容。执行【编辑】命令后，选择要编辑的单行文字，即可在激活的文本框中重新输入文字，如图 10-11 所示。

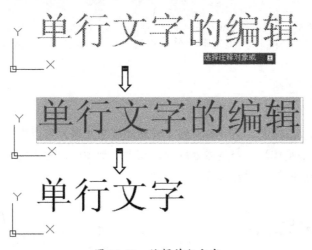

图 10-11　编辑单行文字

2. 【比例】命令

【比例】命令用于重新设置文字的图纸高度、匹配对象和比例因子，如图 10-12 所示。
命令行操作提示如下：

```
SCALETEXT
选择对象：找到 1 个
```

```
选择对象：找到 1 个 (1 个重复)，总计 1 个
选择对象：
输入缩放的基点选项
[现有 (E) / 左对齐 (L) / 居中 (C) / 中间 (M) / 右对齐 (R) / 左上 (TL) / 中上 (TC) / 右上 (TR) /
左中 (ML) / 正中 (MC) / 右中 (MR) / 左下 (BL) / 中下 (BC) / 右下 (BR)] <现有>: C
指定新模型高度或 [图纸高度 (P) / 匹配对象 (M) / 比例因子 (S)] <1856.7662>:
1 个对象已更改
```

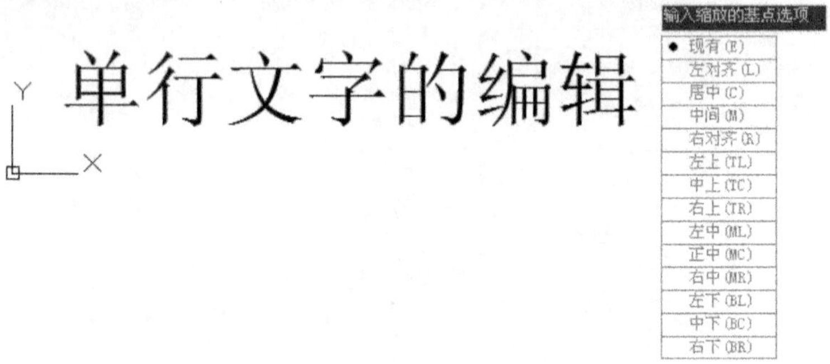

图 10-12 设置单行文字的比例

3.【对正】命令

【对正】命令用于更改文字的对正方式。执行【对正】命令，选择要编辑的单行文字后，图形区显示对齐菜单。命令行操作提示如下：

```
命令：_JUSTIFYTEXT
选择对象：找到 1 个
选择对象：
输入对正选项
[左对齐 (L) / 对齐 (A) / 布满 (F) / 居中 (C) / 中间 (M) / 右对齐 (R) / 左上 (TL) / 中上 (TC) / 右
上 (TR) / 左中 (ML) / 正中 (MC) / 右中 (MR) / 左下 (BL) / 中下 (BC) / 右下 (BR)] <居中>:
```

10.4 多行文字

多行文字又称为段落文字，是一种更易于管理的文字对象，可以由 2 行或 2 行以上的文字组成，而且各行文字都是作为一个整体处理的。在电气制图中，常使用多行文字功能创建较为复杂的文字说明，如图样的技术要求等。

10.4.1 创建多行文字

在 AutoCAD 2020 中，多行文字的创建与编辑功能得到了增强。执行【多行文字】命令主要有以下几种方式。

- 菜单栏：选择【绘图】|【文字】|【多行文字】命令。
- 工具条：单击【多行文字】按钮 A。
- 面板：在【注释】选项卡的【文字】面板中单击【多行文字】按钮 A。
- 命令行：输入 MTEXT。

执行 MTEXT 命令，命令行显示相应的操作信息，提示用户需要在图形窗口中指定多行文字的输入起点与段落对角点。指定点后，程序会自动打开【文字编辑器】选项卡（见图 10-13）和在位文字编辑器（见图 10-14）。

图 10-13　【文字编辑器】选项卡

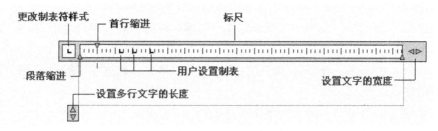

图 10-14　在位文字编辑器

【文字编辑器】选项卡中包括【样式】、【格式】、【段落】、【插入】、【拼写检查】、【工具】、【选项】和【关闭】面板。

1.【样式】面板

【样式】面板用于设置当前多行文字样式、注释性和文字高度，如图 10-15 所示。

图 10-15　【样式】面板

【样式】面板中各命令的含义如下。
- 文字样式列表：向多行文字对象应用文字样式。在默认情况下，文字样式列表中有 2 种文字样式，用户可以根据需求选择其中一种文字样式或提前新建文字样式，单击【展开】按钮，在弹出的样式列表中选择可用的文字样式。
- 注释性：单击【注释性】按钮，打开或关闭当前多行文字对象的注释性。
- 文字高度下拉列表：按图形单位设置新文字的字符高度或修改选定文字的高度。用户可以在文本框中输入新的文字高度来替代当前文本高度。
- 遮罩：向文字编辑器的背景添加颜色遮罩。

2.【格式】面板

【格式】面板用于设置字体的大小、粗细、颜色、下画线、倾斜角度、宽度因子等格式，如图 10-16 所示。

图 10-16 【格式】面板

【格式】面板中各命令的含义如下。

- 匹配：单击此按钮可以将当前文字样式和属性匹配给其他文字。
- 粗体：开启和关闭新文字或选定文字的粗体格式。此选项仅适用于使用 TrueType 字体的字符。
- 斜体：打开和关闭新文字或选定文字的斜体格式。此选项仅适用于使用 TrueType 字体的字符。
- 下画线：打开和关闭新文字或选定文字的下画线。
- 上画线：打开和关闭新文字或选定文字的上画线。
- 删除线：向文字添加删除线标记。
- 上标：将选定的文字转为上标。
- 下标：将选定的文字转为下标。
- 改变大小写：此命令用于更改英文字母的大小写。
- 清除：单击此按钮可以清除文字段落和字符格式等。
- 【字体】列表框：为新输入的文字指定字体或改变选定文字的字体。单击下拉按钮，弹出文字字体下拉列表，如图 10-17 所示。
- 【颜色】列表框：指定新输入的文字的颜色或更改选定文字的颜色。单击下拉按钮，弹出字体颜色下拉列表，如图 10-18 所示。

图 10-17 文字字体下拉列表

图 10-18 文字颜色下拉列表

- 倾斜角度：确定文字是向前倾斜还是向后倾斜。倾斜角度表示的是相对于 90°方向的偏移角度。输入一个 -85 到 85 之间的数值使文字倾斜。倾斜角度的值为正时文字向右倾斜，倾斜角度的值为负时文字向左倾斜。

- 追踪：增大或减小选定字符之间的空间。1.0 是常规间距。设置为大于 1.0 可增加间距，设置为小于 1.0 可减小间距。
- 宽度因子：扩展或收缩选定字符。1.0 代表此字体中字母的常规宽度。

3．【段落】面板

【段落】面板中包含段落的对正、行距的设置、段落格式设置、段落对齐，以及段落的分布、编号等功能。在【段落】面板的右下角单击按钮，会弹出【段落】对话框，如图 10-19 所示。【段落】对话框可以为段落和段落的第一行设置缩进，指定制表位和缩进，以及控制段落对齐方式、段落间距和段落行距等。

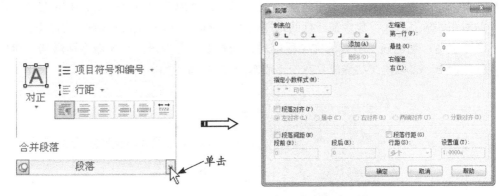

图 10-19　【段落】面板与【段落】对话框

【段落】面板中各命令的含义如下。
- 对正：单击【对正】按钮会弹出【对正】菜单，如图 10-20 所示。
- 行距：单击此按钮，会显示程序提供的默认间距值菜单，如图 10-21 所示。如果选择菜单中的【更多】命令，则弹出【段落】对话框，在该对话框中可以设置段落行距。

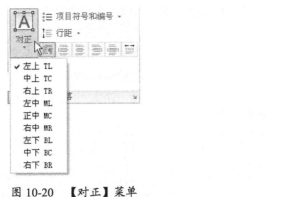

图 10-20　【对正】菜单

图 10-21　【行距】菜单

> **技巧点拨：**
> 行距是多行段落中文字的上一行底部和下一行顶部之间的距离。在 AutoCAD 2007 及早期版本中，并不是所有针对段落和段落行距的新选项都受到支持。

- 项目符号和编号：单击此按钮会显示用于创建列表的选项菜单，如图 10-22 所示。

图 10-22 【编号】菜单

- 左对齐、居中、右对齐、分布对齐：设置当前段落或选定段落的左、中或右文字边界的对正和对齐方式。包含在一行的末尾输入的空格，这些空格会影响行的对正。
- 合并段落：当创建了多行的文字段落时，选择要合并的段落，此命令被激活，然后选择此命令，多段落文字变成只有一个段落的文字，如图 10-23 所示。

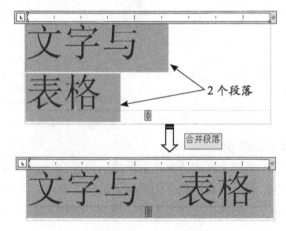

图 10-23 合并段落

4. 【插入】面板

【插入】面板主要用于插入字符、列、字段的设置，如图 10-24 所示。

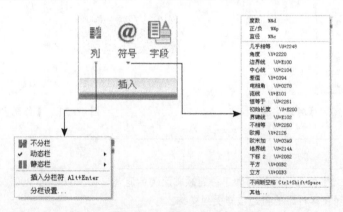

图 10-24 【插入】面板

【插入】面板中各命令的含义如下。

- 列：单击此按钮会显示弹出的【列】菜单，该菜单提供了 3 个栏选项：不分栏、静态栏和动态栏。
- 符号：在光标位置插入符号或不间断空格，也可以手动插入符号。单击此按钮会弹出【符号】菜单。
- 字段：单击此按钮会打开【字段】对话框，从中可以选择要插入文字中的字段。

5. 【拼写检查】、【工具】和【选项】面板

【拼写检查】、【工具】和【选项】面板主要用于字体的拼写检查、查找和替换，以及文字的编辑等，如图 10-25 所示。

图 10-25　【拼写检查】、【工具】和【选项】面板

【拼写检查】、【工具】和【选项】面板中各命令的含义如下。

- 拼写检查：打开或关闭【拼写检查】状态。在文字编辑器中输入文字时，使用该功能可以检查拼写错误。例如，在输入有拼写错误的文字时，该段文字下将以红色虚线标记，如图 10-26 所示。
- 编辑词典：用于管理当前文字拼写检查时的词语是否与默认词典中的词语相匹配。也可以更改当前主词典来检查语言的拼写。
- 查找和替换：单击此按钮，可弹出【查找和替换】对话框，如图 10-27 所示。在该对话框中输入字体以查找并替换。

图 10-26　虚线表示有错误的拼写

图 10-27　【查找和替换】对话框

- 更多：单击此按钮，显示其他文字选项列表。
- 标尺：在编辑器顶部显示标尺。拖动标尺末尾的箭头可更改多行文字对象的宽度。
- 放弃：放弃在【多行文字】选项卡中执行的操作，包括对文字内容或文字格式的更改。
- 重做：重做在【多行文字】选项卡中执行的操作，包括对文字内容或文字格式的更改。

6. 【关闭】面板

【关闭】面板中只有一个选项命令，即【关闭文字编辑器】命令，执行该命令，将关闭【文字编辑器】选项卡。

10.4.2 编辑多行文字

多行文字的编辑，可以通过在菜单栏中选择【修改】|【对象】|【文字】|【编辑】命令，或者在命令行中输入 DDEDIT，并选择创建的多行文字，打开多行文字编辑器，然后修改并编辑文字的内容、格式、颜色等特性。

用户也可以在图形窗口中双击多行文字，以此打开文字编辑器。

10.5 符号与特殊字符

在工程图标注中，往往需要标注一些特殊的符号和字符，如度的符号【°】、公差符号【±】或直径符号【φ】，从键盘上不能直接输入。AutoCAD 通过输入控制代码或 Unicode 字符串可以输入这些特殊字符或符号。

AutoCAD 常用标注符号的控制代码、字符串及符号如表 10-1 所示。

表 10-1 AutoCAD 常用标注符号

控制代码	字符串	符号
%%C	\U+2205	直径（φ）
%%D	\U+00B0	度（°）
%%P	\U+00B1	公差（±）

若要插入其他的数学、数字符号，可以在展开的【插入】面板中单击【符号】按钮，或者在右键菜单中选择【符号】命令，或者在文本编辑器中输入适当的 Unicode 字符串。表 10-2 所示为常见的数学、数字符号及字符串。

表 10-2 常见的数学、数字符号及字符串

名称	符号	Unicode 字符串	名称	符号	Unicode 字符串
约等于	≈	\U+2248	界碑线	M	\U+E102
角度	∠	\U+2220	不相等	≠	\U+2260
边界线	BL	\U+E100	欧姆	Ω	\U+2126
中心线	℄	\U+2104	欧米加	Ω	\U+03A9
增量	△	\U+0394	地界线	PL	\U+214A
电相位	φ	\U+0278	下标 2	5_2	\U+2082
流线	FL	\U+E101	平方	5^2	\U+00B2
恒等于	≌	\U+2261	立方	5^3	\U+00B3
初始长度	⌒	\U+E200			

用户还可以通过 Windows 提供的软键盘来输入特殊字符，先将 Windows 的文字输入法设为【智能 ABC】，用鼠标右键单击【定位】按钮，然后在弹出的快捷菜单中选择【软键盘】命令，打开对应的软键盘后，即可输入所需要的字符，如图 10-28 所示。打开的【数学符号】软键盘如图 10-29 所示。

图 10-28　右键菜单命令

图 10-29　【数学符号】软键盘

10.6　表格

表格是由包含注释（以文字为主，也包含多个块）的单元构成的矩形阵列。在 AutoCAD 2020 中，可以使用【表格】命令建立表格，还可以从应用软件 Microsoft Excel 中直接复制表格，并将其作为 AutoCAD 表格对象粘贴到图形中。此外，还可以输出来自 AutoCAD 的表格数据，以供在 Microsoft Excel 或其他应用程序中使用。

10.6.1　新建表格样式

表格样式控制一个表格的外观，用于保证标准的字体、颜色、文本、高度和行距。可以使用默认的表格样式，也可以根据需要自定义表格样式。

创建新的表格样式时，可以指定一个起始表格。起始表格是图形中用作设置新表格样式格式的样例的表格。一旦选定表格，用户即可指定要从此表格复制到表格样式的结构和内容。表格样式是在【表格样式】对话框中创建的，如图 10-30 所示。

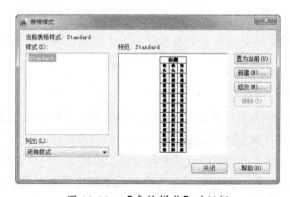

图 10-30　【表格样式】对话框

执行【表格样式】命令主要有以下几种方式。
- 菜单栏：选择【格式】|【表格样式】命令。
- 面板：在【注释】选项卡的【表格】面板中单击【表格样式】按钮 。
- 命令行：输入 TABLESTYLE。

执行 TABLESTYLE 命令，程序会弹出【表格样式】对话框。单击该对话框中的【新建】按钮会弹出【创建新的表格样式】对话框，如图 10-31 所示。

图 10-31　【创建新的表格样式】对话框

在【创建新的表格样式】对话框的【新样式名】文本框中输入【表格样式】，单击【继续】按钮，即可在随后弹出的【新建表格样式：表格样式】对话框中设置相关选项，以此创建新的表格样式，如图 10-32 所示。

图 10-32　【新建表格样式：表格样式】对话框

【新建表格样式】对话框中包含 3 个选项组和 1 个预览区域，下面对 3 个选项组依次展开介绍。

1.【起始表格】选项组

【起始表格】选项组使用户可以在图形中指定一个表格用作样例来设置此表格样式的格式。选择表格后，可以指定要从该表格复制到表格样式的结构和内容。

单击【选择一个表格用作此表格样式的起始表格】按钮 ，程序暂时关闭【新建表格样式】对话框，用户在图形窗口中选择表格后，会再次弹出【新建表格样式】对话框。单击【从此表格样式中删除起始表格】按钮 ，可以将表格从当前指定的表格样式中删除。

2. 【常规】选项组

【常规】选项组用于更改表格的方向。【表格方向】下拉列表中包括【向上】和【向下】这 2 个方向选项，如图 10-33 所示。

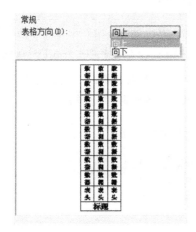
表格方向向上

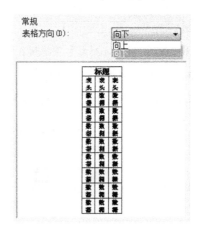
表格方向向下

图 10-33　【常规】选项卡

3. 【单元样式】选项组

【单元样式】选项组既可以定义新的单元样式或修改现有单元样式，也可以创建任意数量的单元样式。该选项组中包含 3 个小的选项卡：【常规】、【文字】和【边框】选项卡，如图 10-34 所示。

【常规】选项卡

【文字】选项卡

【边框】选项卡

图 10-34　【常规】、【文字】和【边框】选项卡

【常规】选项卡主要设置表格的特性（如填充颜色、对齐方式、格式、类型）及页边距等。【文字】选项卡主要设置表格中文字的样式、高度、颜色、角度等特性。【边框】选项卡主要设置表格的线宽、线型、颜色及间距等特性。

【单元样式】下拉列表中列出了多个表格样式，用户可以自行选择合适的表格样式，如图 10-35 所示。

单击【创建新单元样式】按钮，可在弹出的【创建新单元样式】对话框中输入新样式名，以创建新样式，如图 10-36 所示。

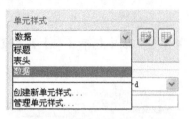
图 10-35 【单元样式】下拉列表

图 10-36 【创建新单元样式】对话框

若单击【管理单元样式】按钮,则弹出【管理单元样式】对话框,该对话框会显示当前表格样式中的所有单元样式,如图 10-37 所示,用户可以创建或删除单元样式。

图 10-37 【管理单元样式】对话框

【单元样式预览】选项用于显示当前表格样式设置效果的样例。

10.6.2 创建表格

表格是在行和列中包含数据的对象。创建表格对象,首先要创建一个空表格,然后在其中添加要说明的内容。

执行【表格】命令主要有以下几种方式。
- 菜单栏:选择【绘图】|【表格】命令。
- 面板:在【注释】选项卡的【表格】面板中单击【表格】按钮。
- 命令行:输入 TABLE。

执行 TABLE 命令,程序会弹出【插入表格】对话框,如图 10-38 所示。该对话框中包括【表格样式】、【插入选项】、【预览】、【插入方式】、【列和行设置】及【设置单元样式】选项组。
- 【表格样式】选项组:从要创建表格的当前图形中选择表格样式。通过单击下拉列表旁边的下拉按钮,用户可以创建新的表格样式。
- 【插入选项】选项组:指定插入选项的方式,包括【从空表格开始】、【自数据链接】和【自图形中的对象数据(数据提取)】这 3 种方式。
- 【预览】选项组:显示当前表格样式的样例。
- 【插入方式】选项组:指定表格位置,包括【指定插入点】和【指定窗口】这 2 种方式。

- 【列和行设置】选项组：设置列和行的数目与大小。
- 【设置单元样式】选项组：对于那些不包含起始表格的表格样式，需要指定新表格中行的单元格式。

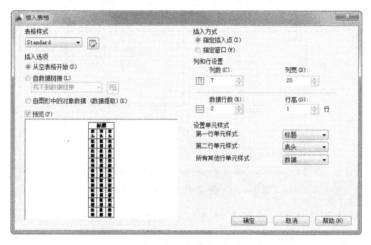

图 10-38 【插入表格】对话框

技巧点拨：
表格样式的设置尽量遵循国际标准或国家标准。

动手操练——绘制设备元件表

电气线路图中使用的各种元件都要造册登记，详细标明名称、型号和参数，构建设备元件表，既便于采购部门安排进货，也便于财务部门核算成本。电气线路图是电气工程图的重要组成部分。设计者可以使用表格绘制命令绘制表格，然后逐一添加内容，最终完成整个表格。

step 01 新建一个空白文件。

step 02 在【注释】选项卡的【表格】面板中单击【表格样式】按钮，弹出【表格样式】对话框。单击【表格样式】对话框中的【新建】按钮，会弹出【创建新的表格样式】对话框，在该对话框的【新样式名】文本框中输入【表格】，如图 10-39 所示。

图 10-39 【创建新的表格样式】对话框

step 03 单击【继续】按钮会弹出【新建表格样式：表格】对话框，在该对话框的【单元样式】选项组的【文字】选项卡中将【文字颜色】设置为红色，在【边框】选项卡中将所有边框设置为蓝色，并单击【所有边框】按钮⊞，将设置的表格特性应用到新表格样式中，如图 10-40 所示。

图 10-40　设置新表格样式的特性

step 04　单击【新建表格样式：表格】对话框中的【确定】按钮，然后单击【表格样式】对话框中的【关闭】按钮，完成新表格样式的创建，如图 10-41 所示。此时，新建的表格样式被自动设为当前样式。

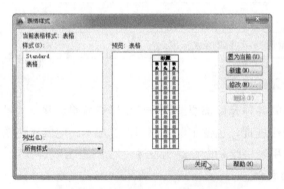

图 10-41　完成新表格样式的创建

step 05　在【注释】选项卡的【表格】面板中单击【表格】按钮，打开【插入表格】对话框，参数设置如图 10-42 所示。

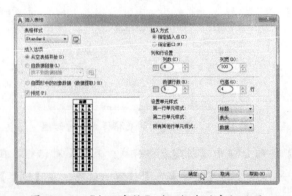

图 10-42　【插入表格】对话框中的参数设置

第 10 章 电气图的文字注释

step 06 在图形区任意位置单击即可放置表格，并弹出【文字编辑器】选项卡，在该选项卡中可以设置文字的大小和字体，如图 10-43 所示。

图 10-43 放置表格并设置表格中文字的大小和字体

step 07 在第一行中输入文字【设备元件表】之后按 Enter 键，即可在第二行第一列中输入文字，结果如图 10-44 所示。

图 10-44 输入文字【设备元件表】

step 08 在第二行第一列中输入文字【序号】之后按 Enter 键，即可输入第三行第一列中的文字，结果如图 10-45 所示。

图 10-45 输入文字【序号】

step 09 按顺序输入第一列中的所有文字，结果如图 10-46 所示。

图 10-46 输入第一列中的所有文字

step 10 双击第二列第二行的空格，如图10-47所示，然后输入文字。

	A	B	C	D	E	F	G	H
1				设 备 元 件 表				
2		1						
3								
4		2						
5								
6		4						
7		5						
8		6						

图 10-47　双击空格

step 11 按顺序输入第二列中的所有文字，结果如图10-48所示。

设 备 元 件 表							
序 号	符 号						
1	M						
2	KM						
3	FU2						
4	FU1						
5	K						
6	S1 S2						

图 10-48　输入第二列中的所有文字

step 12 参照第二列文字的输入方法，输入第三列的文字，结果如图10-49所示。

设 备 元 件 表							
序 号	符 号	名 称					
1	M	异步电动机					
2	KM	交流接触器					
3	FU2	熔 断 器					
4	FU1	熔 断 器					
5	K	热继电器					
6	S1 S2	按 钮					

图 10-49　输入第三列的文字

step 13 参照第二列文字的输入方法，输入第四列的文字，结果如图10-50所示。

设 备 元 件 表							
序 号	符 号	名 称	型 号				
1	M	异步电动机	Y				
2	KM	交流接触器	CJ10				
3	FU2	熔 断 器	RC1				
4	FU1	熔 断 器	RT0				
5	K	热继电器	JR3				
6	S1 S2	按 钮	LA2				

图 10-50　输入第四列的文字

step 14 参照第二列文字的输入方法，输入第五列的文字，结果如图10-51所示。

设备元件表					
序号	符号	名称	型号	规格	
1	M	异步电动机	Y	300V, 15kW	
2	KM	交流接触器	CJ10	300V, 40A	
3	FU2	熔断器	RC1	250V, 1A	
4	FU1	熔断器	RT0	380V, 40A	
5	K	热继电器	JR3	40A	
6	S1 S2	按钮	LA2	250V, 3A	

图 10-51　输入第五列的文字

step 15　参照第二列文字的输入方法，输入第六列的文字，结果如图 10-52 所示。

设备元件表					
序号	符号	名称	型号	规格	单位
1	M	异步电动机	Y	300V, 15kW	台
2	KM	交流接触器	CJ10	300V, 40A	个
3	FU2	熔断器	RC1	250V, 1A	个
4	FU1	熔断器	RT0	380V, 40A	个
5	K	热继电器	JR3	40A	个
6	S1 S2	按钮	LA2	250V, 3A	个

图 10-52　输入第六列的文字

step 16　参照第二列文字的输入方法，输入第七列的文字，结果如图 10-53 所示。

设备元件表						
序号	符号	名称	型号	规格	单位	数量
1	M	异步电动机	Y	300V, 15kW	台	1
2	KM	交流接触器	CJ10	300V, 40A	个	1
3	FU2	熔断器	RC1	250V, 1A	个	1
4	FU1	熔断器	RT0	380V, 40A	个	3
5	K	热继电器	JR3	40A	个	1
6	S1 S2	按钮	LA2	250V, 3A	个	2

图 10-53　输入第七列的文字

step 17　参照第二列文字的输入方法，输入第八列的文字，结果如图 10-54 所示。

设备元件表							
序号	符号	名称	型号	规格	单位	数量	备注
1	M	异步电动机	Y	300V, 15kW	台	1	
2	KM	交流接触器	CJ10	300V, 40A	个	1	
3	FU2	熔断器	RC1	250V, 1A	个	1	配熔丝1A
4	FU1	熔断器	RT0	380V, 40A	个	3	配熔丝30A
5	K	热继电器	JR3	40A	个	1	整定值25A
6	S1 S2	按钮	LA2	250V, 3A	个	2	一常开，一常闭触点

图 10-54　输入第八列的文字

10.6.3　修改表格

表格创建完成后，用户可以单击或双击该表格中的任意网格线以选中该表格，然后通过使用【特性】选项板或夹点来修改该表格。单击表格线显示的表格夹点如图 10-55 所示。

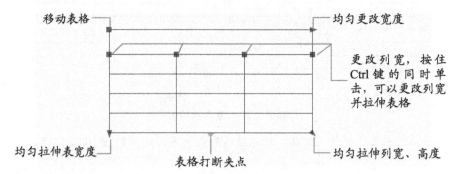

图 10-55　单击表格线显示的表格夹点

双击表格线显示的【特性】选项板和属性板，如图 10-56 所示。

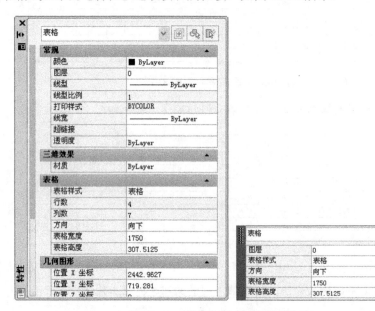

图 10-56　【特性】选项板和属性板

1. 修改表格的行与列

用户在更改表格的高度或宽度时，只有与所选夹点相邻的行或列才会更改，表格的高度或宽度均保持不变，如图 10-57 所示。

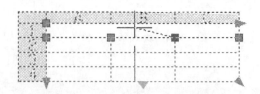

图 10-57　更改列宽时表格大小不变

使用列夹点时按住 Ctrl 键可以根据行或列的大小按比例来编辑表格的大小，如图 10-58 所示。

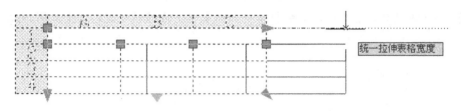

图 10-58　按住 Ctrl 键的同时拉伸列宽

2. 修改单元格

用户若要修改单元格，可在单元格内单击以选中，单元格边框的中央将显示夹点。拖动单元格上的夹点可以更改列宽和行高，如图 10-59 所示。

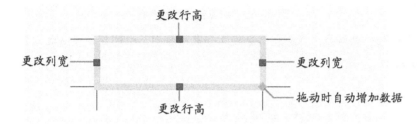

图 10-59　编辑单元格

> **技巧点拨：**
> 选择一个单元格，再按 F2 键可以编辑该单元格中的文字。

若要选择多个单元格，单击第一个单元格后，需要在多个单元格上拖动，或者按住 Shift 键并在另一个单元格内单击，也可以同时选中这两个单元格以及它们之间的所有单元格，如图 10-60 所示。

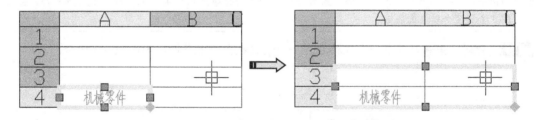

图 10-60　选择多个单元格

3. 打断表格

当表格行数太多时，用户可以将包含大量数据的表格打断成主要和次要的表格片段。使用表格底部的表格打断夹点，可以使表格覆盖图形中的多列或操作已创建的不同的表格部分。

动手操练——打断表格的操作

step 01　打开素材文件【ex-2.dwg】。

step 02 单击表格线，然后拖动表格打断夹点向表格上方移动，最终移至如图 10-61 所示的位置。

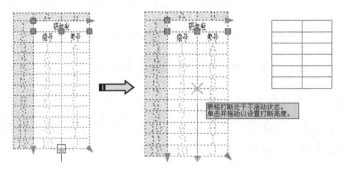

图 10-61 拖动表格打断夹点

step 03 在合适的位置单击，将原表格分成 2 个表格排列，但这 2 个表格之间仍有关联关系，如图 10-62 所示。

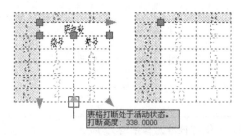

图 10-62 分成 2 个表格排列

技巧点拨：

被分隔出去的表格，其行数为原表格总数的一半。如果将打断夹点移至少于总数一半的位置，则会自动生成 3 个及 3 个以上的表格。

---

step 04 此时，若移动其中一个表格，另一个表格也会随之移动，如图 10-63 所示。

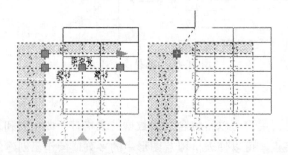

图 10-63 移动表格（一）

step 05 单击鼠标右键，在弹出的快捷菜单中选择【特性】命令，程序会弹出【特性】选项板，然后在【表格打断】选项组的【手动位置】下拉列表中选择【是】选项，如图 10-64 所示。

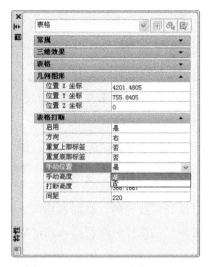

图 10-64 设置表格打断的特性

step 06 关闭【特性】选项板,移动单个表格,另一个表格不移动,如图 10-65 所示。

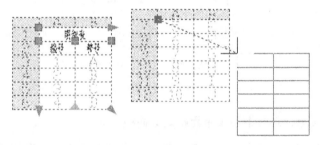

图 10-65 移动表格(二)

step 07 将打断的表格保存。

10.6.4 【表格单元】选项卡

在功能区处于活动状态时单击某个单元格,功能区将显示【表格单元】选项卡,如图 10-66 所示。

图 10-66 【表格单元】选项卡

1.【行】与【列】面板

【行】与【列】面板主要是编辑行和列,如插入行和列,或者删除行和列。【行】与【列】面板如图 10-67 所示。

图 10-67 【行】与【列】面板

【行】与【列】面板中各选项的含义如下。
- 从上方插入：在当前选定单元格或行的上方插入行，如图 10-68 所示。
- 从下方插入：在当前选定单元格或行的下方插入行，如图 10-68 所示。
- 删除行：删除当前选定行。
- 从左侧插入：在当前选定单元格或行的左侧插入列，如图 10-68 所示。
- 从右侧插入：在当前选定单元格或行的右侧插入列，如图 10-68 所示。
- 删除列：删除当前选定列。

图 10-68 插入行与列

2. 【合并】、【单元样式】与【单元格式】面板

【合并】、【单元样式】与【单元格式】面板的主要功能是合并和取消合并单元、编辑数据格式和对齐、改变单元边框的外观、锁定和解锁编辑单元，以及创建和编辑单元样式。【合并】、【单元样式】与【单元格式】面板如图 10-69 所示。

图 10-69 【合并】、【单元样式】与【单元格式】面板

【合并】、【单元样式】与【单元格式】面板中各选项的含义如下。
- 合并单元：当选择多个单元格后，该命令被激活。执行此命令，将选定单元格合并为一个大单元格，如图 10-70 所示。
- 取消合并单元：将之前合并的单元格取消合并。
- 匹配单元：将选定单元格的特性应用到其他单元格。
- 【对齐方式】列表：对单元中的内容指定对齐方式。内容相对于单元的顶部边框和底部边框进行居中对齐、上对齐或下对齐，或者相对于单元的左侧边框和右侧边框居中对齐、左对齐或右对齐。

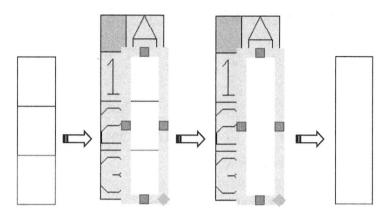

图 10-70　合并单元格的过程

- 【单元样式】列表：列出包含在当前表格样式中的所有单元样式。单元样式标题、表头和数据通常包含在任意表格样式中，并且无法删除或重命名。
- 背景填充：指定填充颜色。选择【无】选项或选择一种背景色，或者选择【选择颜色】命令，以打开【选择颜色】对话框，如图 10-71 所示。
- 编辑边框：设置选定表格单元的边界特性。单击此按钮，将弹出如图 10-72 所示的【单元边框特性】对话框。

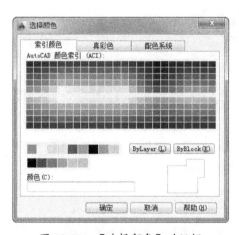

图 10-71　【选择颜色】对话框

图 10-72　【单元边框特性】对话框

- 单元锁定：锁定单元格中的内容和 / 或格式（无法进行编辑），或者对其解锁。
- 数据格式：显示数据类型列表（如【角度】、【日期】、【十进制数】格式等），从而可以设置表格行的格式。

3. 【插入】与【数据】面板

【插入】与【数据】面板中的命令所起的主要作用是插入块、字段和公式，以及将表格链接至外部数据等。【插入】与【数据】面板如图 10-73 所示。

图 10-73　【插入】与【数据】面板

【插入】与【数据】面板中各选项的含义如下。

- 块：将块插入当前选定的表格单元中，单击此按钮，将弹出【在表格单元中插入块】对话框，通过单击【浏览】按钮，查找创建的块。单击【确定】按钮即可将块插入单元格中，如图 10-74 所示。
- 字段：将字段插入当前选定的表格单元中。单击此按钮，将弹出【字段】对话框，如图 10-75 所示。

图 10-74　【在表格单元中插入块】对话框　　图 10-75　【字段】对话框

- 公式：将公式插入当前选定的表格单元中。公式必须以等号（=）开始。用于求和、求平均值和计数的公式将忽略空单元及未解析为数值的单元。

技巧点拨：

如果在算术表达式中的任何单元为空，或者包含非数字数据，则其他公式将显示错误（#）。

- 管理单元内容：显示选定单元的内容。可以更改单元内容的次序及单元内容的显示方向。
- 链接单元：将数据从在 Microsoft Excel 中创建的电子表格链接至图形中的表格。
- 从源下载：更新由已建立的数据链接中的已更改数据参照的表格单元中的数据。

10.7 综合案例：绘制小车间电气平面图

工具修磨室电气平面图用于指导如何在工具修磨室中配置电气设备。因此，应该先绘制车间的简单建筑平面图，然后在其上绘制供电线路。

在绘制本案例的小车间电气平面图之前，需要先绘制车间的墙线，然后绘制供电线路，如图 10-76 所示。

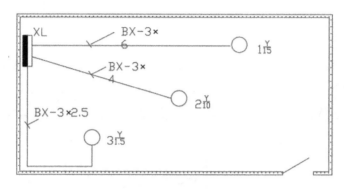

图 10-76 小车间电气平面图

step 01 绘制小车间的墙线。执行【绘图】|【多线】命令，命令行操作提示如下：

```
命令：MLINE
当前设置：对正 = 上，比例 = 20.00，样式 = STANDARD
指定起点或 [对正(J)/比例(S)/样式(ST)]: S↙
输入多线比例 <20.00>: 2↙
当前设置：对正 = 上，比例 = 2.00，样式 = STANDARD
指定起点或 [对正(J)/比例(S)/样式(ST)]:
指定下一点：  @10,0↙
指定下一点或 [放弃(U)]:  @0,100↙
指定下一点或 [闭合(C)/放弃(U)]:  @-200,0↙
指定下一点或 [闭合(C)/放弃(U)]:  @0,-100↙
指定下一点或 [闭合(C)/放弃(U)]:  @170,0↙
指定下一点或 [闭合(C)/放弃(U)]:  ↙
```

step 02 绘制的墙线如图 10-77 所示。

图 10-77 绘制的墙线

step 03 单击【绘图】面板中的【直线】按钮，绘制墙线开口处的连线，结果如图 10-78 所示。

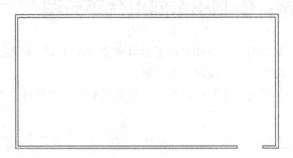

图 10-78 封闭开口

step 04 单击【绘图】面板中的【直线】按钮，绘制起点在如图 10-79 左图所示中点，终点在 @20<30 的斜线，并将其作为门线，结果如图 10-79 右图所示。

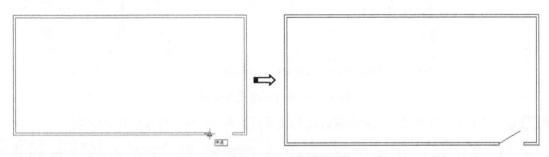

图 10-79 捕捉中点绘制门线

step 05 单击【绘图】面板中的【图案填充】按钮，弹出【图案填充创建】选项卡，按如图 10-80 所示设置参数，填充墙线，结果如图 10-81 所示。

图 10-80 设置【图案填充创建】选项卡

图 10-81 填充墙线

step 06 绘制配电箱。单击【绘图】面板中的【矩形】按钮▱，在小车间左上角绘制3×20的矩形，结果如图10-82所示。

图10-82　绘制矩形

step 07 单击【修改】面板中的【复制对象】按钮，把3×20的矩形向右复制一份，复制距离为3，结果如图10-83所示。

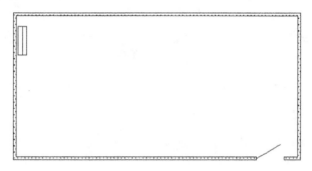

图10-83　复制矩形

step 08 单击【绘图】面板中的【圆】按钮，在小车间中绘制3个直径为6的圆作为电动机符号，结果如图10-84所示。

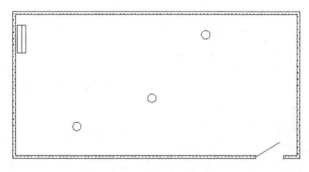

图10-84　绘制电动机符号

step 09 单击【绘图】面板中的【直线】按钮，绘制配电箱和上面2台电动机之间的连线。单击【绘图】面板中的【直线】按钮，沿墙角绘制配电箱和最下面的电动机之间的连线，结果如图10-85所示。

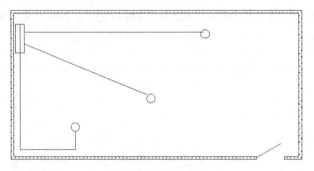

图 10-85 绘制连线

step 10 按照配电箱的画法填充矩形。单击【绘图】面板中的【图案填充】按钮，弹出【图案填充创建】选项卡，按如图 10-86 所示设置参数，使用当前颜色填充左边的矩形框，结果如图 10-87 所示。

图 10-86 设置参数

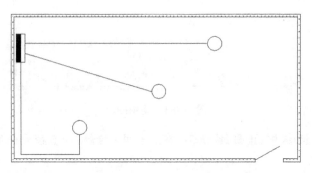

图 10-87 填充矩形

step 11 在【注释】选项卡的【文字】面板中单击【多行文字】按钮 A，输入配电箱的代号和电动机的标号及型号参数，结果如图 10-88 所示。

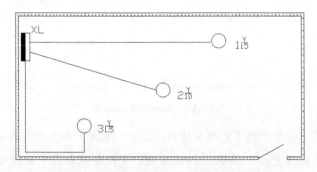

图 10-88 输入配电箱的代号和电动机的标号及型号参数

step 12 单击【文字】面板中的【多行文字】按钮 A，输入导线的型号，结果如图 10-89 所示。

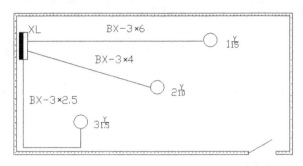

图 10-89　输入导线的型号

step 13 单击【绘图】面板中的【直线】按钮 ，绘制指示导线的箭头，结果如图 10-90 所示。

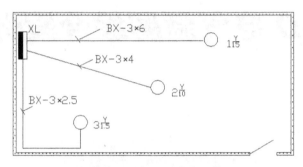

图 10-90　绘制指示导线的箭头

第 11 章
AutoCAD 电气制图综合案例

本章内容

在本章，我们将学习如何利用 AutoCAD 平台绘制电气制图，包括常见的基本电路图、电气控制图，以及机械、建筑电气图等。

知识要点

- ☑ 单片机采样线路图设计
- ☑ 液位自动控制器电路原理图设计
- ☑ 三相交流异步电动机控制电气设计
- ☑ 建筑电气设计

第 11 章　AutoCAD 电气制图综合案例

11.1　案例一：单片机采样线路图设计

随着信息化社会和知识经济的发展，单片机的应用已经渗透到各行各业，目前，单片机在民用和工业测控领域得到了广泛应用。彩电、冰箱、空调、录像机、VCD、遥控器、游戏机、电饭煲等都使用了单片机，单片机早已深深地溶入人们的日常生活之中。图 11-1 所示为某型号的 16 位单片机线路图，本节主要介绍其绘制方法，从而使读者基本掌握单片机的绘制过程。

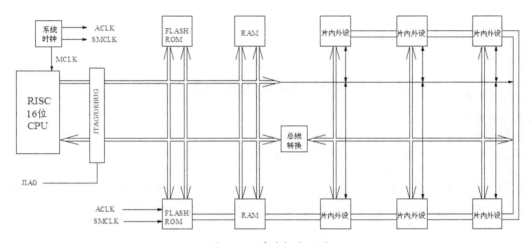

图 11-1　单片机线路图

动手操练——绘制单片机线路图

step 01　新建一个空白文件。

step 02　单击【矩形】按钮▢，先绘制一个矩形作为 RISC 的 16 位 CPU，其为矩形 1，长度为 30，宽度为 57。然后绘制矩形 2，其长度为 25，宽度为 25，结果如图 11-2 所示。

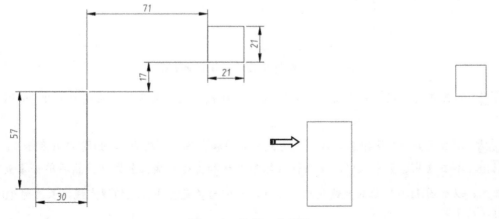

图 11-2　绘制 2 个矩形

step 03 打开正交模式,单击【复制】按钮,选中矩形 2,然后依次复制出矩形 3 ~ 矩形 11,各个矩形的排列位置如图 11-3 所示。

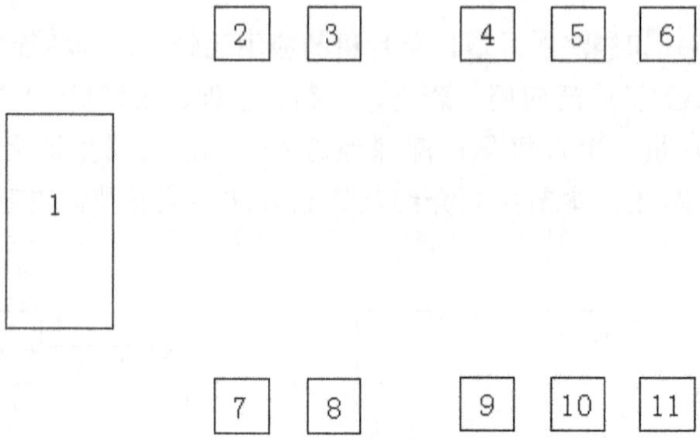

图 11-3 各个矩阵的排列位置

> 提示:
> 这些矩形所处的距离不是唯一的,排列好大致位置即可。

step 04 单击【矩形】按钮,关闭正交模式。绘制其余 3 个模块:矩形 12 与矩形 13 的长度为 20,宽度也为 20;矩形 14 的长度为 15,宽度为 90,如图 11-4 所示。

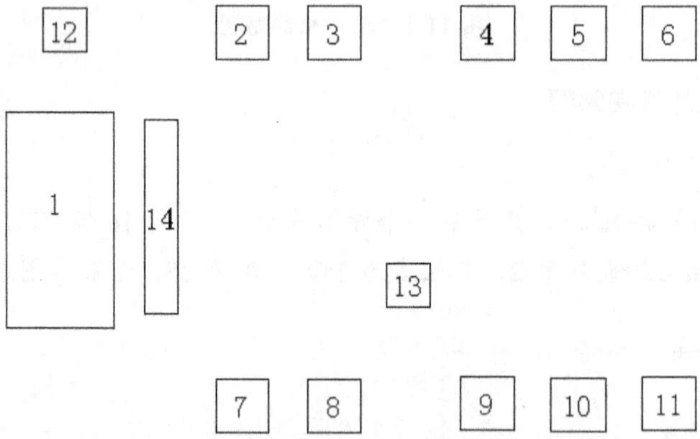

图 11-4 绘制矩形 12、矩形 13 和矩形 14

step 05 打开正交模式。单击【直线】按钮,绘制一条竖直直线,长度为 150,如图 11-5 所示。

step 06 单击【偏移】按钮,将竖直直线向右偏移,偏移距离为 2,如图 11-6 所示。

step 07 单击【状态】面板中的【极轴追踪】按钮和【对象捕捉】按钮。然后单击【直线】按钮,以如图 11-6 所示的直线端点为起点,绘制与竖直直线相连的短直线,长度为 10,如图 11-7 所示。

第 11 章　AutoCAD 电气制图综合案例

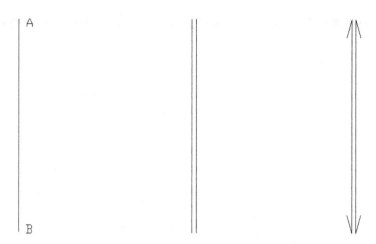

图 11-5　绘制竖直直线　　　图 11-6　偏移竖直直线　　　图 11-7　绘制短直线

step 08　单击【平移】按钮，选择如图 11-7 所示的箭头图形（总线）作为平移对象，将此图形平移到如图 11-8 所示的位置。

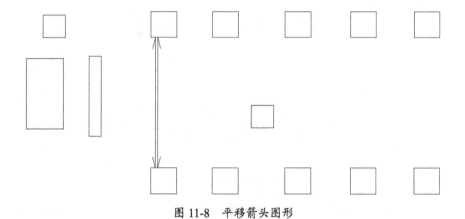

图 11-8　平移箭头图形

step 09　单击【复制】按钮，将箭头图形复制 6 份，结果如图 11-9 所示。

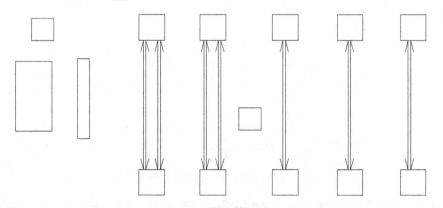

图 11-9　复制箭头图形

step 10 分别单击【直线】按钮和【偏移】按钮，依次绘制其他的箭头图形，结果如图 11-10 所示。

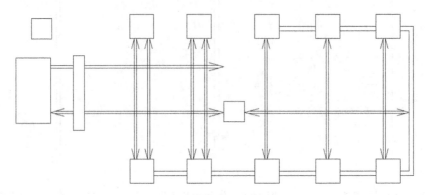

图 11-10 绘制其他的箭头图形

step 11 单击【修剪】按钮，对箭头图形之间的相交部分进行修剪，结果如图 11-11 所示。

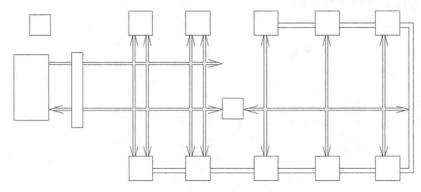

图 11-11 修剪图形

step 12 单击【多段线】按钮，绘制几条带箭头的直线连接各个模块，结果如图 11-12 所示。

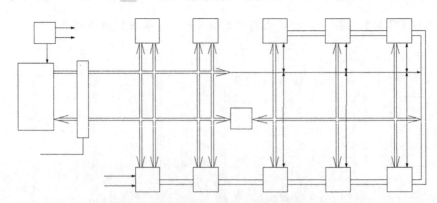

图 11-12 绘制几条带箭头的直线连接各个模块

step 13 单击【多行文字】按钮，为各模块添加注释文字。至此，完成单片机线路图的绘制，最终结果如图 11-13 所示。

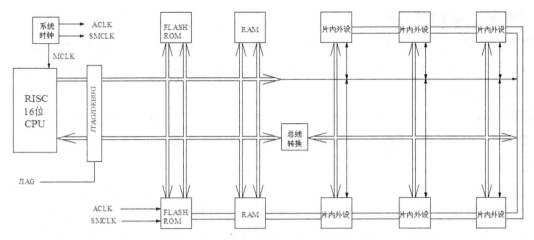

图 11-13 绘制完成的单片机线路图

11.2 案例二：液位自动控制器电路原理图设计

液位自动控制器是一种常见的自动控制装置，已经广泛应用于化学工业、水处理工业等领域。随着科学技术的发展，自动控制装置越来越多地被应用到各个领域，用于提高设备的自动化程度，有效地改善工作人员的操作条件。本节以如图 11-14 所示的某液位自动控制器的电路原理图为例，详细讲述液位自动控制器电路原理图的绘制方法及步骤。

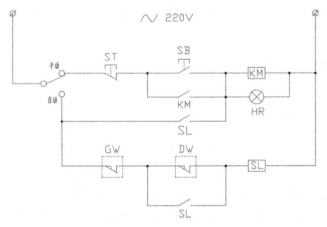

图 11-14 某液位自动控制器的电路原理图

11.2.1 设置绘图环境

在绘制各个元器件之前，需要先设置绘图环境，为元器件的绘制和元器件之间的连接做好准备。

动手操练——设置绘图环境

step 01 新建一个空白文件。执行【文件】|【新建】命令,弹出【选择样板】对话框,选择【acadiso.dwt】选项,然后单击【打开】按钮,返回绘图区域。设置保存路径,将新文件命名为【液位控制器原理图.dwg】并保存。

step 02 设置面板。在面板中的任意处单击鼠标右键,在弹出的快捷菜单中选择【标准】、【图层】、【对象特性】、【绘图】、【修改】和【注释】这6个命令,调出这些面板,并将它们移到绘图窗口中适当的位置。

step 03 设置图层。单击【图层】面板中的【图层特性】按钮,弹出【图层特性管理器】选项板,单击该选项板中的【新建图层】按钮,设置【实体符号层】、【连接线层】和【虚线层】这3个图层,各个图层的颜色、线型及线宽如图11-15所示。将【实体符号层】设置为当前图层。

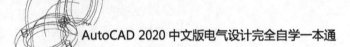

图11-15 图层设置

11.2.2 绘制常开按钮开关符号

动手操练——绘制常开按钮开关符号

step 01 绘制矩形。单击【矩形】按钮,在绘图区域中适当的位置绘制一个长度为8、宽度为10的矩形,结果如图11-16所示。

step 02 分解矩形。单击【分解】按钮,把矩形分解为4条直线。

step 03 拉伸边线。启动正交模式,选中如图11-17所示的矩形中的一条边线,利用关键点分别向两个方向拉伸边线,拉伸长度为10,结果如图11-18所示。

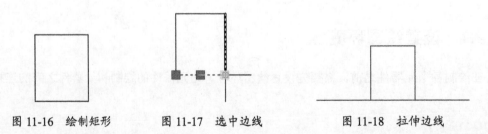

图11-16 绘制矩形　　图11-17 选中边线　　图11-18 拉伸边线

step 04 绘制倾斜直线。启动对象捕捉和极轴模式,捕捉矩形的左下角点,以其为起点,绘制一条与水平线成 30° 的倾斜直线,使倾斜直线的终点在矩形的右侧边线上,结果如图 11-19 所示。

step 05 复制边线。单击【复制】按钮,把矩形的上侧边线向下复制一份,复制距离为 3;把矩形的左侧边线向右复制一份,复制距离为 4,结果如图 11-20 所示。

图 11-19 绘制倾斜直线　　　　图 11-20 复制边线

step 06 更改图形对象的图层属性。选中复制得到的竖直直线,单击【图层】面板中的下三角按钮,选择【虚线层】,将选中的竖直直线图层的属性更改为【虚线层】,结果如图 11-21 所示。

step 07 修改图形需要分别单击【修剪】按钮和【删除】按钮,修剪并删除多余的直线,结果如图 11-22 所示,这样就完成了常开按钮开关符号的绘制。

图 11-21 更改图形对象的图层属性　　　　图 11-22 常开按钮开关符号

11.2.3 绘制常闭按钮开关符号

动手操练——绘制常闭按钮开关符号

step 01 绘制矩形。单击【图层】面板中的下三角按钮,选择【实体符号层】,使其成为当前图层。然后单击【矩形】按钮,在绘图区域中适当的位置绘制一个长度为 8、宽度为 6 的矩形,结果如图 11-23 所示。

step 02 分解矩形。单击【分解】按钮,把矩形分解为 4 条直线。

step 03 拉伸边线。启动正交模式,选中矩形的下侧边线,利用关键点分别向两个方向拉伸边线,拉伸长度为 10,结果如图 11-24 所示。

step 04 拉伸边线。启动正交模式,选中矩形的右侧边线,利用关键点向下拉伸边线,拉伸长度为 5,结果如图 11-25 所示。

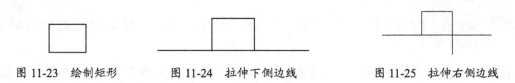

图 11-23 绘制矩形　　　　图 11-24 拉伸下侧边线　　　　图 11-25 拉伸右侧边线

step 05 绘制倾斜直线。启动对象捕捉和极轴模式，捕捉矩形的左下角点，以其为起点，绘制一条与水平线成-30°且长度为10的倾斜直线，结果如图11-26所示。

step 06 复制边线。单击【复制】按钮，把矩形的上侧边线向下复制一份，复制距离为3，结果如图11-27所示。

step 07 绘制竖直直线。单击【直线】按钮，捕捉矩形的上侧边线的中点作为起点，向下绘制竖直直线，使竖直直线与倾斜直线相交，结果如图11-28所示。

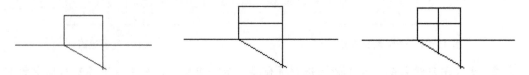

图11-26 绘制倾斜直线　　　图11-27 复制上侧边线　　　图11-28 绘制竖直直线

step 08 更改图形对象的图层属性。选中上面绘制的竖直直线，单击【图层】面板中的下三角按钮，选择【虚线层】，将选中的竖直直线图层属性更改为【虚线层】，结果如图11-29所示。

step 09 修改图形。分别单击【修剪】按钮和【删除】按钮，修剪并删除多余的直线，结果如图11-30所示，这样就完成了常闭按钮开关符号的绘制。

图11-29 更改图形对象的图层属性　　　图11-30 常闭按钮开关符号

11.2.4 绘制双位开关符号

动手操练——绘制双位开关符号

step 01 绘制竖直直线。单击【图层】面板中的下三角按钮，选择【实体符号层】，将其设置为当前图层。然后单击【直线】按钮，在绘图区域中适当的位置绘制长度为15的竖直直线。

step 02 绘制等边三角形。单击【直线】按钮，捕捉竖直直线的上端点作为起点，绘制一条长度为15，并且与竖直直线成60°的倾斜直线，然后捕捉竖直直线的下端点，这样就构成了一个长度为15的等边三角形，结果如图11-31所示。

step 03 绘制圆。单击【圆】按钮，分别以等边三角形的3个顶点为圆心，绘制直径为4的圆，结果如图11-32所示。

step 04 绘制水平直线。单击【直线】按钮，以左侧圆的左象限点为起点，向左绘制长度为 10 的水平直线，结果如图 11-33 所示。

　　　　　　　　　　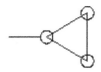

　　图 11-31　绘制等边三角形　　　　图 11-32　绘制圆　　　　图 11-33　绘制水平直线

step 05　删除直线。单击【删除】按钮 ，删除多余的直线，结果如图 11-34 所示。

step 06　绘制倾斜直线。单击【直线】按钮 ，以左侧圆的右象限点为起点绘制倾斜直线，使其与上面圆的下边缘相切。然后选中该直线，利用关键点向斜上方拉伸直线，长度为 2，结果如图 11-35 所示，这样就完成了双位开关符号的绘制。

　　　图 11-34　删除多余的直线　　　　　　　　图 11-35　双位开关符号

11.2.5　绘制电极探头开关符号

动手操练——绘制电极探头开关符号

step 01　绘制水平直线和竖直直线。单击【直线】按钮 ，在绘图区域中适当的位置绘制如图 11-36 所示的长度为 8 的水平直线和长度为 5 的竖直直线。

step 02　绘制倾斜直线。单击【直线】按钮 ，以水平直线的左端点为起点，绘制与水平直线成 −30° 且长度为 10 的倾斜直线，结果如图 11-37 所示。

step 03　绘制竖直直线。单击【直线】按钮 ，捕捉水平直线的中点为起点，向下绘制竖直直线，并且使其终点落在倾斜直线上，结果如图 11-38 所示。

　图 11-36　绘制水平直线和竖直直线　　　图 11-37　绘制倾斜直线　　　图 11-38　绘制竖直直线

step 04　拉伸直线。选中水平直线，利用关键点分别向两个方向拉伸直线，拉伸长度为 10，结果如图 11-39 所示。

step 05　修剪直线。单击【修剪】按钮 ，修剪多余的直线，结果如图 11-40 所示。

step 06　绘制矩形线框。在【图层】面板中选择【虚线层】，使其成为当前图层。然后单击【矩形】按钮 ，绘制边长为 15 的正方形，再单击【移动】按钮 ，移动正方形，使其用虚线显示，完成电极探头开关符号的绘制，如图 11-41 所示。

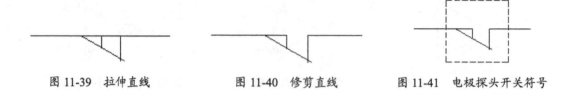

图 11-39　拉伸直线　　　　图 11-40　修剪直线　　　　图 11-41　电极探头开关符号

11.2.6　绘制信号灯符号

动手操练——绘制信号灯符号

step 01　绘制圆。单击【图层】面板中的下三角按钮，选择【实体符号层】，使其成为当前图层。然后单击【圆】按钮，在绘图区域中适当的位置绘制一个半径为 5 的圆，结果如图 11-42 所示。

step 02　绘制引线。单击【直线】按钮，以圆的右象限点作为起点，向右绘制一条长度为 10 的水平直线；再单击【直线】按钮，以圆的左象限点作为起点，向左绘制一条长度为 10 的水平直线，结果如图 11-43 所示。

step 03　绘制灯芯。单击【直线】按钮，以圆心作为起点，绘制一条与水平方向成 45°且长度为 5 的倾斜直线，结果如图 11-44 所示。

图 11-42　绘制圆　　　　图 11-43　绘制 2 条水平直线　　　　图 11-44　绘制倾斜直线

step 04　阵列倾斜直线。单击【环形阵列】按钮，选择倾斜直线作为阵列对象，选择圆心作为阵列中心，按 Enter 键之后会弹出【阵列创建】选项卡，设置【项目总数】为 4，【填充角度】为 360，阵列结果如图 11-45 所示，这样就完成了信号灯符号的绘制。

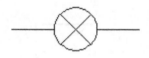

图 11-45　信号灯符号

11.2.7　绘制电源接线端符号

动手操练——绘制电源接线端符号

step 01　绘制圆。单击【圆】按钮，在绘图区域中适当的位置绘制一个直径为 4 的圆。

step 02 绘制竖直直线。单击【直线】按钮，以圆心作为起点，向下绘制一条长度为 12 的竖直直线，结果如图 11-46 所示。

step 03 绘制接线端子。单击【直线】按钮，以圆心作为起点，绘制一条与水平方向成 45°且长度为 3 的倾斜直线，结果如图 11-47 所示。

step 04 阵列接线端子。单击【环形阵列】按钮，选择倾斜直线作为阵列对象，选择圆心作为阵列中心，在弹出的【阵列创建】选项卡中设置【项目总数】为 2，【填充角度】为 360，阵列结果如图 11-48 所示，这样就完成了电源接线端符号的绘制。

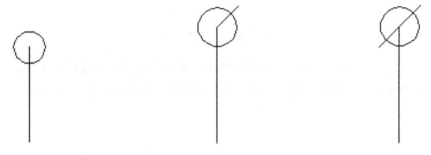

图 11-46 绘制竖直直线　　图 11-47 绘制倾斜直线　　图 11-48 电源接线端符号

11.2.8 布置和连接元器件

动手操练——布置和连接元器件

1. 绘制线圈

单击【矩形】按钮，在绘图区域中适当的位置绘制一个长度为 12、宽度为 8 的矩形，表示线圈符号，如图 11-49 所示。

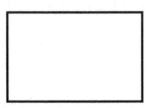

图 11-49 线圈符号

2. 布置元器件

step 01 布置元器件。分别执行【移动】、【复制】和【旋转】等命令，把上面绘制的元器件符号布置得整齐、美观，结果如图 11-50 所示。

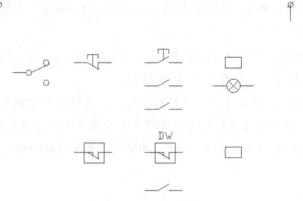

图 11-50　布置元器件

step 02　连接元器件。单击【图层】面板中的下三角按钮，选择【连接线层】，使其成为当前图层。然后单击【直线】按钮，连接各个元器件，结果如图 11-51 所示。

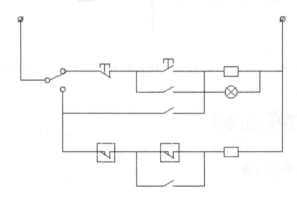

图 11-51　连接元器件

step 03　绘制线路交点。先单击【圆】按钮，绘制直径为 1.5 的圆。然后单击【图案填充】按钮，在弹出的【图案填充创建】选项卡中设置【图案】选项为 SOLID，为直径为 1.5 的圆填充剖面符号。最后执行【移动】和【复制】等命令，把交点符号移至线路交点上，结果如图 11-52 所示。

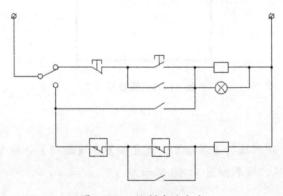

图 11-52　绘制线路交点

3. 添加注释

step 01 绘制交流符号线框。先单击【矩形】按钮,绘制一个长度为12、宽度为5的矩形。然后单击【分解】按钮,分解矩形。最后单击【矩形阵列】按钮,设置【行】为1、【列】为3、【列偏移】为4,选择矩形中的左侧连线作为阵列对象进行阵列,结果如图11-53所示。

step 02 绘制交流符号。单击【样条曲线拟合】按钮,以交流符号线框左下角点为起点,下一点为如图11-54所示的交点。如此上下捕捉交点,绘制出如图11-55所示的交流符号。然后单击【删除】按钮,删除所有直线,结果如图11-56所示。

图 11-53　绘制交流符号线框

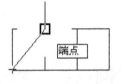

图 11-54　捕捉交点

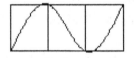

图 11-55　绘制交流符号

图 11-56　修整图形

step 03 创建文字样式。单击【注释】面板中的【文字样式】按钮,弹出【文字样式】对话框。单击【新建】按钮,新建一个名为【注释】的新文字样式,参数设置如图11-57所示,把【注释】文字样式置为当前,关闭【文字样式】对话框。

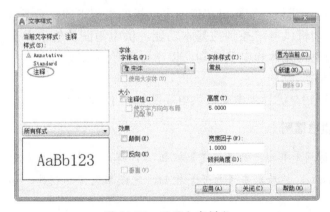

图 11-57　设置文字样式

step 04 添加和移动注释。单击【注释】面板中的【多行文字】按钮,输入对应的文字注释。然后单击【移动】按钮,调整各个文字注释的位置,使其显示整齐、美观,最终结果如图11-58所示。

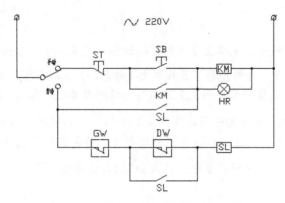

图 11-58　液位自动控制器电路原理图

11.3　案例三：三相交流异步电动机控制电气设计

三相交流异步电动机作为主要动力源，在机床行业的应用非常广泛。它具有结构简单、体积小、驱动扭矩大、操控容易和工作可靠等特点，因此设计其控制电路，保证电动机可靠正反转启动、停止和过载保护等在工业领域发挥重要作用。

下面介绍 3 个典型的案例，使读者轻松掌握三相交流异步电动机控制电气在 AutoCAD 中的设计技巧及设计流程。

11.3.1　供电简图设计

三相交流异步电动机供电简图旨在说明电动机的电流走向，示意性地表示电动机的启动和停止，表达电动机供电与控制的基本功能。供电简图的价值在于它忽略其他复杂的电气元件和电气规则，以十分简单且直观的方式传递一定的电气工程信息。

本案例绘制的三相交流异步电动机供电简图如图 11-59 所示。

动手操练——绘制供电简图

step 01　单击快速访问工具栏中的【新建】按钮，弹出【选择样板】对话框，选择 acadiso.dwt，然后单击【打开】按钮，完成新文件的创建，如图 11-60 所示。

图 11-59　供电简图

step 02　在【默认】选项卡的【块】面板中选择【插入】|【其他图形中的块】命令，在【其他图形】块选项板中单击【浏览】按钮，打开本案例的素材文件【单极开关.dwg】和【三相交流异步电动机.dwg】，然后在当前图形区域的适当位置依次插入 2 个块，如图 11-61 所示。

第 11 章　AutoCAD 电气制图综合案例

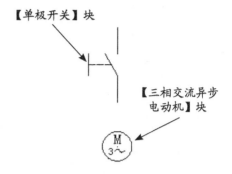

图 11-60　选择样板创建新文件　　　　　图 11-61　插入块

> **技巧点拨：**
> 调用已有的块能够大大节省绘图的工作量，显著提高绘图效率，专业的电气设计人员一般都有自己的常用块库。

step 03　移动【单极开关】块。单击【修改】面板中的【移动】按钮 ✥，以【单极开关】块中的下端端点为移动基点，以【三相交流异步电动机】块中的圆心为移动目标点进行移动，结果如图 11-62 所示。

step 04　再次移动【单极开关】块。按 Enter 键或空格键重新执行【移动】命令，将【单极开关】块移至【三相交流异步电动机】块的正上方，结果如图 11-63 所示。

图 11-62　移动【单极开关】块（一）　　　图 11-63　移动【单极开关】块（二）

step 05　分解块。单击【修改】面板中的【分解】按钮 ，分解【三相交流异步电动机】和【单极开关】块。

step 06　延伸直线。单击【修改】面板中的【延伸】按钮 ，以三相交流异步电动机符号中的圆周为延伸边界，以单极开关符号中下部引线为延伸对象，将其延伸至圆周，结果如图 11-64 所示。

step 07　绘制倾斜直线。单击【直线】按钮 ，以直线中点为起点，绘制与水平方向成 60°且长度为 10 个单位的倾斜直线，结果如图 11-65 所示。

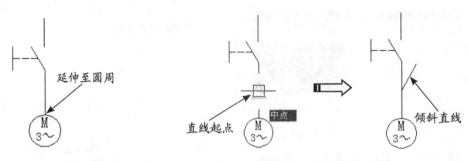

图 11-64 延伸直线　　　　　图 11-65 绘制倾斜直线

step 08 移动倾斜直线。单击【修改】面板中的【移动】按钮，选择倾斜直线作为移动对象，捕捉倾斜直线的中点作为移动对象的基点，然后移动光标，捕捉与圆相交的垂直直线的中点作为移动对象的目标点，按 Enter 键确认，结果如图 11-66 所示。

step 09 复制倾斜直线。单击【修改】面板中的【复制】按钮，把上面绘制完成的倾斜直线分别向上、下两个方向各复制一份，复制位移为 2 个单位，结果如图 11-67 所示。

step 10 绘制电源端子。单击【绘图】面板中的【圆】按钮，以单极开关中导线的上端点为圆心，绘制半径为 2 的圆，作为电源端子符号。然后使用【修改】面板中的【移动】和【延伸】工具，把圆向上适当移动并延伸导线，结果如图 11-68 所示，这样就得到了三相交流异步电动机供电简图。

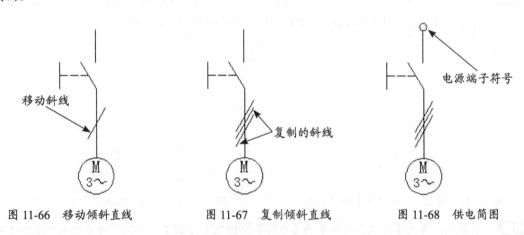

图 11-66 移动倾斜直线　　　图 11-67 复制倾斜直线　　　图 11-68 供电简图

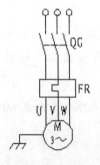

图 11-69 供电系统图

11.3.2 供电系统图设计

供电系统图是用来表示某项目供电方式和电能输送关系的电气图，比简图表达的电气信息更详尽，不仅表达了电动机的供电方式、电流走向，还示意性地表达了电动机的启动和停止，同时表达了利用热继电器实现过载保护、机壳接地等信息。

要绘制的供电系统图如图 11-69 所示。本节省略绘图环境的设置，供电系统图详细的绘制步骤如下。

step 01 新建一个空白文件。

step 02 插入块。按照前面插入【单极开关】块的方法,在当前图形区域中依次插入本案例源文件夹中的【三相交流异步电动机】和【多极开关】块,结果如图 11-70 所示。

step 03 调整块的位置。调位目标是使多极开关下端中间直线的延长线能通过电动机符号的圆心。单击【移动】按钮✥,首先将【电动机】块移至【多极开关】块处,并使其圆心与【多极开关】块下端中线端点重合,打开正交模式,再次移动【电动机】块,以圆心为移动基点,垂直向下移至适当位置为目标点,结果如图 11-71 所示。

step 04 分解块。单击【修改】面板中的【分解】按钮🗗,分解【三相交流异步电动机】和【多极开关】块。

step 05 拉伸导线。单击【修改】面板中的【拉伸】按钮,选中【多极开关】块下面的 3 条导线,然后以其下端点为拉伸基点向下拉伸 5 个单位;同理,把【多极开关】块上面的 3 条导线以其上端点为拉伸基点向上拉伸 3 个单位,结果如图 11-72 所示。

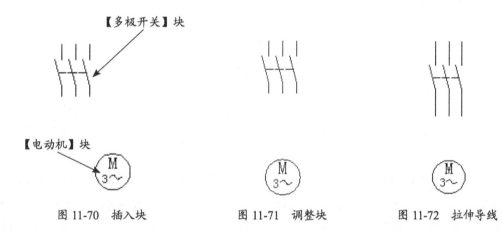

图 11-70 插入块　　　　图 11-71 调整块　　　　图 11-72 拉伸导线

step 06 绘制热继电器外壳。单击【绘图】面板中的【矩形】按钮▭,以多极开关符号中最左边线段的下端点作为绘制矩形的第一个角点,输入相对坐标点(@12,-6)绘制矩形的另一角点,绘制一个长度为 12 个单位、宽度为 6 个单位的矩形,结果如图 11-73 所示。

step 07 移动矩形。单击【移动】按钮✥,以上一步骤绘制的矩形的上边线中点为移动基点,以多极开关中间引线的下端点为移动目标点,移动上一步骤绘制的矩形,结果如图 11-74 所示。

step 08 绘制小矩形。单击【绘图】面板中的【矩形】按钮▭,将前面绘制的矩形上边线中点作为新绘制矩形的第一个角点,输入相对坐标(@-2,-2),作为绘制矩形的另一角点,绘制一个长度为 2 个单位、宽度为 2 个单位的矩形,结果如图 11-75 所示。

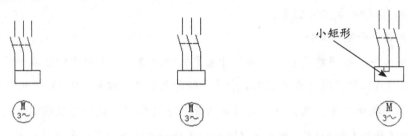

图 11-73　绘制热继电器外壳　　　图 11-74　移动矩形　　　图 11-75　绘制小矩形

step 09　移动小矩形。单击【修改】面板中的【移动】按钮，把上一步骤绘制的小矩形向下移动 2 个单位，结果如图 11-76 所示。

step 10　分解小矩形和删除边线。单击【分解】按钮，分解上面绘制的小矩形。然后单击【修改】面板中的【删除】按钮，删除小矩形的右边线，结果如图 11-77 所示。

step 11　延伸连接导线。单击【修改】面板中的【延伸】按钮，以三相交流异步电动机符号中的圆周为延伸边界，以多极开关符号中下面的 3 条引线为延伸对象，将其延伸至圆周，结果如图 11-78 所示。

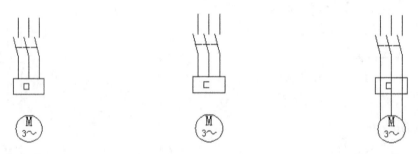

图 11-76　移动小矩形　　　图 11-77　分解和修改小矩形　　　图 11-78　延伸连接导线

step 12　修剪连接导线。单击【修剪】按钮，以大矩形的上、下两条边为修剪边，修剪大矩形内部左右两侧的连接导线，结果如图 11-79 所示。然后以小矩形的上、下两条边为修剪边，修剪位于它们中间的连接导线，结果如图 11-80 所示。

step 13　绘制机壳接地。单击【直线】按钮，以三相交流异步电动机符号中圆的左象限点为起点，以适当长度绘制水平、竖直和水平 3 段直线，结果如图 11-81 所示。

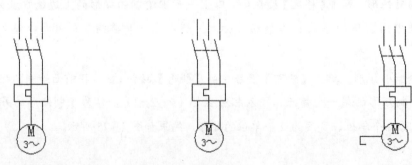

图 11-79　修剪导线（一）　　　图 11-80　修剪导线（二）　　　图 11-81　绘制机壳接地

step 14　镜像直线。单击【修改】面板中的【镜像】按钮，选择上一步骤中绘制的下部水平直线为镜像对象，竖直直线为镜像线，把水平直线镜像复制一份，结果如图 11-82 所示。

step 15　绘制倾斜直线。单击【直线】按钮，以镜像直线的左端点为起点，绘制与水平方向成 125°且长度为 2 个单位的倾斜直线，结果如图 11-83 所示。

step 16　复制倾斜直线。单击【复制】按钮，以倾斜直线的上端点为复制基点，分别以被镜像直线的左、右端点为复制目标点，把上一步骤中绘制的倾斜直线复制 2 份，结果如图 11-84 所示。

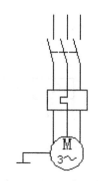
图 11-82　镜像直线

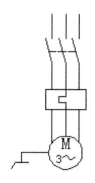
图 11-83　绘制倾斜直线

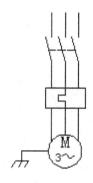
图 11-84　复制倾斜直线

step 17　绘制输入端子。单击【圆】按钮，以多极开关符号中上端 3 条引线的上部端点为圆心，分别绘制直径为 2 个单位的圆，结果如图 11-85 所示。

step 18　修剪图形。单击【修剪】按钮，分别以上一步骤绘制的小圆圆周为修剪边界，修剪它们里面的线段，结果如图 11-86 所示。

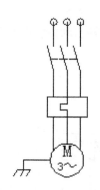
图 11-85　绘制输入端子

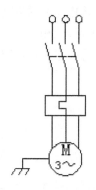
图 11-86　修剪图形

step 19　设置注释层。单击【图层】面板中的【图层特性】按钮，弹出【图层特性管理器】选项板，单击该选项板中的【新建图层】按钮，创建命名为【注释层】的图层，并将该层设置为当前图层。

step 20　创建文字样式。单击【注释】面板中的下三角按钮，展开【注释】面板。在展开的【注释】面板中单击【文字样式】按钮,弹出【文字样式】对话框,在该对话框中单击【新建】按钮,新建一个名为【注释】的新文字样式,参数设置如图 11-87 所示,把【注释】文字样式置为当前,关闭【文字样式】对话框。

step 21 添加和移动注释。单击【注释】面板中的【多行文字】按钮,输入各个文字注释。然后使用【移动】工具调整各个注释的位置,使注释显示整齐、美观。这样就完成了三相交流异步电动机供电系统图的绘制,如图 11-88 所示。

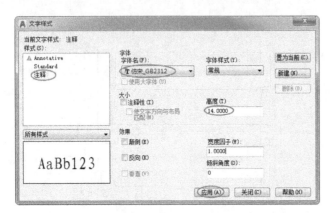

图 11-87 创建文字样式

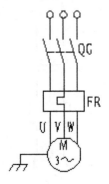

图 11-88 三相交流异步电动机供电系统图

step 22 将结果保存为【三相交流异步电动机供电系统图 .dwg】。

11.3.3 控制电路图设计

三相交流异步电动机供电系统图仅反映了电动机的供电关系,没有反映出电动机的控制电路,即没有反映出电动机的启动、停止和正反转控制等。

本节将详细设计三相交流异步电动机的控制电路,即正反转启动控制电路和自锁电路。要绘制的三相交流异步电动机控制电路图如图 11-89 所示。

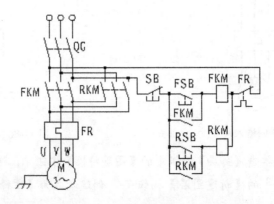

图 11-89 三相交流异步电动机控制电路图

动手操练——绘制三相交流异步电动机控制电路图

1. 设置绘图环境

step 01 打开 11.3.2 节绘制并保存的【三相交流异步电动机供电系统图.dwg】。

step 02 新建图层。依据绘制图形的繁简程度设置绘图层次，分层绘制电气工程图有利于绘图、编辑修改及工程图的管理。单击【图层特性】按钮，弹出【图层特性管理器】选项板，然后单击【新建图层】按钮，分别创建出【控制线路】、【注释层】和【虚线绘制】这 3 个图层，在设置【虚线绘制】图层时，将线型改为虚线，参数设置如图 11-90 所示。在【控制线路】图层上绘制三相交流异步电动机的控制线路，在【注释层】图层上绘制控制线路的文字标识，在【虚线绘制】图层上绘制所有的虚线。

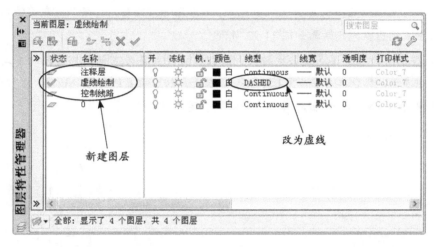

图 11-90　新建图层

step 03 设置非连续线的显示效果。在菜单栏中选择【格式】|【线型】命令，弹出【线型管理器】对话框。单击【显示细节】按钮，改变【全局比例因子】参数即可改变虚线的显示效果，本案例设置为 0.2，具体参数设置如图 11-91 所示。

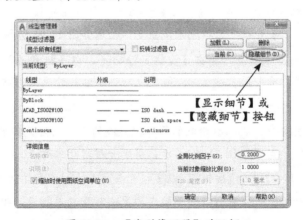

图 11-91　【线型管理器】对话框

> **技巧点拨：**
>
> 非连续线是指虚线、点画线等，它们的显示效果与图形界限设置的大小（图幅的大小）、全局比例因子和当前对象的缩放比例等相联系，如果设置得不合理，可能会出现非连续线显示为实线或显示效果不佳等现象，因此要合理设置相关参数。

step 04 执行菜单栏中的【格式】|【文字样式】命令，在弹出的【文字样式】对话框中将【样式】设置为Standard、【字体名】设置为仿宋、【字体样式】设置为常规、【高度】设置为3.5，然后单击【确定】按钮并关闭该对话框。

2. 绘制正向启动控制电路

step 01 移动图形。将【控制线路】图层设置为当前图层，单击【移动】按钮，打开正交模式防止偏移，将热继电器及其以下部分向正下方移动一段距离，为绘制控制系统供电线和交流接触器主触点留出空间，结果如图11-92所示。

step 02 调整图形。单击【直线】按钮，捕捉多极开关符号下部左侧线段的下端点绘制一条向右的水平直线，然后单击【修剪】按钮，以新画的水平直线为修剪边界，修剪中间线段，然后选中水平直线，按Delete键将其删除，结果如图11-93所示。

图11-92 移动图形　　　　　　图11-93 调整图形

step 03 绘制控制支路供电线。单击【直线】按钮，打开正交模式。从闸刀开关（QG）下部的供电线上向右绘制2条直线，为控制系统供电，结果如图11-94所示。

step 04 绘制交流接触器主触点。单击【直线】按钮，以多极开关符号左引线的下端点为起点向下绘制2段直线，第一段长度为6，第二段与热继电器外壳矩形线框上边相交，结果如图11-95所示。

step 05 单击【旋转】按钮，以新绘制的第一段直线的下端点为旋转中心，关闭正交模式，把第一段直线旋转15°，结果如图11-96所示，得到一对常开主触点。

step 06 复制主触点。单击【复制】按钮，以多极开关符号左引线的下端点为复制对象的基点，分别以多极开关符号中间引线和右引线的下端点为复制对象的目标点，把上一步骤绘制的常开主触点向右复制2份，然后将图层转换为【虚线绘制】图层，单击【直线】按钮，绘制表示主触点联动的虚线,结果如图 11-97 所示,完成了交流接触器 3 对常开主触点的绘制。

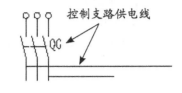

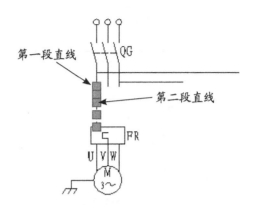

图 11-94 绘制控制系统供电线 　　　　　　图 11-95 绘制 2 段直线

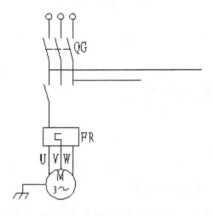

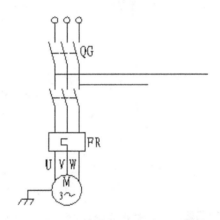

图 11-96 旋转直线 　　　　　　　　　　　图 11-97 复制主触点并绘制虚线

step 07 延伸中间导线。单击【修改】面板中的【延伸】按钮,以热敏感元件符号的上边为延伸边界,把交流接触器中间主触点下面的导线向下延伸,结果如图 11-98 所示。

step 08 插入【常闭急停按钮】块。在菜单栏中选择【插入】|【块选项板】命令,从弹出的【其他图形】块选项板中单击【浏览】按钮,从源文件夹中打开【常闭急停按钮】块,再将其插入图形区中,适当调整插入比例,保证元件符号与本图比例合适,结果如图 11-99 所示。

step 09 移动和连接常闭急停按钮。在状态栏中启动【对象捕捉】和【对象捕捉追踪】功能。单击【修改】面板中的【移动】按钮,选择移动对象【急停按钮】块,当命令行提示指定基点时,移动光标自动捕捉急停按钮最左面的端点作为图形移动基点;然后预捕捉控制支路短供电线的右端点作为追踪点,此时移动光标,当显示垂直追踪矢量线时,输入相对追踪点的偏移距离 2,结果如图 11-100 所示。

step 10 按 Enter 键精确定位移动目标位置,从而将常闭急停按钮符号移动到所需要的位置。然后单击【直线】按钮,连接按钮和供电线路,结果如图 11-101 所示。

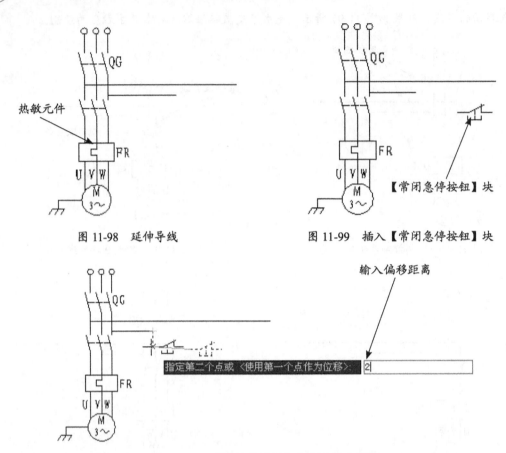

图 11-98　延伸导线　　　　　图 11-99　插入【常闭急停按钮】块

图 11-100　移动对象过程中自动追踪示意图

step 11　插入常开启动按钮。从本案例源文件夹中插入【手动按钮常闭开关】块，适当调整插入比例，保证元件符号与本图比例合适，结果如图 11-102 所示。

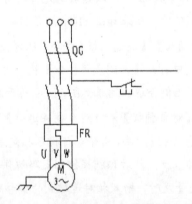
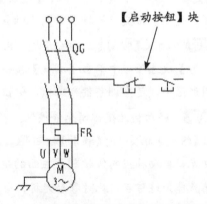

图 11-101　移动和连接常闭急停按钮符号　　　　图 11-102　插入常开启动按钮

step 12　移动和连接常开启动按钮。单击【修改】面板中的【移动】按钮，在状态栏中启动【对象捕捉】和【对象捕捉追踪】功能，依据水平追踪线将常开手动按钮移动到适当位置，并使其连接导线与常闭急停按钮的连接导线在同一水平线上。然后单击【直线】按钮，绘制连接线使常开启动按钮与常闭急停按钮相连，结果如图 11-103 所示。

step 13 绘制正向交流接触器符号。单击【矩形】按钮，绘制一个长度为 4、宽度为 6 的矩形。

step 14 移动和连接正向交流接触器。单击【修改】面板中的【移动】按钮，利用对象捕捉的【延长线追踪】功能，把交流接触器符号移动到适当位置，具体操作是捕捉新绘制矩形左边的中点作为移动对象的基点，使移动的目标点与预连接的直线同线并偏离合适的距离。然后单击【直线】按钮，把交流接触器和常开启动按钮连接，结果如图 11-104 所示。

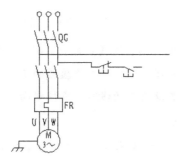
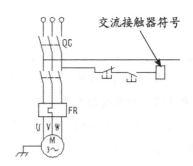

图 11-103 移动和连接常开按钮符号　　　　图 11-104 绘制和连接正向交流接触器符号

step 15 制作交流接触器辅助触点符号。单击【修改】面板中的【复制】按钮，应用自动追踪功能，把常开手动按钮符号在垂直向下相距 12 个单位的位置复制一份；然后单击【分解】按钮，分解复制的块，删除多余的图形元素，结果如图 11-105 所示。

step 16 连接交流接触器辅助触点符号。单击【直线】按钮，把辅助触点连接到线路中，如图 11-106 所示。交流接触器辅助触点在线路中起自锁作用。

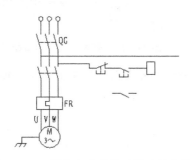
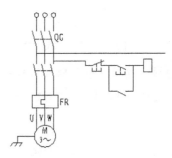

图 11-105 制作交流接触器辅助触点符号　　　图 11-106 连接交流接触器辅助触点符号

step 17 绘制热继电器常闭触点符号。单击【修改】面板中的【复制】按钮，应用对象捕捉功能，在矩形右边的中点处复制常闭急停按钮符号，结果如图 11-107 所示。

step 18 分解块并绘制虚线。单击【修改】面板中的【分解】按钮，分解新复制的块，删除手动按钮符号。

step 19 在【图层】面板的【图层】下拉列表中选择【虚线绘制】图层，使其成为当前图层。使用【绘图】面板中的【直线】工具，捕捉斜线中点绘制虚线，结果如图 11-108 所示。

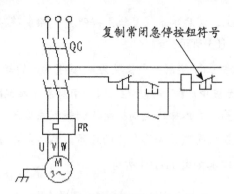
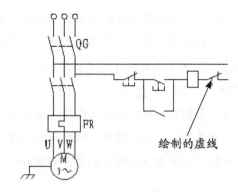

图 11-107 复制常闭急停按钮符号　　　　　图 11-108 分解块删除多余图形元素

step 20 绘制热继电器常闭触点控制符号。重新将【控制线路】图层置为当前图层，单击【绘图】面板中的【直线】按钮，打开极轴追踪和对象捕捉功能，自动捕捉虚线的下端点，移动光标向右追踪绘制长度为 1 的线段，接续向下追踪绘制长度为 2 的线段，再接续向右追踪绘制长度为 2 的线段，按 Enter 键结束绘制，结果如图 11-109 所示。

step 21 单击【修改】面板中的【镜像】按钮，以虚线为镜像线，把上一步骤绘制的折线镜像复制一份，结果如图 11-110 所示，至此热继电器常闭触点符号绘制完成。

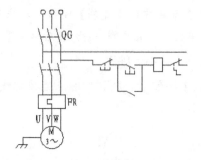
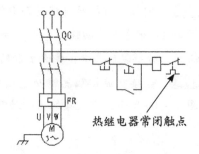

图 11-109 应用极轴追踪功能绘制折线　　　　图 11-110 热继电器常闭触点符号

step 22 连接热继电器常闭触点符号。单击【绘图】面板中的【直线】按钮，连接触点和供电线路，结果如图 11-111 所示，至此完成正向启动控制电路的绘制。

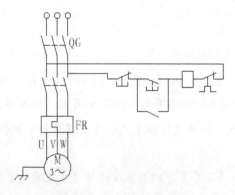

图 11-111 正向启动控制电路

3. 绘制反向启动控制电路

反向启动需要交换两相电压，对主回路线路应该适当做出修改，只要控制电动机反转的交流接触器主触点在闭合时交换了 U 和 W 两相，就能实现电动机反转的目的。其绘制过程与绘制正向启动控制电路基本相同，具体绘制步骤如下。

step 01 绘制反向交流接触器主触点符号。单击【修改】面板中的【复制】按钮，把正向启动控制电路的主触点符号向右复制，作为反向控制电路的主触点，结果如图 11-112 所示。

step 02 连接主触点和修改图形。单击【绘图】面板中的【直线】按钮，连接主触点与主线路，然后单击【修改】面板中的【修剪】按钮和【删除】按钮，修剪并删除多余的直线，结果如图 11-113 所示。

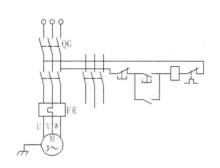
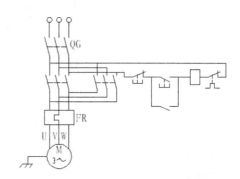

图 11-112　绘制反向交流接触器主触点　　　　图 11-113　连接主触点和修改图形

step 03 绘制反向启动控制电路。单击【修改】面板中的【复制】按钮，把正向启动控制电路向下复制一份，作为反向启动控制电路。然后单击【绘图】面板中的【直线】按钮，把反向启动控制电路连接到线路中。最后单击【修改】面板中的【修剪】按钮和【删除】按钮，修剪并删除多余的直线，结果如图 11-114 所示，这样完成了反向启动控制电路的绘制。

step 04 绘制线路交点。单击【绘图】面板中的【圆】按钮，绘制直径为 1.5 的圆。然后单击【绘图】面板中的【图案填充】按钮，弹出【图案填充创建】选项卡，将【图案】设置为 SOLID，为直径为 1.5 的圆填充剖面符号。最后单击【修改】面板中的【移动】按钮和【复制】按钮，把交点符号移至线路交点上，结果如图 11-115 所示。

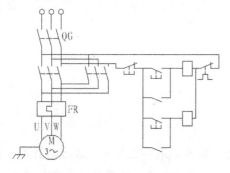
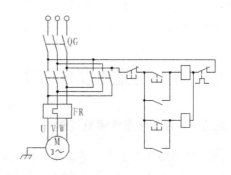

图 11-114　反向启动控制电路　　　　图 11-115　绘制线路交点

4. 添加注释

step 01 更换图层。在【图层】面板的【图层】下拉列表中选择【注释层】，使其成为当前图层。

step 02 添加和移动注释。单击【注释】面板中的【多行文字】按钮 A，输入各个文字注释；最后单击【移动】按钮，调整各个注释的位置，使注释显示整齐、美观，结果如图11-116所示，至此得到了完整的三相交流异步电动机正反转控制线路图。

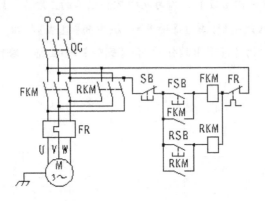

图 11-116　添加注释

> **技巧点拨：**
> 在正向启动控制电路中，交流接触器辅助触点FKM是自锁触点。其作用是当放开启动按钮FSB后，仍可以保证交流接触器线圈FKM通电，保证电动机正常运行。通常将这种接触器或继电器本身的触点来使其线圈保证通电的环节称为自锁环节，在电气设计中经常采用。

11.4　案例四：建筑电气设计

建筑电气图是采用线框、连线和字符构成的一种简图，是建筑设计单位提供给施工、使用单位进行电气设备安装、电气设备维护和管理的电气图，是电气施工的重要图样。建筑电气图要求布局清晰，绘图时根据所绘对象各组成部分的作用及相互联系的先后顺序，自左向右排成一行或数行，也可以自上向下排成一列或数列。起主干作用的部分位于中心，辅助部分位于主干部分的两侧。

11.4.1　绘制总配电箱电气图

动手操练——绘制总配电箱电气图

step 01 绘制电气主干线。单击【多段线】按钮，任意选取一点作为多段线的起点，输入字母W，按空格键确认，设置的起点宽度值为60，按空格键确认，设置的端点宽度值为60，按空格键确认，然后绘制长为 10 000 的多段线。

step 02 绘制一个"十"字作为控制开关。执行【直线】命令绘制长为 600 的垂直相交直线，然后旋转 45°，结果如图 11-117 所示。

图 11-117　绘制主干线

step 03 单击【多段线】按钮，捕捉"×"的交点作为多段线的起点，输入【@850,0】，按空格键确认，然后单击【旋转】按钮，点选刚刚绘制的线段，按空格键确认，捕捉线段的右侧端点作为旋转的基点，输入旋转角度值 30，按空格键确认。单击【修剪】按钮，按空格键，对线段进行修剪，结果如图 11-118 所示。

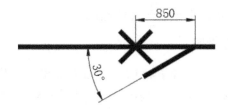

图 11-118　绘制控制开关符号

step 04 绘制接地符号。单击【多段线】按钮，捕捉"×"的交点，输入【@-1200,0】，按空格键确认，再输入【@0，-600】；单击【多段线】按钮，等间距绘制 3 条长度递减的水平线段，结果如图 11-119 所示。

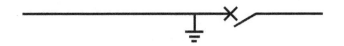

图 11-119　绘制接地符号

step 05 绘制分支线路。通过主干线的右端点，绘制竖直线段，在线段右侧绘制分支线路，具体可参考主干线的绘制方法，结果如图 11-120 所示。

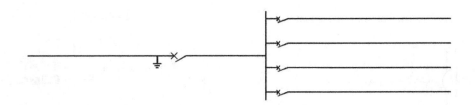

图 11-120　绘制分支线路

step 06 进行标注，完成总配电箱电气图，如图 11-121 所示。

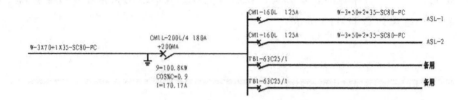

总配电箱系统图

图 11-121 总配电箱电气图

11.4.2 绘制弱电电气图

本节以电视网络为例，讲解弱电电气图的绘制。

动手操练——绘制有线电视系统图

step 01 绘制户型分配器。单击【圆】按钮，任意指定一点作为圆心，绘制一个半径为 650 的圆。单击【直线】按钮，绘制过圆心的水平线段与竖直线段。利用【偏移】命令将竖直线段向右偏移，偏移距离为 500，得到新的竖直线段。

step 02 单击【修剪】按钮，将圆和直线段进行修剪。执行【圆】命令，在直线段的端点绘制 3 个小圆，圆的半径为 50。最后从 3 个小圆分别引出三条平行线，标注说明文字，结果如图 11-122 所示。

step 03 按楼层进行复制，并连接各个楼层的线路，完成电视信号的绘制，结果如图 11-123 所示。

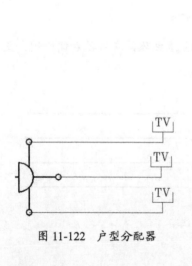

图 11-122 户型分配器

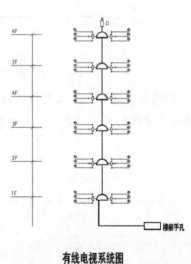

有线电视系统图

图 11-123 有线电视系统图

第 12 章
AutoCAD Electrical 简介

本章内容

AutoCAD Electrical（简称 ACE）是 Autodesk 公司推出的基于 AutoCAD 通用平台的专业电气设计软件。本章以 AutoCAD Electrical 2020 为基础，主要讲解如何应用 AutoCAD Electrical 平台进行电气设计。

知识要点

- ☑ AutoCAD Electrical 2020 概述
- ☑ 项目管理
- ☑ 元件设计工具
- ☑ 导线与线号设计工具
- ☑ 面板布置示意图
- ☑ 生成报告

12.1 AutoCAD Electrical 2020 概述

自从 AutoCAD 软件出现以来,许多电气工程师尝试使用 AutoCAD 进行电路图的绘制与设计。为了使电气设计能够在 AutoCAD 环境下顺利进行,以提高工作效率和简化数据管理,许多电气工程师一直在使用 AutoCAD 绘制电路图。虽然可以使用 AutoCAD 绘制电路图,但要达到很高的绘制效率十分困难。例如,电路图制作完成后,如果需要从电路图中提取各种信息,AutoCAD 就必须具备个性化的设计功能。

使用 AutoCAD 绘制电路图的工作效率比较低。而本章介绍的 AutoCAD Electrical 软件以线路为配线、以块为组件,不仅可以提供能够简化电路图设计的丰富可执行程序,还使需要耗费大量工时的电路图绘制实现了自动化。电路图绘制完成后,可以非常方便地提取各种各样的信息,并且可以为制造工序提供必要的数据。AutoCAD Electrical 为电路图的设计制作提供了完备的管理环境和系统。

AutoCAD Electrical 是基于 AutoCAD 软件打造的一款用于电气图绘制的软件。AutoCAD Electrical 软件中除了电气绘图部分的工具,其他绘图功能和软件界面均与 AutoCAD 软件完全相同,因此有了前面 AutoCAD 软件基础的应用,AutoCAD Electrical 学习起来就会比较容易。

AutoCAD Electrical 还提供了一个含有 650 000 多个电气符号和元件的数据库,具有实时错误检查功能,使电气设计团队与机械设计团队能够通过使用 Autodesk Inventor 软件创建的数字样机模型进行高效协作。AutoCAD Electrical 能够帮助电气控制工程师节省大量时间。

12.1.1 下载 AutoCAD Electrical 2020

在 Autodesk 公司的官网主页中搜索 Electrical 字段,可以搜索到 AutoCAD Electrical 2020 试用版本的下载地址,如图 12-1 所示。

图 12-1 搜索 AutoCAD Electrical 2020 软件的下载位置

在下载试用版软件时，必须注册一个账号并登录，再输入您所在单位的基本信息后，才可以完成自动下载，如图 12-2 所示。

图 12-2　登录账号并下载软件

AutoCAD Electrical 2020 的安装过程与 AutoCAD 2020 的安装过程是完全相同的，这里就不再赘述。

12.1.2　AutoCAD Electrical 2020 界面与电气设计工具

在桌面上双击 AutoCAD Electrical 2020 的图标可以启动初始界面，如图 12-3 所示。与 AutoCAD 2020 界面相比，AutoCAD Electrical 2020 界面的左侧区域中多了一个【项目管理器】选项板。

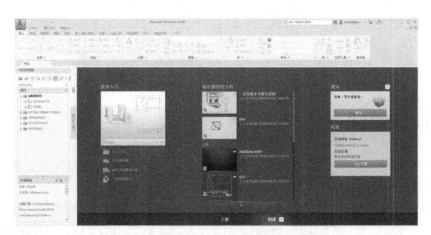

图 12-3　AutoCAD Electrical 2020 初始界面

单击【开始绘制】按钮，新建一个图纸文件，进入 AutoCAD Electrical 2020 工作界面。在功能区，AutoCAD Electrical 2020 中【默认】选项卡的绘图指令与 AutoCAD 2020 中【默认】

选项卡的绘图指令完全相同，前面已经介绍了这些绘图指令的含义及用法，此处不再赘述。

由于 AutoCAD Electrical 2020 是一个电气制图软件，其电气专业设计工具分布在【项目】、【原理图】、【面板】、【报告】、【输入/输出数据】、【机电】和【转换工具】选项卡中，如图 12-4 所示。

图 12-4　AutoCAD Electrical 2020 电气专业设计工具

12.2　项目管理

一套完整的电路图通常包含数张至数十张，甚至数百张的图纸，但必须把它作为一个整体进行管理，这种将多张图纸作为一个整体进行处理的功能称为项目。

AutoCAD Electrical 2020（简称 ACE 2020）以项目的形式管理 DWG 数据文件，一个项目可以管理多个相关联的 DWG 文件（从属于同一个电气工程的图纸文件），从而组成一个完整电气工程的全套图纸。

1. 打开已有项目

如图 12-5 所示，在 ACE 2020 的【项目管理器】选项板中，系统提供了多个电气工程项目及其所属图纸，如名称为 GBDEMO（用于演示的国家标准项目）的项目，其所属图纸中有 29 张图纸，即【001.dwg】～【025.dwg】和 T01～T04，每张图纸上有一个图框。在 SCHEMATIC（原理图）项目列表中双击一张图纸的图纸名，就可以在图形区中显示该张图纸的内容。

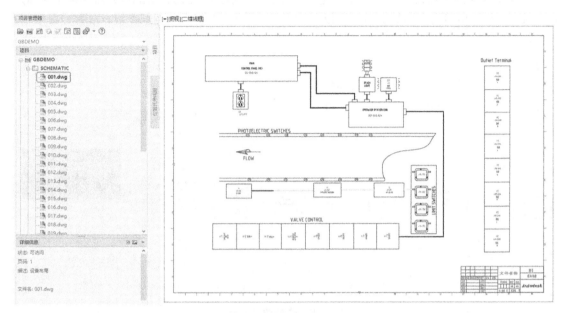

图 12-5 【项目管理器】选项板中的图纸

ACE 中的各种元件符号实际上就是 AutoCAD 的块定义的，在前面已经介绍过。在 ACE 中绘制电气图，其实就是根据定义的元件符号块名、块属性和图层来实现的。一张完整的 ACE 电气图纸就是在一个图框中放入各种元件符号，并根据相关的电气控制原理用导线进行连接的 DWG 文件。ACE 电气图纸是可以通过 AutoCAD 打开的。

2．新建项目

在【项目管理器】选项板中单击【新建项目】按钮 ，会弹出【创建新项目】对话框。在【创建新项目】对话框中输入项目名称和保存路径之后，单击【确定】按钮即可创建一个新电气项目，如图 12-6 所示。项目文件的后缀格式为 .wdp。

新建电气项目之后，将在【项目管理器】选项板的项目列表中显示新建的项目，如图 12-7 所示。

图 12-6 新建电气项目

图 12-7 项目列表中的新建项目

3. 新建图形

创建新项目后，可在项目中添加图纸（图纸包括图框和图形）。在【项目管理器】选项板中单击【新建图形】按钮，弹出【创建新图形】对话框。在【创建新图形】对话框中先输入图形文件名称，然后为图形提供图纸模板，一般选择符合国家标准的图纸模板，如图12-8所示。

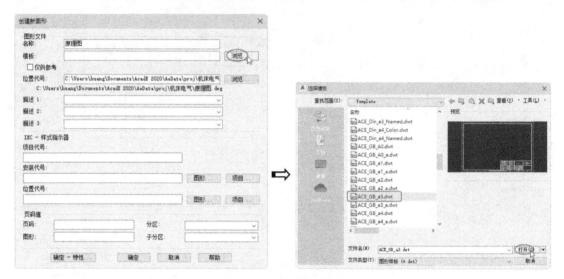

图12-8 选择图纸模板

接下来可以为图形输入项目代号、安装代号和位置代号，也可以不填写，直接单击【确定】按钮，完成新图形的创建。随后图形区中显示图框，【项目管理器】选项板的项目列表中会显示创建的新图形，如图12-9所示。

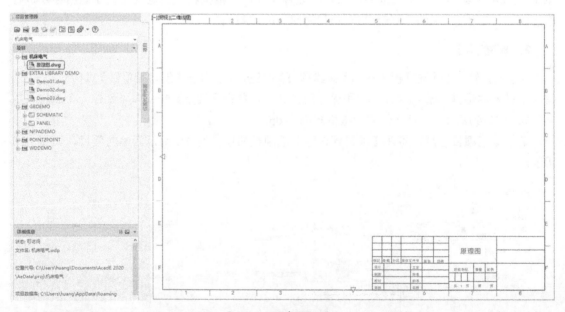

图12-9 创建的新图形

载入图纸模板并创建图纸图框后，我们就可以在图框中绘制电气图。如果需要在同一项目中创建其他图纸，在项目浏览器中用鼠标右键单击项目名，然后在弹出的快捷菜单中选择【新建图形】命令，即可在同一项目中添加新的图纸，如图 12-10 所示。

或者将已有的 AutoCAD 图纸添加到当前项目中，成为该项目的一个组成部分。用鼠标右键单击项目名，然后在弹出的快捷菜单中选择【添加图形】命令，将其他图纸添加到当前项目中，如图 12-11 所示。

图 12-10　在同一项目中新建图纸　　　　　图 12-11　在同一项目中添加其他图纸

如果需要删除某项目中的多余图纸，则可用鼠标右键单击项目名，然后在弹出的快捷菜单中选择【删除图形】命令，弹出【选择要处理的图形】对话框。在【选择要处理的图形】对话框上方的图纸列表中选择要处理的一张或多张图纸后，单击【全部执行】按钮或【处理】按钮，将其转移到该对话框下方的处理列表中，最后单击【确定】按钮，将所选图纸删除，如图 12-12 所示。

图 12-12　删除图纸

4．复制和删除项目

如果需要完整地复制一个项目，则可以在【项目】选项卡中单击【复制】按钮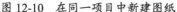，弹出【复制项目】对话框。在该对话框中输入已有的项目名，或者单击【复制激活项目】按钮，确定要复制的项目，最后单击【确定】按钮将复制的项目另存为新项目，从而完成项目的复制，如图 12-13 所示。

图 12-13　复制项目

如果要删除不需要的项目，则在【项目】选项卡中单击【删除】按钮，从项目路径中选取要删除的项目并单击【打开】按钮，即可删除该项目，如图 12-14 所示。

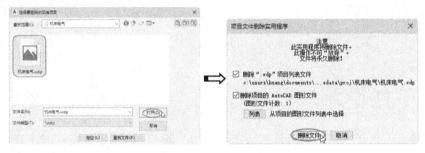

图 12-14　删除项目

5. 添加激活图形

如果需要将某个项目的项目属性应用到某张图纸上，则在项目浏览器中的其他项目位置上用鼠标右键单击该项目，然后在弹出的快捷菜单中选择【添加激活图形】命令，将该项目的属性定义应用到当前激活的图形中，如图 12-15 所示。

图 12-15　添加激活图形

6. 激活项目

在项目浏览器中激活某个项目后，随后添加的图形或新建的图形都会自动归属于激活的项目。项目浏览器中已经激活的项目为黑色高亮加粗显示。若要激活项目，则在该项目位置用鼠标右键单击，在弹出的快捷菜单中选择【激活】命令，即可激活该项目。激活的项目排列在最上面，如图 12-16 所示。

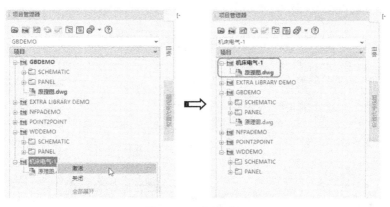

图 12-16 激活项目

激活项目的好处是，当要新建一个项目时，可以将激活项目中的项目属性继承到新项目。

12.3 元件设计工具

元件（电气符号块）和导线是构成电气原理图的重要组成部分。

12.3.1 插入原理图元件

绘制电气原理图的第一步就是插入原理图符号。

1. 从图标菜单中插入元件

切换到【原理图】选项卡，在【插入元件】面板的【插入元件】列表中单击【图标菜单】按钮，弹出【插入元件】对话框，如图 12-17 所示。

图 12-17 【插入元件】对话框

插入元件的方法如下：在左侧【菜单】列表中展开符号列表，然后在右侧显示的符号图集中单击所需的符号块，将该符号块插入图框中，如图 12-18 所示。

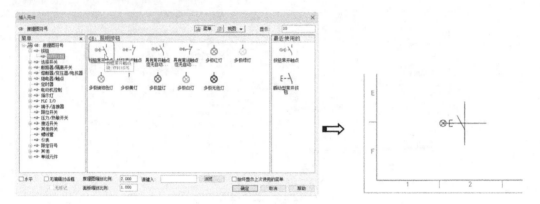

图 12-18　将符号块插入图框中

提示：

在默认情况下，【插入元件】对话框中的元件符号为英制符号。要想插入公制符号，必须先在【项目管理器】选项板中用鼠标右键单击 GBDEMO 项目名，并在弹出的快捷菜单中选择【激活】命令，将符合国家标准的项目设为当前激活的项目。这样再次打开【插入元件】对话框就会显示 GB 元件符号。

当然，也可以在【插入元件】对话框的右侧区域单击所显示的原理图符号图标，可快速找到所需符号块，如图 12-19 所示。

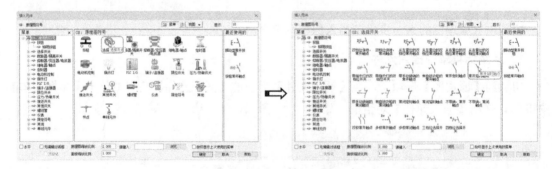

图 12-19　单击符号图标

插入符号块时，系统默认的插入方式为竖直插入。若要水平插入符号，则可以在【插入元件】对话框中勾选底部的【水平】复选框，单击【确定】按钮后自动插入水平放置的符号，如图 12-20 所示。

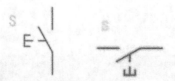

图 12-20　电气符号的竖直插入和水平插入

在图框中如果插入的是主元件符号块,则会弹出【插入/编辑元件】对话框,如图 12-21 所示。

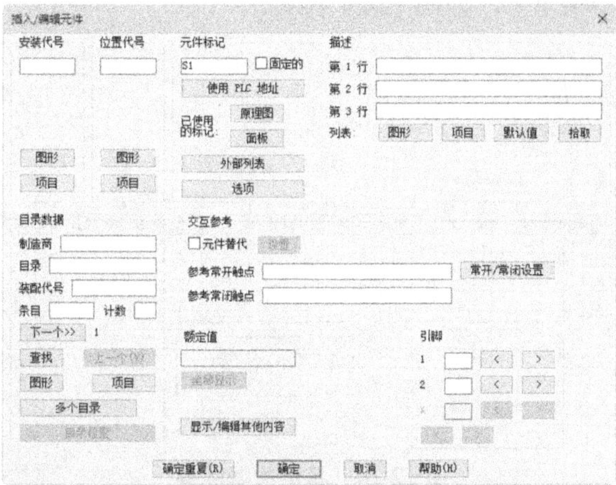

图 12-21 【插入/编辑元件】对话框

若插入的是辅助元件符号块,则会弹出如图 12-22 所示的【插入/编辑辅元件】对话框,该对话框用来将辅元件和主元件进行关联并赋予值。

图 12-22 【插入/编辑辅元件】对话框

2. 从目录浏览器中插入元件

在【插入元件】面板的【插入元件】列表中单击【目录浏览器】按钮，此时会弹出【目录浏览器】选项板。在【目录浏览器】选项板的【类别】下拉列表中选择一种元件类型,然后单击【搜索】按钮，将搜索到的所有该元件类型的元件显示在【结果】列表中,如图 12-23 所示。

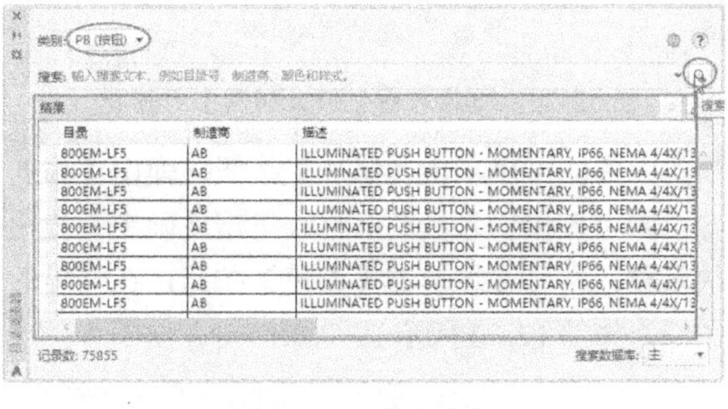

图 12-23 搜索元件

在元件列表中选择一种元件,与该元件相关联的图标(包括水平符号图标和竖直符号图标)就会显示在弹出的工具子菜单中,如图12-24所示。

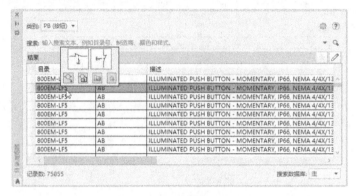

图12-24 显示关联图标

选取一个关联图标,可将所选元件符号块插入项目中。

如果所选的元件类别没有与该元件相关联的图标,则可以单击按钮,打开【插入元件】对话框,从中可以选择一种元件图标,将元件图标映射到所选元件。之后再次选择此元件目录时就会显示与之关联的图标。

3. 从用户定义的列表中插入元件

在【插入元件】面板的【插入元件】列表中单击【用户定义的列表】按钮,此时会弹出【原理图元件或回路】对话框,该对话框中会列出用户之前使用的元件,如图12-25所示。

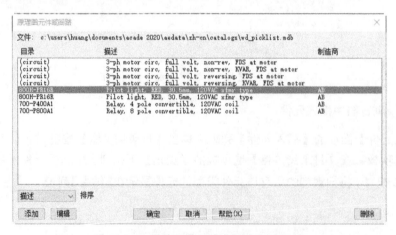

图12-25 【原理图元件或回路】对话框

如果列表中没有所需的元件,可以单击【添加】按钮,弹出【添加记录】对话框。如果用户知道所需元件的块名称,则可直接输入块的名称,单击【确定】按钮后即可直接调用该块。如果不清楚所需元件的块名称,则可通过单击【浏览】按钮,在弹出的【选择原理图元件或回路】对话框中打开元件图纸,如图12-26所示。

第 12 章 AutoCAD Electrical 简介

图 12-26　添加元件

在【原理图元件或回路】对话框中选择要添加的元件，单击【确定】按钮即可完成元件的插入操作。

4．多次插入元件

当需要插入同种元件类型的多个元件时，可以使用【多次插入】命令。在【插入元件】面板中单击【多次插入】按钮 ，打开【插入元件】对话框。选择一种元件符号后，在原理图中绘制 1 条与 3 条导线相交的直线，随后自动完成 3 个同类型元件的插入，如图 12-27 所示。

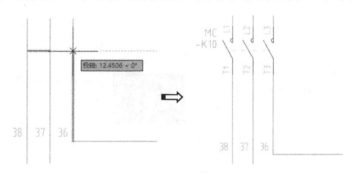

图 12-27　多次插入同类型元件

12.3.2　插入其他设备元件和符号

1．插入 PLC

可编程逻辑控制器（Programmable Logic Controller，PLC）是一种专门为在工业环境下应用而设计的数字运算操作电子系统。它采用一种可编程的存储器，在其内部存储执行逻辑运算、顺序控制、定时、计数和算术运算等操作的指令，通过数字式或模拟式的输入和输出来控制各种类型的机械设备或生产过程。

在【插入元件】面板中单击【插入 PLC（参数）】按钮 ，会弹出【PLC 参数选择】对话框，此对话框的 PLC 列表中包含 3 种 PLC I/O 模块。在该对话框中，可以定义 PLC 模块的图形样式和比例选项。图样编号为 1～5 的是 PLC 预定义的图形样式，如图 12-28 所示。如果这 5 种预定义样式都不符合您的特定要求，则可以创建自己的样式（编号为 6～9）。

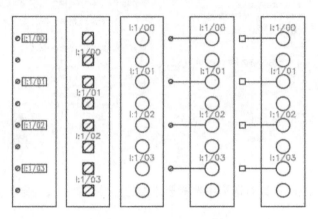

图 12-28　5 种 PLC 图形样式

选择要添加的 PLC 模块并设置图形样式后，单击【确定】按钮，可在项目中插入完整的 PLC 单元，如图 12-29 所示。

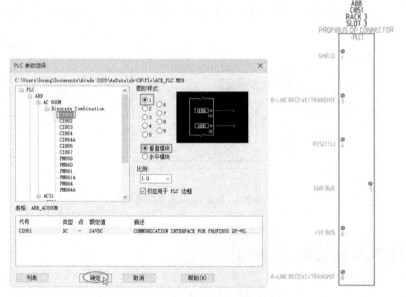

图 12-29　插入 PLC 单元

2．插入连接器

连接器是控制系统或整机电路单元之间电气连接或信号传输必不可少的关键元件。借助连接器可以实现电线、电缆、印刷电路板和电子元件之间的连接。在 ACE 中，连接器主要是电气图中常见的插头、插座等器件。

在【插入元件】面板中单击【插入连接器】按钮，会弹出【插入连接器】对话框。

完成连接器的参数定义后，单击【插入】按钮即可在项目中插入连接器，如图 12-30 所示。

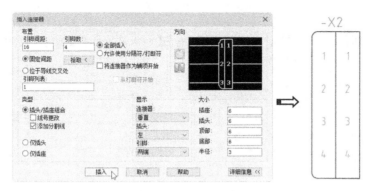

图 12-30　插入连接器

3．插入电气气动元件

ACE 中的气动元件用于电气气动系统设计。电气气动系统广泛用于工业生产和工程机械中，如机床、产品自动生产线等。电气气动系统所涉及的内容主要包括电气元件、气动和控制电路。

在【插入元件】面板中单击按钮 展开面板，将显示【插入气动元件】、【插入液压元件】和【插入 PID 元件】这 3 个工具按钮。

单击【插入气动元件】按钮 会弹出【插入元件】对话框，此对话框中显示了所有气动元件的符号块，如图 12-31 所示。

图 12-31　【插入元件】对话框（一）

插入气动元件的过程与插入原理图的元件操作过程是完全相同的。

4．插入液压元件

ACE 中的液压元件用于电气液压传动系统设计，常见的液压元件有齿轮泵、叶片泵、柱塞泵、液压缸（气缸）、液压马达、单向阀、换向阀、压力表、限流器、溢流阀、顺序阀、压力继电器等。

在【插入元件】面板中单击按钮 ▼ 展开面板。单击【插入液压元件】按钮，会弹出【插入元件】对话框，该对话框中显示了所有液压元件的符号块，如图 12-32 所示。

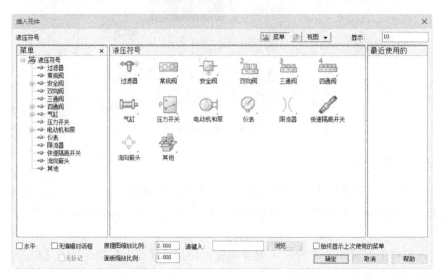

图 12-32　【插入元件】对话框（二）

5. 插入 PID 元件

PID（比例 P、积分 I、微分 D）指的是一种闭环控制的算法，因此要实现 PID 算法，必须在硬件上具有闭环控制，就是必须有反馈。例如，如果要控制电机的转速，就得有一个测量转速的传感器，并将结果反馈到控制路线上。

并不是必须同时具备这 3 种算法，也可以是 PD、PI，甚至只有 P 算法控制。

- 比例控制（P）：采用 P 算法控制规律能较快地克服扰动的影响，它的作用是输出值较快，但不能很好地稳定在一个理想的数值，不良的结果是虽然可以有效地克服扰动的影响，但有余差出现。它适用于控制通道滞后较小、负荷变化不大、控制要求不高、被控参数允许在一定范围内有余差的场合，如水泵房冷水池和热水池的水位控制，以及油泵房中间油罐油位控制等。
- 比例积分控制（PI）：在工程中，比例积分控制规律是应用最广泛的一种控制规律。积分能在比例的基础上消除余差，所以比例积分控制适用于控制通道滞后较小、负荷变化不大、被控参数不允许有余差的场合，如流量控制系统、油泵房供油管流量控制系统、温度调节系统等。
- 比例微分控制（PD）：微分具有超前作用，对于具有容量滞后的控制通道，引入微分参与控制，在微分项设置得当的情况下，对提高系统的动态性能具有显著效果。因此，对于控制通道的时间常数或容量滞后较大的场合，为了提高系统的稳定性并且减小动态偏差等，可选用比例微分控制规律，如加热型温度控制、成分控制。需要说明的是，对于那些纯滞后较大的区域，微分项是无能为力的，而在测量信号有噪声或周期性振动的系统中，也不宜采用微分控制，如大窑玻璃液位的控制。

第 12 章 AutoCAD Electrical 简介

- 比例积分微分控制（PID）：比例积分微分控制规律是一种较理想的控制规律，在比例的基础上引入积分，可以消除余差，再加入微分作用，又能提高系统的稳定性。比例积分微分控制适用于控制通道时间常数或容量滞后较大、控制要求较高的场合，如温度控制、成分控制等。

PID 元件是应用在 PDI 闭环控制算法中的系统元件。在【插入元件】面板上单击按钮 ▼ 展开面板，然后单击【插入 PID 元件】按钮 ，弹出【插入元件】对话框，此对话框中显示所有 PID 元件的符号块，如图 12-33 所示。

图 12-33　【插入元件】对话框（三）

12.3.3　插入回路

回路是指电路或电气回路，是由电气设备和元件按一定方式连接起来并构成一定功能的网络。

为了方便用户快速绘制电路图，ACE 中提供了一些常见的电气回路作为标准块，插入电气项目中作为其中的一个部分。需要注意的是，可以插入一个或多个回路。

1．回路编译器

利用回路编译器可以预填充用于构建和注释电动机控制回路与馈电回路的采样数据。回路包括三相、单相和单线这 3 种。

在【插入元件】面板中单击【回路编译器】按钮 ，会弹出【回路选择】对话框，如图 12-34 所示。

在【回路】列表中选择一种回路，定义比例、横档间距及注释后，单击【插入】按钮，可将所选回路自动插入项目中。在线路中插入的三相电动机回路（水平 - 可逆 - 反转式）如图 12-35 所示。

图 12-34 【回路选择】对话框

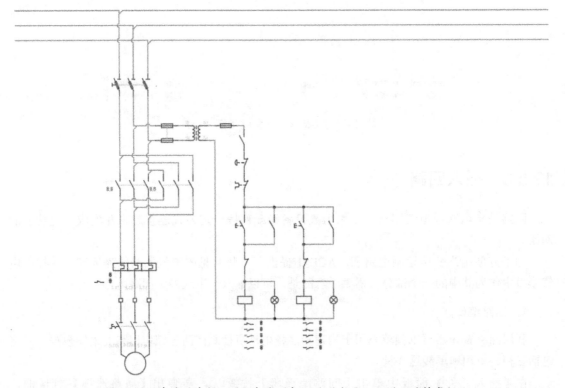

图 12-35 在线路中插入的三相电动机回路（水平 - 可逆 - 反转式）

回路编译器可以自定义。在【回路选择】对话框中选择要插入的回路后，单击【配置】按钮，在项目中插入回路后会自动弹出【回路配置】对话框。通过【回路配置】对话框可以对回路中的元件进行参数设置和图层设置，如图 12-36 所示，配置完成后单击【完成】按钮，完成回路的插入。

第 12 章　AutoCAD Electrical 简介

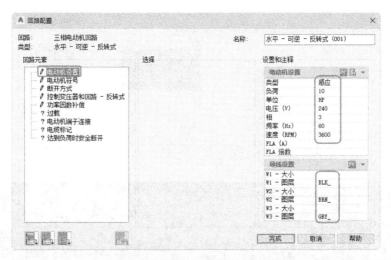

图 12-36　【回路配置】对话框

2. 插入已写为块的回路

可以通过【插入已写为块的回路】命令，将系统库中的回路块文件插入当前项目中。初次在【插入元件】面板中单击【插入已写为块的回路】按钮 时，会弹出【警告】对话框，如图 12-37 所示，该对话框中提示信息的含义如下：ACE 项目图形中要插入的回路块必须具有与 ACE 兼容的特性。与 ACE 兼容的特殊块（WD_M.dwg）在系统默认的符号库中，WD_M.dwg 块有 50 个属性，包括图形布局、阶梯默认设置、元件标记、线号标记、图层、串联输入/输出及交互参考等。

单击【警告】对话框中的【确定】按钮会弹出【插入已写为块的回路】对话框。【插入已写为块的回路】对话框直接显示 ACE 的符号库所包含的 8 个特殊块，如图 12-38 所示。

图 12-37　【警告】对话框　　　图 12-38　【插入已写为块的回路】对话框

选择一个特殊块（回路）文件，单击【打开】按钮会弹出【回路缩放】对话框，在该对话框中设置回路块的缩放比例和相关的复选框选项，单击【确定】按钮将回路块插入项目中的对应位置上，如图 12-39 所示。

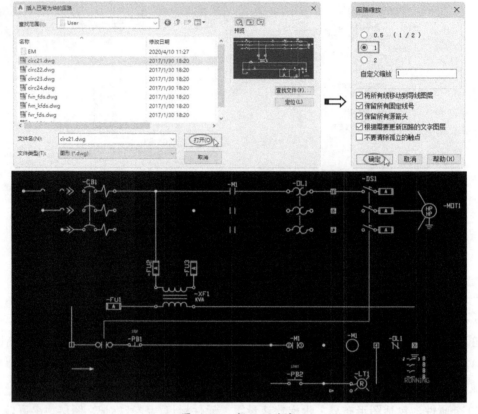

图 12-39　插入回路块

3. 插入保存的回路

用户也可以将自定义的回路存为特殊块文件，以便后期多次使用。在【编辑元件】面板中单击【将回路保存到图标菜单】按钮，会弹出【将回路保存到图标菜单】对话框，在该对话框中单击右上角的【添加】下拉按钮，在弹出的下拉菜单中选择【添加回路】命令（见图12-40），会弹出【添加现有回路】对话框。

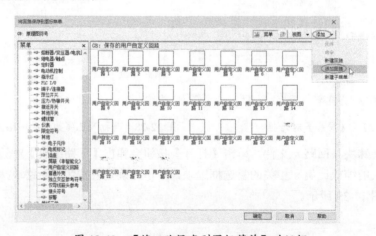

图 12-40　【将回路保存到图标菜单】对话框

第 12 章　AutoCAD Electrical 简介

定义回路图标的名称与图标图像文件的路径后，单击【确定】按钮，即可将现有的回路保存到图标菜单中，如图 12-41 所示。

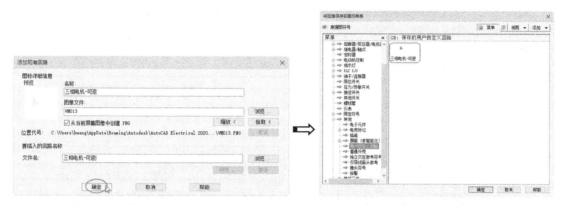

图 12-41　定义回路图标

保存用户定义的回路后，可以在【插入元件】面板中单击【插入已保存的回路】按钮，在弹出的【插入元件】对话框中选取用户保存的回路，单击【确定】按钮后即可将保存的回路在当前项目中打开，如图 12-42 所示。

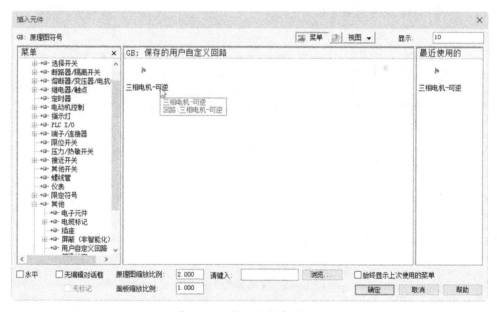

图 12-42　插入已保存的回路

4．回路的复制与粘贴

除了插入已保存的回路进行反复使用，用户还可以将当前项目中的某部分回路临时进行复制和粘贴，以快速完成整个电气系统的创建。

复制回路其实是将回路复制到计算机系统的剪贴板中，调用回路图形时再从剪贴板中粘贴即可。在【回路剪贴板】面板中单击【复制选定对象】按钮，在项目中指定插入一个图形的基点，然后框选复制回路,按空格键或 Enter 键确认复制结果,此时选取的对象就会被复制到系统剪贴板中,如图 12-43 所示。

要粘贴时,在【回路剪贴板】面板中单击【粘贴】按钮,弹出【回路缩放】对话框,如图 12-44 所示。定义好缩放比例和选项后,单击【确定】按钮即可将复制的回路粘贴到相应的位置上。

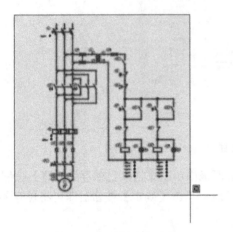
图 12-43 复制回路对象

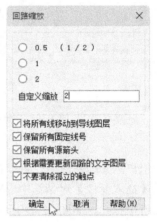
图 12-44 设置回路缩放

12.3.4 编辑与操作元件

ACE 提供了元件编辑与操作工具,在如图 12-45 所示的【编辑元件】面板中。

图 12-45 【编辑元件】面板

1. 编辑元件

使用【编辑】工具可以编辑元件、PLC 模块、端子、线号或信号箭头等元件对象的标记、目录指定、位置、安装、描述、额定值及其他值。

单击【编辑】按钮,选取要编辑的元件后会自动弹出【插入/编辑元件】对话框,如图 12-46 所示。该对话框与插入元件时所弹出的【插入/编辑元件】对话框是完全相同的,通过该对话框可以修改相关的元件信息。

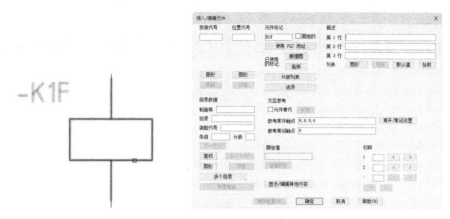

图 12-46 编辑元件信息

2. 删除元件

单击【删除元件】按钮 可将原理图中不需要的元件删除，如图 12-47 所示。

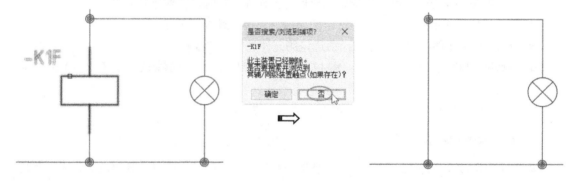

图 12-47 删除元件

3. 复制元件

单击【复制元件】按钮 ，可将选定的元件复制到回路中的其他位置上，如图 12-48 所示。移动复制时在弹出的【插入/编辑元件】对话框中单击【确定重复】按钮，可以重复复制元件。

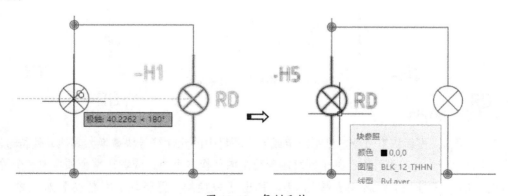

图 12-48 复制元件

4. 操作元件

在【编辑元件】面板的操作元件下拉列表中有以下操作元件的工具，如图 12-49 所示。

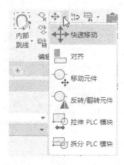

图 12-49　元件操作工具

- 快速移动：使用此命令，可以将选定元件或导线沿着其连接的导线或导线母线快速地移动到所需位置上。
- 对齐：使用此命令，可以将选定的元件与主元件以临时对齐线进行对齐。
- 移动元件：使用此命令，仅将选定的元件沿连接导线进行平移。
- 反转 / 翻转元件：使用此命令，将选定的元件进行反转或翻转。
- 拉伸 PLC 模块：使用此命令，将 PLC 模块进行拉伸，与 AutoCAD 中【拉伸】命令的作用相同。
- 拆分 PLC 模块：使用此命令，可将 PLC 模块拆解。

5. 切换常开 / 常闭

单击【切换常开 / 常闭】按钮，选取常开或常闭开关符号，可将常开更改为常闭，反之将常闭更改为常开，如图 12-50 所示。

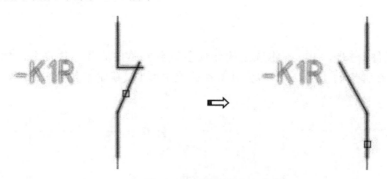

图 12-50　将常闭更改为常开

6. 替换 / 更新块

使用【替换 / 更新块】命令，可将选定或整个项目中的元件符号块替换为其他元件符号块。可以一次替换一个块，也可以在某个回路图形范围内替换多个块，或者在整个项目中完全替换相同块。单击【替换 / 更新块】按钮，弹出【替换块 / 更新块 / 库替换】对话框，如图 12-51 所示。

图 12-51 【替换块/更新块/库替换】对话框

【替换块/更新块/库替换】对话框中各选项的含义如下。
- 一次一个：选择此选项，一次替换一个元件。
- 图形范围：选择此选项，将在单一回路中替换元件。
- 项目范围：选择此选项，将在整个电气项目中替换单个回路或多个回路中的块。
- 从图标菜单中拾取新块：选择此选项，将从【插入元件】对话框的图标菜单中选取新元件（新块）替换旧元件（原始块）。
- 拾取"类似"新块：选择此选项，在回路中选择与原始块类似的新块。
- 从文件选择对话框浏览到新块：指定从文件选择对话框中选择新块。
- 保留原来的属性位置：指定保留原始块的属性位置。
- 保留原有块比例：指定保留原始块的比例值。
- 允许重新连接未定义的导线类型线条：指定在新块换入时包含用于重新连接的非导线线条。
- 如果主项替换使种类发生了改变，将自动重新标记：如果元件的种类代号因替换发生了改变，则将自动对元件重新标记。否则，即使标记与新元件的种类代号不匹配，标记也将保持不变。
- 更新块：用相同块的更新版本更新给定块的所有实例。
- 库替换：用相同符号的更新版本更新库符号的所有实例。
- 使用相同的属性名：使用原始块中的相同属性名。
- 使用属性映射文件：允许将某些属性的值映射到不同的属性名。

如图 12-52 所示，在图形中拾取一个新块替换原始块。

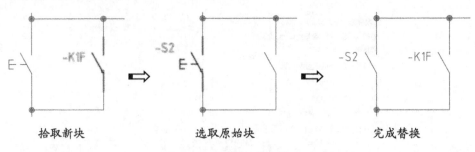

图 12-52 替换元件操作

由于篇幅有限，其他编辑元件的工具在此就不再介绍，在后续电气图绘制过程中需要这些工具时再进行详细阐述。

12.4 导线与线号设计工具

插入元件后，需要使用导线工具将元件按一定的关系进行连接，形成完整的回路。插入导线后，需要对导线进行编号，并且根据需要提取其信息。

12.4.1 插入导线

在设计电路图时，当插入元件符号后，如果导线不能断线，就不算真正的电路图，因此导线必须能够在插入或移动电气元件时自动断线，并且当元件符号删除时导线又可以恢复。在 ACE 中进行类似的元件符号的插入、移动、编辑时，导线均可以自动断线和缝合。

在 ACE 中可以插入单条导线和多条导线，下面介绍一些常用的导线插入工具（见图 12-53 所示）。

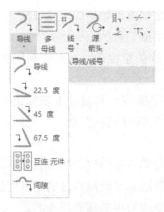

图 12-53 导线插入工具

1. 导线

利用【导线】命令，可以插入具有自动连接和打断、导线交叉间隔或跨越特性的导线。插入的导线将自动添加到默认的导线图层（YE_14_THHN）中。

单击【导线】按钮，命令行中会显示如下操作提示：

指定导线起点或 [导线类型 (T)/X= 显示连接]:

- 导线类型：设置导线的类型、图层及颜色等。选择此选项，将弹出【设置导线类型】对话框，如图 12-54 所示。通过此对话框可以改变导线的图层，图层中就包含了导线的大小、线型和颜色等信息。

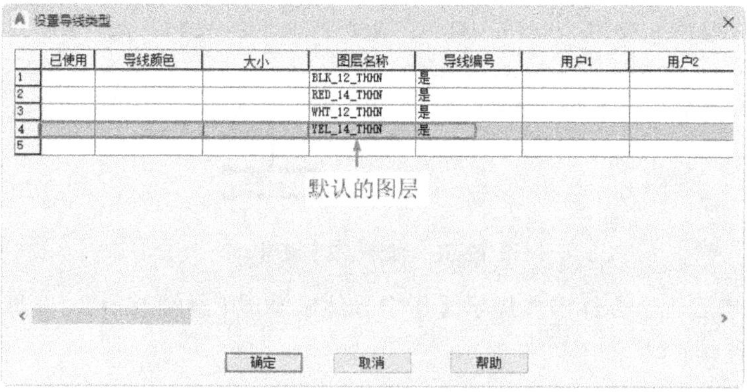

图 12-54　【设置导线类型】对话框

- 显示连接：选择此选项，在导线接近元件时将会显示元件上的接线连接点，这些点为临时图形，相当于捕捉约束标记。

绘制导线的起点后，命令行中会显示如下操作提示：

指定导线末端或 [V = 起点垂直 /H = 起点水平 /TAB = 碰撞关闭 / 继续 (C)]:

- V= 起点垂直：选择此选项，导线将在竖直方向上绘制。可按 V 键切换选项。
- H= 起点水平：选择此选项，导线将在水平方向上绘制。在默认情况下，这两个选项是默认开启的，无须用户选择。可按 H 键切换选项。
- TAB= 碰撞关闭：此选项控制导线是否启用碰撞检查。默认为碰撞关闭，选择此选项或按 Tab 键可切换到碰撞开启状态。碰撞关闭和碰撞开启这 2 种状态下的导线绘制样式如图 12-55 所示。

TAB = 碰撞关闭　　　　TAB = 碰撞开启

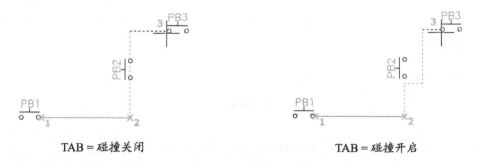

图 12-55　导线绘制样式

- 继续：选择此选项或按 C 键，结束前一段导线后可继续绘制下一段导线。

2. 绘制 22.5 度导线

利用【22.5 度】命令可以绘制与水平方向成 22.5°夹角的导线。单击【22.5 度】按钮，命令行中会显示如下操作提示：

为 22.5 度的导线选择元件或分支 [T=导线类型,X=显示连接]：

按操作提示选择要连接导线的元件，然后拖动十字光标即可绘制 22.5 度导线，如图 12-56 所示。

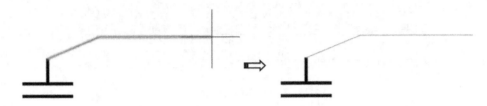

图 12-56 绘制 22.5 度导线

绘制导线起点后，命令行操作提示【指定导线末端或 [继续 (C)]】，选择要连接的元件，自动完成导线的绘制。

3. 绘制 45 度、67.5 度导线

利用【45 度】、【67.5 度】命令可以绘制与水平方向成 45°或 67.5°夹角的导线，如图 12-57 所示。

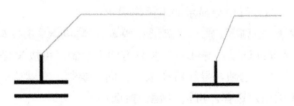

图 12-57 绘制 45 度和 67.5 度导线

4. 互连元件

利用【互连元件】命令，可以在所选的 2 个元件之间自动插入导线。单击【互连元件】按钮，按命令行中的操作提示选择第一个元件和第二个元件，系统会自动绘制连接导线，如图 12-58 所示。

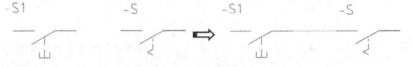

图 12-58 在元件之间插入导线

> 提示：
>
> 只有在水平方向或竖直方向上分布的元件才能利用【互连元件】命令绘制导线。

5. 间隙和T形点标记

当2条导线形成"十"字相交时，需要注明2条相交导线是接线点连接还是直接跨过。直接跨过的导线用间隙标记表示，而接线点连接用T形点标记表示，如图12-59所示。

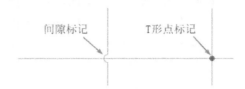

图12-59 导线的间隙标记和T形点标记

在一般情况下，当插入导线时，新导线与旧导线交汇时会自动插入间隙标记。在某些特殊情形下，需要用户利用【间隙】工具手动添加间隙标记。单击【间隙】按钮，按命令行中的操作提示，首先选择要保留实体的导线（意思是不插入间隙的底部导线），然后选择要设置间隙的交叉导线，随后自动插入间隙标记，如图12-60所示。

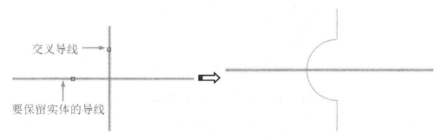

图12-60 插入间隙标记

若要插入T形点标记，则在【插入导线/线号】面板中单击【T形点标记】按钮，然后在两两相交的导线的交叉点上放置T形点标记即可，如图12-61所示。

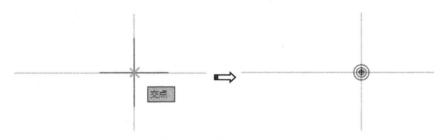

图12-61 插入T形点标记

6. 多母线

利用【多母线】命令可以同时插入2条、3条或4条导线，可以定义导线之间的间距及导线开始位置。

单击【多母线】按钮，弹出【多导线母线】对话框，如图12-62所示，该对话框中各选项的含义如下。

- 水平－间距：定义水平导线之间的间距值。

- 垂直-间距：定义竖直导线之间的间距值。
- 元件：选择此选项，多导线将从所选元件开始绘制。
- 其他母线：选择此选项，将从其他多导线母线开始绘制。
- 空白区域，水平走向：选择此选项，将在空白位置开始绘制水平的多导线母线。
- 空白区域，垂直走向：选择此选项，将在空白位置开始绘制竖直的多导线母线。
- 导线数：可以在文本框中输入想要的导线数，也可以单击按钮 2 、 3 或 4 确定导线数。

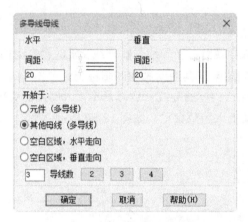

图 12-62 【多导线母线】对话框

多导线母线（3 母线和 2 母线）的绘制范例如图 12-63 所示。

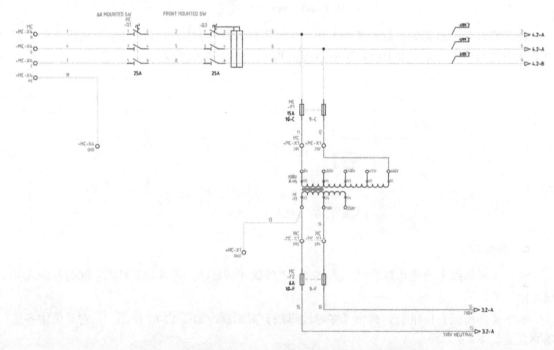

图 12-63 多导线母线（3 母线和 2 母线）的绘制范例

12.4.2 插入线号

插入多导线母线后需要为导线进行编号，可以为指定导线进行编号，也可以为三相电动机导线插入固定编号，或者为 PLC 的输入 / 输出模块连接线进行编号。插入线号的工具如图 12-64 所示。

图 12-64　插入线号的工具

1. 线号

利用【线号】命令，可以为插入的导线进行编号。线号是具有插入线条导线实体中的属性的块。ACE 提供了 4 种线号类型：普通线号、固定线号、额外线号和信号。

单击【线号】按钮弹出的【导线标记】对话框如图 12-65 所示，该对话框中各选项的含义如下。

图 12-65　【导线标记】对话框

- 要执行的操作：如果选中【仅标记新项 / 未编号项】单选按钮，那么仅标记新导线或未编号的导线；如果选中【标记 / 重新标记所有项】单选按钮，那么无论是新导线还是旧导线，均可重新标记。
- 导线标记模式：定义导线标记的编号顺序和线参考。【连续】选项是依据所选导线依次编号的，如 1、2、3 的标记。【X 区域】选项是基于某个区域编号的，如 8、8A、8B、8C 等。导线标记模式如图 12-66 所示。

图 12-66　导线标记模式

- 格式替代：指定要用来替代【图形特性】对话框中所设置的格式的导线标记格式。
- 使用导线图层格式替代：使用图层定义的格式来替代默认线号格式。
- 插入为"固定"项：选择此选项，将所有线号强制变为固定线号。固定线号意味着以后再次运行线号重新标记操作时，这些线号将不更新。
- 交互参考信号：选择此选项，将更新导线信号源/目标符号上的交互参考文字。
- 刷新数据库（用于信号）：选择此选项，将更新导线信号源/目标符号数据库。
- 项目范围：标记或重新标记项目范围中的布线。
- 拾取各条导线：单击此按钮，在项目中拾取要标记线号的单条或多条导线，按 Enter 键后将自动编号。
- 图形范围：单击此按钮，将按照设定的编号值重新对项目中的导线进行编号。

2. 三相

利用【三相】命令可以将三相回路中的三相导线插入固定线号。单击【三相】按钮弹出的【三相导线编号】对话框如图 12-67 所示，该对话框中各选项的含义如下。

图 12-67　【三相导线编号】对话框

- 【前缀】选项组：指定线号的前缀值。
- 【基点】选项组：指定线号的基点起始编号。
- 【后缀】选项组：指定线号的后缀值。
- 【线号】选项组：显示要插入图形中的线号的预览。
- 保留：选择此选项，保留前缀、基点或后缀所设定的值。
- 增量：选择此选项，线号将以递增方式进行插入。
- 列表：单击此按钮，可从弹出的【前缀】或【后缀】对话框的列表中选择一个参数作为前缀或后缀，如图 12-68 所示。

图 12-68　选择前缀

- 拾取：单击此按钮，将在项目中指定一个已有线号作为起始编号，然后继续编号。
- 最大值：指定线号的最大数。选择新选项（【3】、【4】或【无】）时，【线号】区域将与预览一同自动更新。

在【三相导线编号】对话框中设定好参数后，单击【确定】按钮，在项目中选取要插入线号的三相导线，将自动插入固定线号，如图 12-69 所示。

图 12-69　插入三相导线线号

3. PLC I/O

利用【PLC I/O】命令，根据连接的 PLC I/O 地址值插入固定线号，此线号即使是重新标记的也不会被更改。

单击【PLC I/O】按钮弹出的【PLC I/O 线号】对话框如图 12-70 所示，在该对话框中输入标记格式，单击【确定】按钮，在项目中拾取要标记的 PLC 模块和其中的导线，即可自动插入固定线号，如图 12-71 所示。

图 12-70　【PLC I/O 线号】对话框

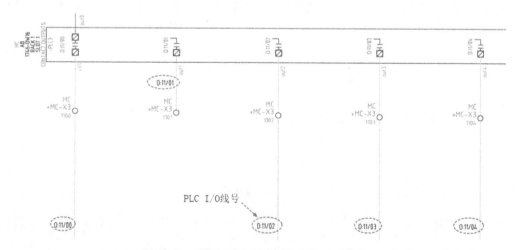

图 12-71　插入固定线号

12.4.3 编辑导线与线号

插入导线和线号后，可以利用【编辑导线/线号】面板中的相关编辑命令对导线和线号进行修改。鉴于篇幅限制，下面仅介绍一些常用的编辑工具。

1. 编辑线号

【编辑线号】命令用来修改选定线号的属性值和线号值。单击【编辑线号】按钮，选取一个线号后将弹出【编辑线号/属性】对话框，在该对话框中可以为导线重新设定线号，可将线号设为【可见】或【设置为隐藏】，编辑线号的属性将显示在输出的报告中，如图 12-72 所示。

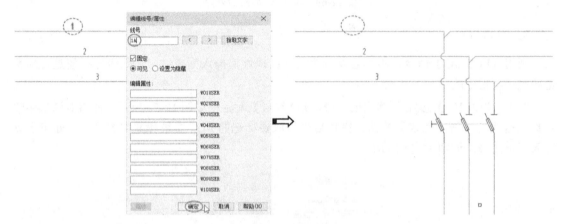

图 12-72　编辑线号

2. 隐藏和取消隐藏线号

除了在编辑线号时可以设置线号是否隐藏，还可以利用【隐藏】工具选取线号进行隐藏，如图 12-73 所示。再利用【取消隐藏】工具，选取导线以恢复线号的显示。

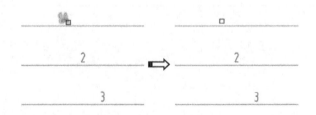

图 12-73　隐藏线号

3. 修剪导线

单击【修剪导线】按钮可以选取导线对其进行修剪，如图 12-74 所示。

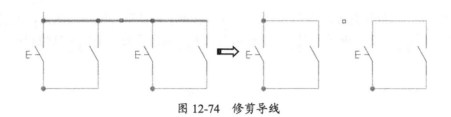

图 12-74 修剪导线

4. 其他导线/线号编辑工具

- 删除线号：利用此工具可以删除线号。
- 移动线号：利用此工具可以将线号移至其他位置。
- 切换有角度的T形标记：利用此工具可以更改T形标记的连接方向，如图12-75所示。

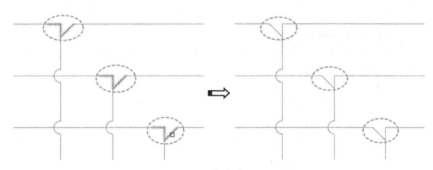

图 12-75 切换有角度的T形标记

- 翻转导线间隙：利用此工具选取有导线间隙的导线后，将导线间隙或回路切换到其他导线中，如图12-76所示。

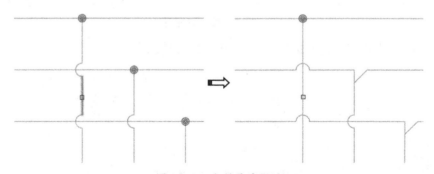

图 12-76 翻转导线间隙

12.5 面板布置示意图

ACE提供了创建元件布置的布局功能。ACE中的面板功能主要是绘制元件布局的示意图或布局图。面板示意图是将电气元件、导轨或端子排等装置按照实际的布线情况进行合理布局的平面位置示意图，如常见的电源箱、电气柜面板、电气柜内布置等。

在 ACE 中，面板示意图的电气元件符号与原理图中元件符号所不同的是，面板示意图元器件符号用标记、形状表示。图 12-77 所示是一个小型的涂装烘干室电气控制柜的柜内布置图。

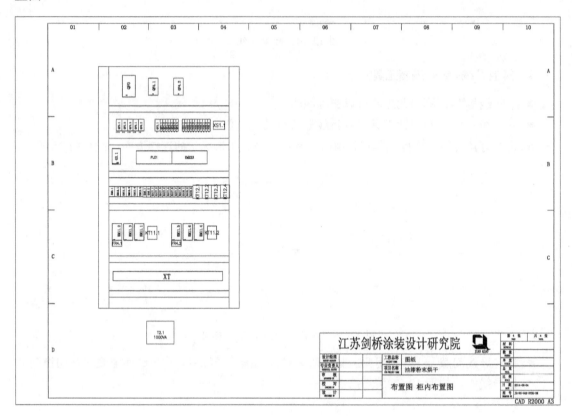

图 12-77　柜内布置图

ACE 面板图工具在【面板】选项卡中，如图 12-78 所示。

图 12-78　【面板】选项卡

12.5.1　插入元件示意图

插入元件示意图是向面板图纸中插入各种元件以完成布局。插入元件示意图的操作过程与插入原理图元件的操作过程基本相同，但略有出入。

下面介绍几种插入元件示意图的常用路径。

1. 通过【图标菜单】命令插入元件示意图

ACE 提供了一个灵活的电气设计环境,支持用户按照自己的想法进行设计。在着手设计时,用户可以创建面板布置图并使用它来推动逻辑控制原理图的创建工作。通过在图标菜单中选择元件示意图插入项目中是目前最便捷的一种面板布置图设计方式。

切换到【面板】选项卡,在【插入元件示意图】面板中单击【图标菜单】按钮,弹出【插入示意图】对话框。用户可以在该对话框左侧的【菜单】列表中选择要插入的元件符号,也可以在右侧【面板布局符号】界面中选择元件符号,如图 12-79 所示。

图 12-79 【插入示意图】对话框

在一般情况下,面板布局是在机箱或机柜中操作的,因此在【插入示意图】对话框中首先选择【外壳】示意图符号来插入,接着会弹出【示意图】对话框,如图 12-80 所示。【示意图】对话框中有 3 种定义示意图的选项:【选项 A】、【选项 B】和【选项 C】。【选项 A】与【选项 C】方法配合使用,而【选项 B】与【手动】方法插入示意图的选项设置是完全相同的,如图 12-81 所示。

图 12-80 【示意图】对话框　　　　图 12-81 使用【手动】方法插入示意图的选项

【选项 B】方法以手动绘制标记、形状来表达外壳的形状,用户在自定义时可以采用此方法。如果制造商提供相关的元件,那么可以在【选项 A】选项组中单击【目录查找】按钮进行查找,随后弹出【目录浏览器】对话框。

> **提示：**
> 由于软件是默认安装的，系统元件数据库和示意图数据库的很多数据都是不完整的，需要在安装 AutoCAD Electrical 2020 时选取所有制造商目录，避免在插入元件或面板示意图时无法搜索到数据库中的数据，如图 12-82 所示。如果已经安装了 AutoCAD Electrical 2020，但数据库文件不齐全，则可以卸载重新安装软件。

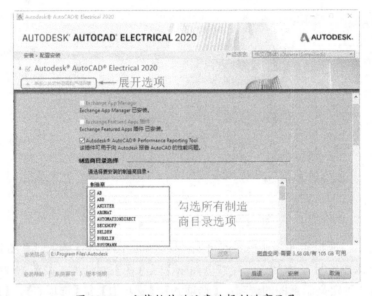

图 12-82　安装软件时注意选择制造商目录

在【搜索】文本框中输入一家制造商的名称，如 AB、ABB、RITTAL、LG 等，单击【搜索】按钮 即可自动搜索出该制造商的所有机柜设备型号，如图 12-83 所示。

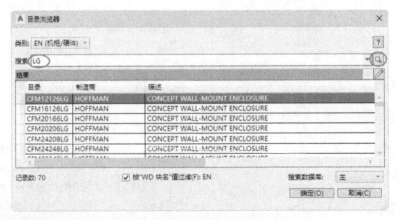

图 12-83　搜索制造商

选择一个设备型号，单击【确定】按钮返回【示意图】对话框，再单击【确定】按钮，即可将机柜示意图插入项目中，如图 12-84 所示。

第 12 章　AutoCAD Electrical 简介

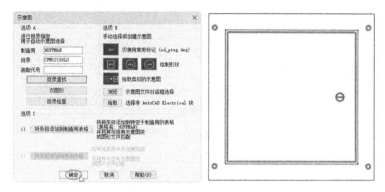

图 12-84　插入机柜示意图

其他元件及设备的示意图插入过程与上述插入机柜示意图的过程是完全相同的。

2. 通过【原理图列表】命令插入元件示意图

用户还可以通过【原理图列表】命令插入元件示意图，这种方式可以核实电气元件及设备是否有遗漏，并且可以在原理图的设备图形和面板示意图之间建立电子链接。

这种方式插入元件示意图的原理如下：创建好电气原理图之后，ACE 会提取原理图中的元件清单并放置到面板布置图中。用户要做的是从列表中选择设备或元件，然后将其拖至相应位置。每个原理图设备及元件的示意图将会插入面板布置图中的参考点上，随后 ACE 会在设备和面板示意图之间创建电子链接。当用户修改电气图中的关键数据时，系统将提示准许更新管理的内容，导线槽和装配硬件等非原理图条目也可以添加到面板布置图中并自动组合，以创建【智能】面板 BOM 表报告。

在【插入元件示意图】面板的【插入示意图】列表中单击【原理图列表】按钮 ，弹出【原理图元件列表 --> 插入面板布局】对话框，在此对话框中，可以从【项目】中提取元件信息，也可以从【激活图形】中提取元件信息。

如果是在原理图中直接设计面板布置图，那么需要选中【激活图形】单选按钮，单击【确定】按钮弹出【原理图元件（激活图形）】对话框，如图 12-85 所示。【原理图元件（激活图形）】对话框显示了当前图纸中的所有元件，依次选择元件并单击【插入】按钮，将元件示意图插入机柜面板中。

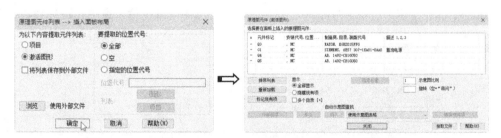

图 12-85　显示原理图元件列表

当在独立的面板布置图图纸中插入原理图元件时，必须选中【项目】单选按钮，然后在弹出的【选择要处理的图形】对话框顶部显示的图形列表中，选择一个原理图图形，然后单击【处理】按钮将其移至底部的列表中，如图 12-86 所示。

图 12-86 选择要处理的图形

单击【确定】按钮会弹出【原理图元件（激活项目）】对话框，然后选择元件插入面板布置图中即可，如图 12-87 所示。直至将该原理图中其余元件一一插入面板中，才算完成原理图元件的插入操作。

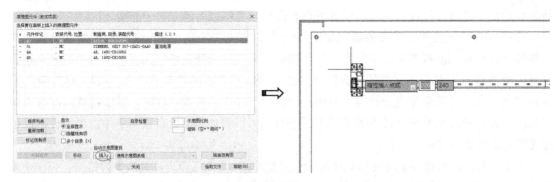

图 12-87 在面板中插入原理图元件

3．通过【手动】命令插入元件示意图

在【插入元件示意图】面板的【插入示意图】列表中单击【手动】按钮 会弹出【插入元件示意图 - 手动】对话框，该对话框中的选项与前面介绍的【示意图】对话框中【选项 B】选项组的选项含义完全相同，也就是通过手动绘制元件示意图。例如，需要手动绘制一个电气控制柜的柜体，单击【矩形形状】图标 ，然后在项目图纸中绘制柜体示意图，如图 12-88 所示。

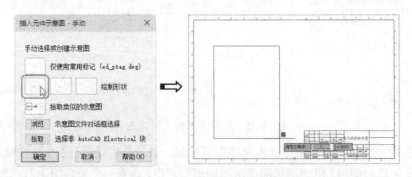

图 12-88 手动绘制柜体示意图

4. 通过【引出序号】命令插入元件示意图

当要创建面板 BOM 表时，可以使用【引出序号】命令自动标注面板布置图中的元件序号，从而节省大量时间。

例如，为如图 12-89 所示的 S1 按钮添加序号 1，以配合 BOM 表。单击【引出序号】按钮 ，首先选取按钮元件，然后确定引线的起点和终点，按 Enter 键后系统会自动创建引线和序号。

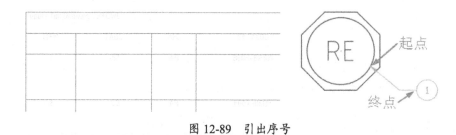

图 12-89　引出序号

12.5.2　插入端子示意图

"端子"在电工行业中主要是指接线端子，或称为接线终端。接线端子是为了方便导线的连接而应用的，它其实就是一段封在绝缘塑料中的金属片，两端都有孔可以插入导线，有螺钉用于紧固或松开，如两条导线，有时需要连接，有时又需要断开，这时就可以用端子把它们连接起来，并且可以随时断开，而不必把它们焊接起来或缠绕在一起。电工行业有专门的端子排和端子箱，上面全是接线端子，有单层的、双层的、电流的、电压的、普通的、可断的等，如图 12-90 所示。

图 12-90　端子排接线端子

1. 端子排编辑器

通过使用【端子排编辑器】命令可以编辑现有端子排或创建新的端子排。在【端子示意图】面板中单击【端子排编辑器】按钮 ，弹出【端子排选择】对话框，如图 12-91 所示。如果项目中已经有了端子排数据信息，那么打开的【端子排选择】对话框中会显示所有端子排信息，如图 12-92 所示。

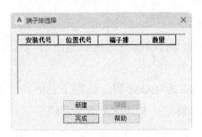

图 12-91　【端子排选择】对话框　　　　图 12-92　显示端子排信息

单击【新建】按钮，弹出【端子排定义】对话框。在该对话框中定义安装代号、位置代号、端子排编号和端子数量后，单击【确定】按钮完成定义，如图 12-93 所示。

接着弹出【端子排编辑器】对话框，在该对话框中先选择第一个端子，再单击对话框底部【特性】选项组中的【编辑端子特性】按钮，如图 12-94 所示。

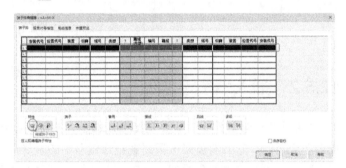

图 12-93　定义端子排　　　　　　　图 12-94　编辑第一个端子

在弹出的【端子特性】对话框中将【级别】设置为 1，并在下方增加的特性列中将【每个连接的导线数】的值设置为 2，完成后单击【确定】按钮，如图 12-95 所示。

在【端子排编辑器】对话框底部的【端子】选项组中单击【编辑端子】按钮，为第一个端子进行编号，完成后单击【确定】按钮，如图 12-96 所示。

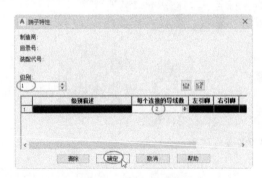

图 12-95　定义端子特性　　　　　　图 12-96　编辑端子

在【端子排编辑器】对话框底部的【特性】选项组中单击【复制端子】按钮，将第一个端子的特性进行复制，然后在端子排列表中选择第二个端子进行端子特性的粘贴操作，并对第二个端子进行编号，结果如图 12-97 所示。

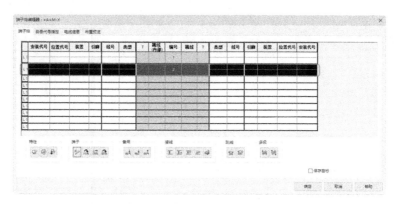

图 12-97 复制、粘贴端子特性

同理，将端子特性粘贴到其他端子上，如图 12-98 所示。

图 12-98 为其他端子复制、粘贴端子特性

如果端子之间有跳线连接，那么可以选中这 2 个端子，然后单击【跳线】选项组中的【指定跳线】按钮，在弹出的【编辑/删除跳线】对话框中单击【确定】按钮，完成跳线连接定义，如图 12-99 所示。

图 12-99 定义端子跳线

在【端子排编辑器】对话框的【布置预览】选项卡中，可以定义端子的比例，以适应图框大小，预览无误后单击【插入】按钮，将定义的端子排插入导轨示意图中，如图 12-100 和图 12-101 所示。

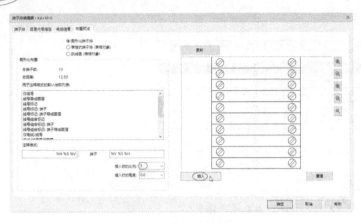
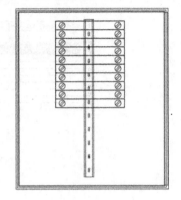

图 12-100　定义端子排比例　　　　　　图 12-101　插入端子排

2. 表格生成器

当创建了端子排示意图后，可以利用【表格生成器】命令，将端子排以表格的形式形成布局文件。单击【表格生成器】按钮，会弹出【端子排表格生成器】对话框，在该对话框中选中端子排列表中先前创建的端子排，选中【插入】单选按钮，再单击【确定】按钮完成定义，如图 12-102 所示。

图 12-102　选中端子排并进行表格布置

随后系统会在激活的项目中自动新建一个图形文件，端子排表格将插入该图形文件中，如图 12-103 所示。

安装代号1	位置代号1	截数	引脚1	线号1	类型	T1	编号	T2	制造商	目录	类型2	线号2	引脚2	截数	位置代号2	安装代号2	跳线
							1										○ ○ ○
							2										○ ○ ○
							3										○ ○ ○
							4										○ ○ ○
							5										○ ○ ○
							6										○ ○ ○
							7										○ ○ ○
							8										○ ○ ○
							9										○ ○ ○
							10										○ ○ ○

图 12-103　端子排表格

第 12 章　AutoCAD Electrical 简介

3. 插入端子（原理图列表）

用户也可以通过使用【插入端子（原理图列表）】命令，将当前项目的多个图形文件或当前激活的面板布置图形文件中的已有端子类型插入面板布置图。一次只能插入一个端子，可以通过手动选择面板示意图数据库中不同制造商的端子类型，如图 12-104 所示。

图 12-104　手动插入端子

12.5.3　编辑示意图

在一般情况下，利用【编辑器】命令插入的端子类型是默认的，要想插入不同的端子类型，还可以单击【编辑示意图】面板中的【编辑】按钮对端子重定义，同时可以定义端子的其他属性，如图 12-105 所示。

图 12-105　编辑端子

12.6 生成报告

使用 AutoCAD Electrical，用户可以在整个项目范围内提取项目图形集中的所有 BOM 表数据。将这些数据从项目数据库中提取出来，与目录数据库中的标准条目匹配，然后从目录文件中提取附加字段。还可以将这些数据格式化为各种报告配置并输出到报告文件、电子表格或数据库程序中，或者放置在 AutoCAD Electrical 图形中。

12.6.1 原理图报告

原理图报告中包括 BOM 表、元件列表、导线自/到、PLC 描述、端子设计图等信息。

1. 生成原理图报告

创建或打开原理图，然后在【原理图】面板中单击【报告】按钮，弹出【原理图报告】对话框，如图 12-106 所示。

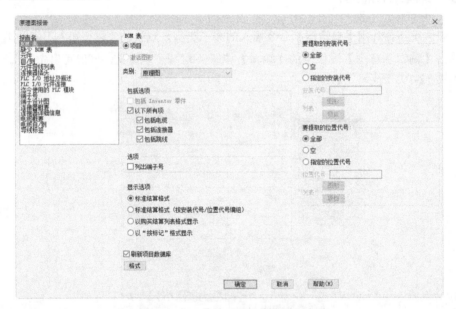

图 12-106 【原理图报告】对话框

在【报告名】列表中选择【BOM 表】选项，在【BOM 表】选项组中选中【激活图形】单选按钮，保留其他默认设置，单击【确定】按钮弹出【报告生成器】对话框，如图 12-107 所示。

- 【标题】选项组：该选项组用于设置在报告中显示标题信息，如时间/日期、标题行、项目行、列标签等。
- 【分区】选项组：用于设置报告的分页和分页依据
  ➢ 添加分页符：每隔 58 行添加一个分页符。
  ➢ 分区依据：指定一个值，按这个值划分分区。在下方的【分区依据】下拉列表中列出报告允许的分区依据，默认的分区依据是【安装代号/位置代号】。
➢ 向标题中添加分区依据值：向页标题中添加分区依据值。例如，如果选择【安装代号/位置代号】选项作为分区依据，则分区的安装代号和位置代号值将显示在分区标题中。

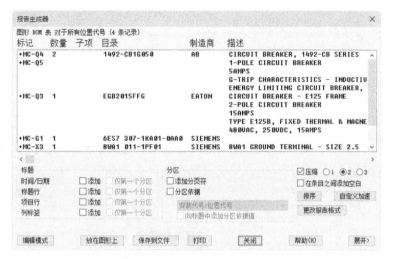

图 12-107 【报告生成器】对话框

- 压缩：控制列间距。选择 1 表示在列之间保留最小空间，选择 3 表示保留最大空间。
- 在条目之间添加空白：在报告条目之间添加空白行。
- 排序：单击【排序】按钮，弹出【排序】话框，可以在其中选择字段以对报告进行排序，如图 12-108 所示。

图 12-108 【排序】话框

- 自定义加速：单击此按钮，弹出【报告数据后期处理选项】对话框，在该对话框中选择用于后期处理报告数据的选项。
- 更改报告格式：单击此按钮，可在弹出的【要报告的 BOM 表数据字段】对话框中指定要在报告中包含的字段、字段顺序和字段标签。
- 编辑模式：编辑报告数据。
- 放在图形上：指定表格设置，并将报告作为表格插入。
- 保存到文件：定义文件设置，并将报告保存为文件。
- 打印：单击此按钮将打印报告，选择打印机、打印范围和打印份数。
- 关闭：单击此按钮将关闭【报告生成器】对话框。

单击【放在图形上】按钮，将报告放置在当前原理图图形中，如图 12-109 所示。

标记	数量	子	目录	制造商	描述
+MC-Q4 +MC-Q5	2		1492-CB1G050	AB	CIRCUIT BREAKER, 1492-CB SERIES 1-POLE CIRCUIT BREAKER 5AMPS G-TRIP CHARACTERISTICS - INDUCTIVE LOADS (AC), SCREW TERMINAL ENERGY LIMITING CIRCUIT BREAKER, 277VAC, 65VDC
+MC-Q3	1		EGB2015FFG	EATON	CIRCUIT BREAKER - E125 FRAME 2-POLE CIRCUIT BREAKER 15AMPS TYPE E125B, FIXED THERMAL & MAGNETIC TRIP 480VAC, 250VDC, 15AMPS
+MC-G1	1		6ES7 307-1KA01-0AA0	SIEMENS	
+MC-X3	1		8WA1 011-1PF01	SIEMENS	8WA1 GROUND TERMINAL - SIZE 2.5 GROUND TERMINAL GREEN/YELLOW, 22-4AWG W/ 1 SCREW CONNECTION, RAIL MOUNTED

图 12-109　放置的原理图 BOM 表

2. 缺少目录数据

单击【缺少目录数据】按钮 ，会在图形中显示一个临时的菱形，用于标记不带目录号的元件，如图 12-110 所示。

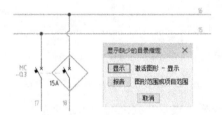

图 12-110　显示临时的菱形

3. Electrical 核查

通过 Electrical 核查，可以检测并显示与导线和元件有关的潜在问题。单击【Electrical 核查】按钮 会弹出【Electrical 核查】对话框。如果该对话框中显示【112 发现问题】，则表示出现了 112 个问题，单击【详细信息】按钮可以展开问题列表，如图 12-111 所示。

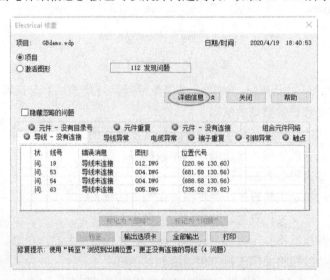

图 12-111　【Electrical 核查】对话框

选择要输出的问题，单击【全部输出】按钮将所有问题输出到报告中。也可以单击【输出选项卡】按钮，将激活的选项卡中列出的问题输出。

4．图形核查

利用【图形核查】命令，可以检测与导线和线号有关的问题，并修复问题。单击【图形核查】按钮会弹出【图形核查】对话框，在该对话框中选择核查项目后单击【确定】按钮弹出核查选项，最后单击【确定】按钮，自动核查图形中与导线有关的问题，如图 12-112 所示。

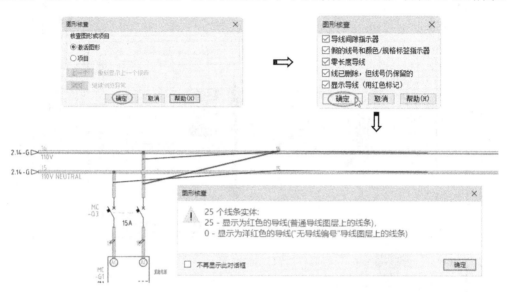

图 12-112　图形核查

5．信号错误/列表

【信号错误/列表】命令可以生成导线信号源/目标代号或独立参考代号的报告。单击【信号错误/列表】按钮会弹出【导线信号或独立的参考报告】对话框，在该对话框中选择一种报告类型，单击【确定】按钮，将打开【导线信号报告/异常/浏览异常】对话框，在该对话框中选择一种查看报告后单击【确定】按钮，弹出【报告生成器】对话框，修改报告格式并设置选项后单击【确定】按钮生成报告，如图 12-113 所示。

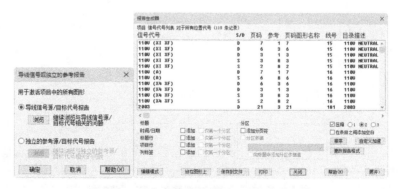

图 12-113　生成导线信号源/目标代号报告

12.6.2 生成面板报告

面板报告包括 BOM 表、元件列表和铭牌等内容。创建面板布置图或打开已有面板布置图（见图 12-114），然后在【面板】面板中单击【报告】按钮，弹出【面板报告】对话框。

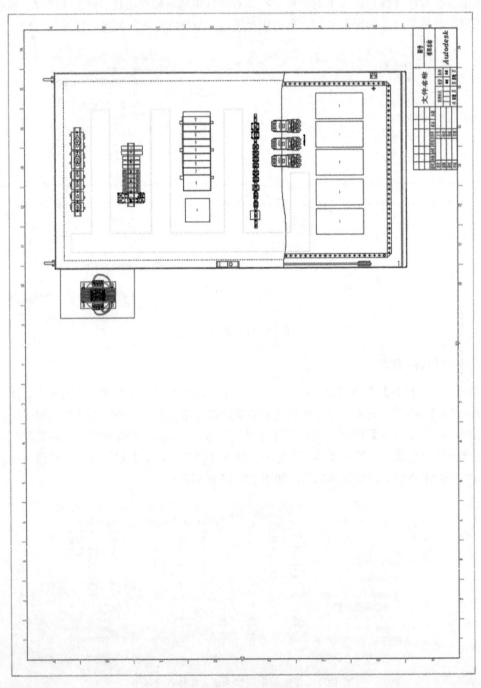

图 12-114 面板布置图

按照创建原理图报告的创建方法,选择【BOM 表】报告名并设置报告选项后,单击【确定】按钮创建面板报告,如图 12-115 所示。

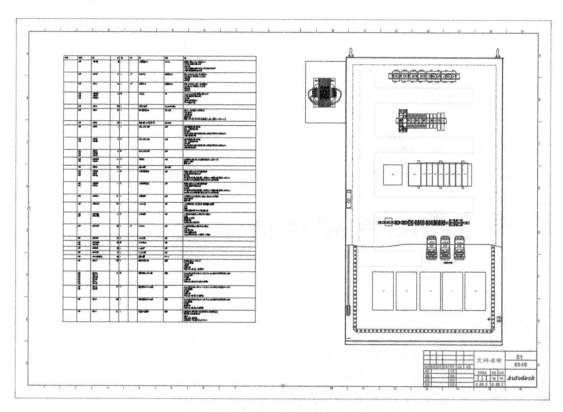

图 12-115　创建面板报告

第 13 章
电子电路图设计案例

本章内容

电路基础是电类专业学生知识结构的重要组成部分。电路基础主要介绍电路的组成，电路元件的基本概念、基本定律、基本分析方法，以及交流和直流电路的一般计算方法；电子技术基础主要介绍半导体器件所组成的电路的基本功能，阐述数字电路的基本概念及不同于模拟电路的特点和基本分析方法等。

知识要点

- ☑ 电路基础知识
- ☑ 电源欠压过压报警装置模拟电路设计
- ☑ 绘制电子仿声驱鼠器电路原理图

13.1 电路基础知识

电子技术的应用，以信息科学技术为中心，包括计算机技术、生物基因工程、光电子技术、军事电子技术、生物电子学、新型材料、新型能源、海洋开发工程技术等高新技术群的兴起已经引起人类从生产到生活各个方面的巨大变革。

电路（Electrical Circuit），是由电气设备和元器件按一定方式连接起来为电荷流通提供路径的总体，也叫电子线路或电气回路，简称网络或回路，如电阻、电容、电感、二极管、三极管和开关等构成的具有一定功能的网络。

某种简易手电筒电路的组成如图 13-1 所示。

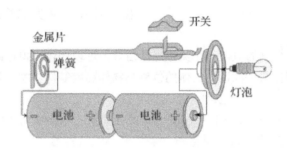

图 13-1　某种简易手电筒电路的组成

13.1.1 电路的分类

根据所处理的信号不同，电子线路可以分为模拟电路和数字电路。电路的大小可以相差很大，小到硅片上的集成电路，大到高低压输电网。

1．电子信号

电子信号可分为以下两类。
- 数字信号：指的是那些在时间上和数值上都是离散的信号。
- 模拟信号：除数字外的所有形式的信号统称为模拟信号。

2．电路的分类

通常，电路有以下几种分类方式。

（1）根据工作信号不同可分为模拟电路和数字电路
- 模拟电路：工作信号为模拟信号的电路，模拟电路对电信号的连续性电压、电流进行处理。典型的模拟电路有放大电路、振荡电路、线性运算电路（加法、减法、乘法、除法、微分和积分电路）。模拟电路运算连续性电信号。
- 数字电路：亦称逻辑电路，将连续性的电信号转换为不连续性定量电信号，并运算不连续性定量电信号的电路。典型的数字电路有振荡器、寄存器、加法器、减法器等。

数字电路运算不连续性定量电信号。
（2）根据信号的频率范围不同可分为低频电路和高频电路。
（3）根据核心元件的伏安特性不同可分为线性电路和非线性电路。
（4）根据用途不同可分为光电电路和电机电路。
- 光电电路：如太阳能电路。
- 电机电路：常用于大电源设备，如电力设备、运输设备、医疗设备、工业设备等。

13.1.2 模拟电路的特点及类型

模拟电路在信号传输、变换、产生和测量等学科方面的应用相当广泛。模拟电路是对电压或电流等模拟信号进行放大、转换和调制的一种电子电路，可以实现各种类型信号的产生、变换及反馈等。

模拟信号是指连续变化的电信号，又称连续信号，可以通过模拟电路产生和处理。自然界中的许多物理量都是模拟量，如运动物体的位移和物体温度等，典型的模拟量为正弦函数。模拟电路可分为线性电路和非线性电路。
- 线性电路：输出信号和输入信号的变化呈线性关系的电路称为线性电路，如运算放大器，以及音频、中频及宽频放大电路等。
- 非线性电路：输出信号和输入信号的变化不呈线性关系的电路（但不是开关性质）称为非线性电路，如检波器、稳压器和调制器等。

13.1.3 数字电路

用数字信号完成对数字量进行算术运算和逻辑运算的电路称为数字电路或数字系统。由于它具有逻辑运算和逻辑处理功能，因此又称为数字逻辑电路。现代的数字电路由半导体工艺制成的若干数字集成器件构造而成。逻辑门是数字逻辑电路的基本单元。存储器是用来存储二进制数据的数字电路。从整体上看，数字电路可以分为组合逻辑电路和时序逻辑电路两大类。
- 组合逻辑电路：简称组合电路，由最基本的逻辑门电路组合而成。其特点是输出值只与当时的输入值有关，即输出仅由当时的输入值决定。电路没有记忆功能，输出状态随着输入状态的变化而变化，与电阻性电路类似，如加法器、译码器、编码器、数据选择器等都属于此类。
- 时序逻辑电路：简称时序电路，是由最基本的逻辑门电路加上反馈逻辑回路（输出到输入）或器件组合而成的电路，与组合电路最本质的区别在于时序电路具有记忆功能。时序电路的特点如下：输出不仅取决于当时的输入值，还与电路过去的状态有关。它与含储能元件的电感或电容的电路类似，如触发器、锁存器、计数器、移位寄存器、储存器等电路都是时序电路的典型器件。

13.2 案例一：电源欠压过压报警装置模拟电路设计

利用本案例的模拟电路可以进行声光报警，当外接交流接触器时，可以切断电源，保护用电设备。

电源欠压过压报警装置的电路原理图如图 13-2 所示。

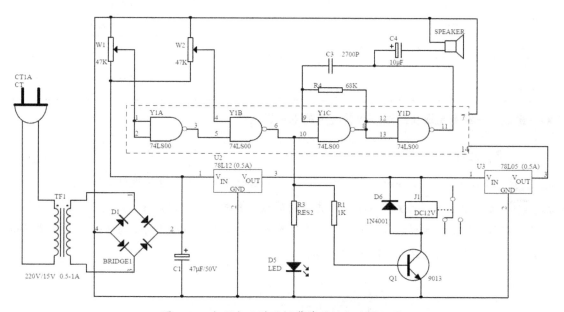

图 13-2 电源欠压过压报警装置的电路原理图

13.2.1 识读电路原理图

输入电源电压正常时，Y1A 输出高电平，Y1B 输出低电平，发光二极管（LED）及振荡发声电路 Y1C、Y1D 和喇叭不工作，控制继电器 J1 也不工作。当电压高于 250V 或低于 180V 时，Y1B 输出高电平，发光二极管亮，振荡发声电路工作，发出鸣叫声，控制继电器 J1 闭合，当控制继电器 J1 的常开触点外接交流接触器时，就可以控制主电路断开电源。

调试方法如下：第一步，当输入电源电压为 250V 时，调节 W1 使 Y1A 输出刚好由低电平转为高电平；第二步，当输入电压为 180V 时，调节 W2 使 Y1B 的输出由高电平转为低电平。

13.2.2 绘制电路图

电源欠压过压报警装置电路原理图中所包含的电路元件如表 13-1 所示。

表 13-1　电路元件

名　　称	型　　号	规　　格	数　量	名　　称	型　　号	规　　格	数　量
集成块	74LS00		1个			68K	1个
三极管	9013		1个	电阻		10K	1个
二极管	1N4001		5个			1K	1个
发光二极管			1个	微调电位器		47K	2个
三端稳压块	78L05	0.5A	1个	电容		47μF/50V	1个
	78L12	0.5A	1个			10μF/50V	1个
变压器	220V/15V	0.5～1A	1个			2700μF	
交流输入插座		220V	1个	导线	花线		1m
直流继电器		12V/0.5A	1个	喇叭		小	1个

动手操练——绘制电源欠压过压报警装置的电路原理图

1. 插入元件符号

step 01 启动 AutoCAD Electrical 2020，新建一个图形文件，进入电气设计环境中。

step 02 在【项目管理器】选项板中单击【新建项目】按钮，弹出【创建新项目】对话框。在【创建新项目】对话框的【名称】文本框中输入【电源欠压过压报警装置】，然后单击【确定】按钮完成项目的创建，如图 13-3 所示。

图 13-3　新建电气项目

step 03 新建的项目被自动激活。在【项目管理器】选项板中单击【新建图形】按钮，输入图形文件名称后选择图纸模板，单击【确定】按钮完成电气图纸的创建，如图 13-4 所示。

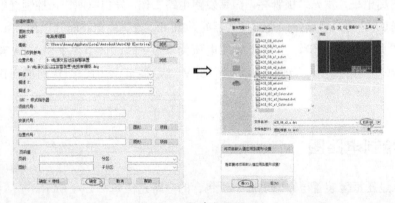

图 13-4　新建电气图纸

第 13 章 电子电路图设计案例

step 04 在【原理图】选项卡的【插入元件】面板中单击【图标菜单】按钮，弹出【插入元件】对话框。通过此对话框，在【其他】图标菜单中将【电子元件】中的【二极管】元件，以 1 倍的缩放比例插入图纸中，如图 13-5 所示。

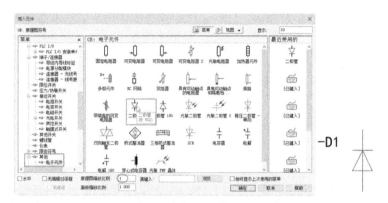

图 13-5 插入【二极管】元件

step 05 同理，将符合如表 13-1 所示的元件一一插入图纸中，如喇叭、一般电容器、电解电容器、微调电位器（可变电阻器）、继电器等。

step 06 如果元件数据库中没有合适的元件符号，也可以自行绘制，或者单击【插入元件】对话框底部的【浏览】按钮，将保存的符号块打开并插入项目中，如图 13-6 所示。在本案例中需要绘制或打开已有的元件符号块有发光二极管、整流桥（由 4 个二极管组成）、2 输入四与非门集成电路块（74LS00）、变压器、三端稳压块、插座等。

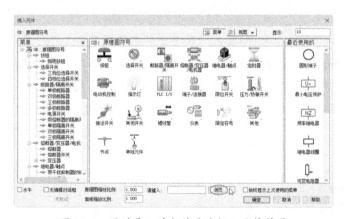

图 13-6 通过导入外部符号块插入元件符号

> **提示：**
> 如果插入的元件符号方向相反，则可以单击【编辑元件】面板中的【反转/翻转元件】按钮更改其方向。

step 07 将利用 ACE 元件库插入的元件符号的元件标记进行修改。以二极管元件符号为例，双击 -D2 元件标记，将其修改为 D6，如图 13-7 所示。

图 13-7　修改元件标记

step 08　单击【反转/翻转元件】按钮，反转元件符号（不要选中元件标记），如图 13-8 所示。

图 13-8　反转元件符号

step 09　单击选中的元件标记，拖动夹点往符号一侧平移，如图 13-9 所示。

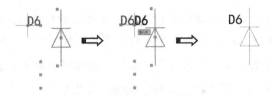

图 13-9　平移元件标记

step 10　按照此方法，修改其他 ACE 元件符号中的元件标记和元件符号，包括外部插入和绘制的元件符号块，单击【默认】选项卡中的【多行文字】按钮，添加元件型号和规格参数。文字添加完成后，将独立的元件重新进行复制并粘贴为块（用鼠标右键单击图形并在弹出的菜单中选择命令），创建新块后将原来的块删除，最终结果如图 13-10 所示。

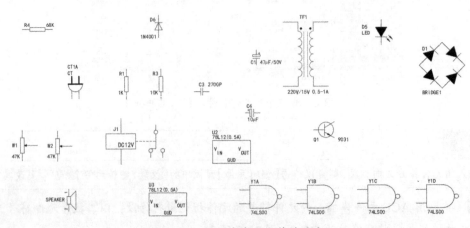

图 13-10　处理完成的元件符号块

2. 添加导线

step 01 将元件符号块按照原理图说明在图纸中进行摆放，摆放在大致位置上即可，待添加导线后再调整具体位置，如图 13-11 所示。

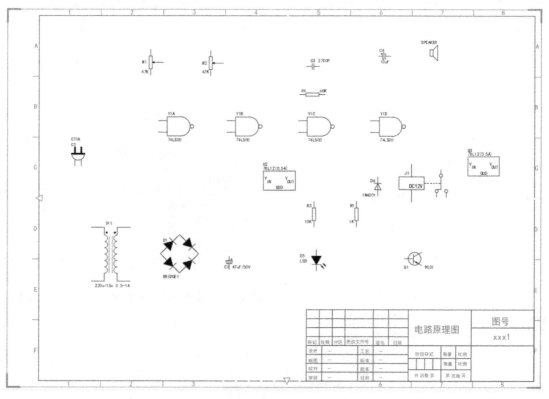

图 13-11　摆放元件符号块

step 02 切换到【原理图】选项卡，在【插入元件】面板的【插入元件】列表中单击【位置框】按钮，然后将 4 个 74LS00 与非门元件框起来表示电路图中的集成块（也可以利用【矩形】命令绘制，然后将线型改为虚线即可），如图 13-12 所示。

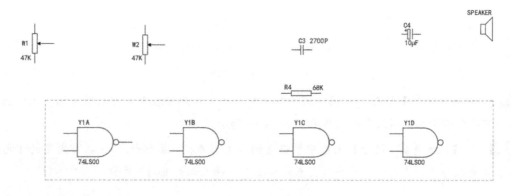

图 13-12　插入位置框

step 03 在【默认】选项卡的【注释】面板中单击【线性】按钮，标注插座脚的间距和变压器的接线间距。标注的间距值用于设置导线多线的水平间距和垂直间距，如图 13-13 所示。

step 04 在【原理图】选项卡的【插入导线/线号】面板中单击【多母线】按钮，在弹出的【多导线母线】对话框中设置水平间距和垂直间距，选中【空白区域，垂直走向】单选按钮，并将【导线数】设置为 2，单击【确定】按钮，如图 13-14 所示。

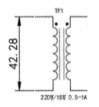
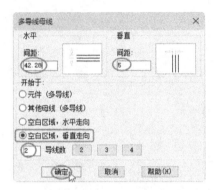

图 13-13　测量接线间距　　　　　图 13-14　【多导线母线】对话框中的参数设置

step 05 在图纸中从插座开始，引出导线连接变压器，如图 13-15 所示。

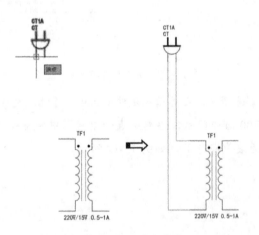

图 13-15　引出导线

step 06 单击【导线】按钮，用导线连接其他元件，在此过程中，可以适当调整元件的位置以适应导线的走向，插入导线的结果如图 13-16 所示。

step 07 在【插入导线/线号】面板中单击【插入 T 形点标记】按钮，在有角度的 T 形标记位置处更改为 T 形点标记（在导线交点处单击），结果如图 13-17 所示。

第 13 章 电子电路图设计案例

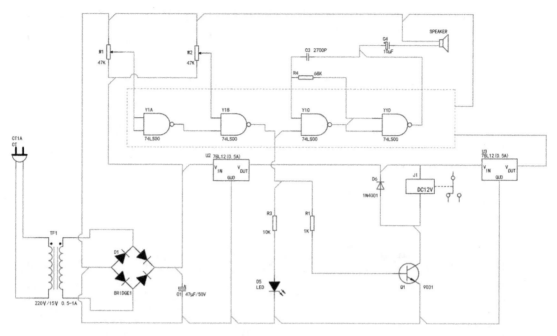

图 13-16 插入导线的结果

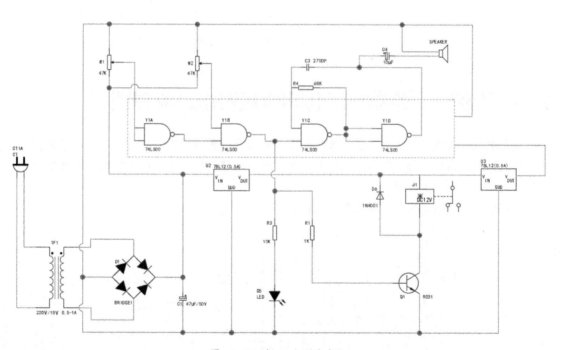

图 13-17 插入 T 形点标记

step 08 单击【线号】按钮，依次为接线端子添加标记。至此，电源欠压过压报警装置的电路原理图绘制完成，最终结果如图 13-18 所示。

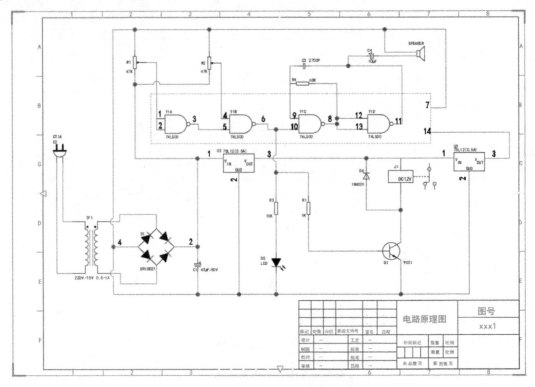

图 13-18 电源欠压过压报警装置的电路原理图

13.3 案例二：绘制电子仿声驱鼠器电路原理图

猫是老鼠的天敌，利用电子装置模拟猫叫声驱鼠是一种有效的方法。由于是电子装置，猫叫声可大可小，可快可慢，间隔时间可长可短，并且电路结构简单、成本低廉，因此适合电子爱好者自制好之后用于家庭。

电子仿声驱鼠器电路原理图如图 13-19 所示。

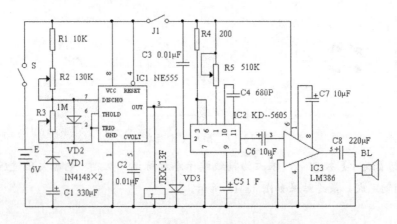

图 13-19 电子仿声驱鼠器电路原理图

13.3.1 识读电路原理图

整个电子仿声驱鼠器电路由时间控制电路、猫叫声发生电路、功率放大电路等组成。时间控制电路由时基电路 IC1 NE555 及其外围阻容元件、二极管等组成，并且是一个占空比可调的脉冲振荡器，其占空比由 R2 和 R3 控制。猫叫声发生电路由一块 CMOS 集成电路 IC2 KD-5605 组成，利用存储技术将猫叫声固化在电路内部。功率放大器采用物美价廉的通用小功率音频放大集成电路 IC3 LM386，它的特点是外围元件极少，电压范围宽，失真度小，装配简单。

合上电源开关 S，IC1 便通电工作，在 IC1 的输出端③脚上不断有脉冲输出。有脉冲时，继电器 J 励磁吸合，其常开触点 J1 接通，使后级电路获得电源而工作，发生猫叫声，每触发一次 IC2，就有一声猫叫声输出，经 IC3 功率放大后，推动扬声器 BL 发出洪亮逼真的声音，使老鼠们闻声丧胆，达到驱鼠的目的。

13.3.2 绘制电路原理图

对于元器件的选择，IC1 选用 555 型时基集成电路，IC2 选用 KD-5605 音效集成电路；IC3 选用 LM368。继电器选用 JRX-13F 小型继电器，喇叭 BL 应选择 8Ω、3W 以上的扬声器或专用号筒式扬声器，其余元件无特殊要求。

由于该电路图中的很多元件是按照美制标准来插入的，因此在 ACE 中插入元件符号时，需要切换到相关标准模式中才能插入元件符号，如元件标记为 S 的元件，称为"双稳开关常开触点"，需要在 NFPA 标准（美国防火协会标准）下的元件数据库中插入。

下面介绍 2 种常用的回路绘制方法。第一种是把所有元件都准备好，放置在图纸中，然后用导线连接，这种方法的好处是用导线连接元件时一目了然，缺点是需要大量调整导线和元件位置。第二种方法就是，先把 ACE 元件库中没有的电路元件插入图纸中，按照相应位置进行摆放，然后连接主要导线，再从 ACE 元件库中一一插入元件导线，这种方法的优点是插入元件时不用剪辑导线，可以少量移动元件，缺点是线路的位置确定比较死板。因此，最好将两种方法混合起来灵活使用。

动手操练——绘制电子仿声驱鼠器电路原理图

1. 选择元件

step 01 启动 AutoCAD Electrical 2020，新建一个图形文件，进入电气设计环境中。

step 02 在【项目管理器】选项板中单击【新建项目】按钮，弹出【创建新项目】对话框。在【创建新项目】对话框的【名称】文本框中输入【电子仿声驱鼠器】，然后单击【确定】按钮完成项目的创建，如图 13-20 所示。

图 13-20　新建电气项目

step 03　在【项目管理器】选项板中单击【新建图形】按钮，输入图形文件名称后选择图纸模板，单击【确定】按钮完成电气图纸的创建，如图 13-21 所示。

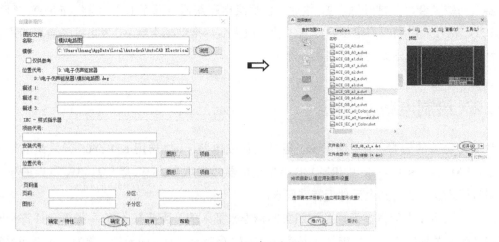

图 13-21　新建电气图纸

step 04　在【项目管理器】选项板中用鼠标右键单击 NFPADEMO（NFPA 标准演示）项目，在弹出的菜单中选择【激活】命令，将该项目激活，如图 13-22 所示。

图 13-22　激活 NFPADEMO 项目

step 05　切换到【原理图】选项卡，在【插入元件】面板的【插入元件】列表中单击【图标菜单】按钮，弹出【插入元件】对话框。在 NFPA 原理图菜单中将【其他开关】中的【双稳开关常开触点】元件，以 25.4 倍的缩放比例插入图纸中，如图 13-23 所示。

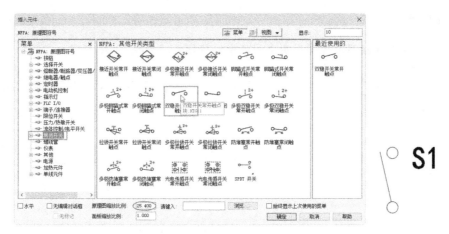

图 13-23 插入开关元件

step 06 同理,将前面创建的【电子仿声驱鼠器】项目激活,再打开【插入元件】对话框。将国家标准中元件菜单【其他】|【电子元件】中的电子元件一一插入图纸中,如电阻、可变电阻、电容、电解电容、二极管、继电器等。插入元件后更改元件标记和描述内容,如图 13-24 所示。

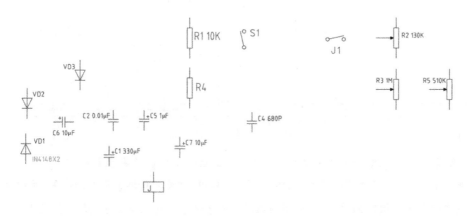

图 13-24 插入其他元件符号并更改标记内容

step 07 时基电路 IC1 NE555、集成电路 IC2 KD－5605 和功率放大器 IC3 LM386 需要手动绘制,如图 13-25 所示。

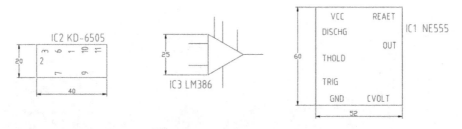

图 13-25 绘制 3 种集成电路

step 08 电池组 E 也需要手动绘制。报警器(喇叭)符号从 13.2 节的案例的源文件中导入即可。

2. 添加导线

step 01 将元件符号块按照原理图说明在图纸中进行摆放，如图 13-26 所示。

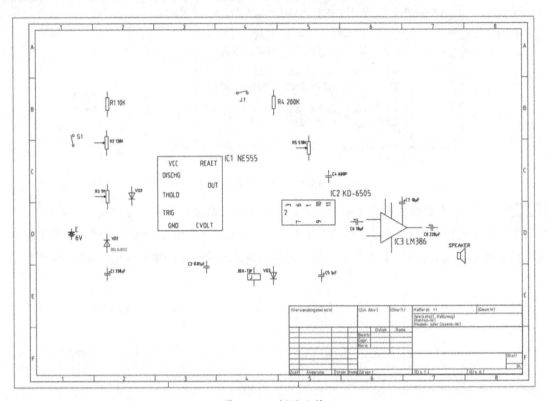

图 13-26　摆放元件

step 02 在【原理图】选项卡的【插入导线/线号】面板中单击【导线】按钮，从电池组直流电源开始，引出导线最终连接报警器。在绘制导线过程中，需要不断调整元件的位置（通过使用【移动】命令或在命令行中执行 M 命令），以适应线路，或者调整导线来连接各元件，如图 13-27 所示。

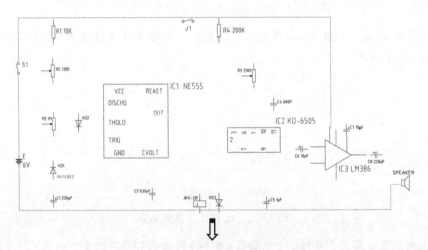

图 13-27　引出导线

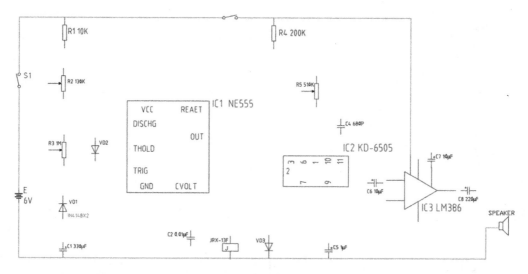

图 13-27　引出导线（续）

step 03　完成其他线路的绘制，需要注意的是，整个线路要形成回路，结果如图 13-28 所示。

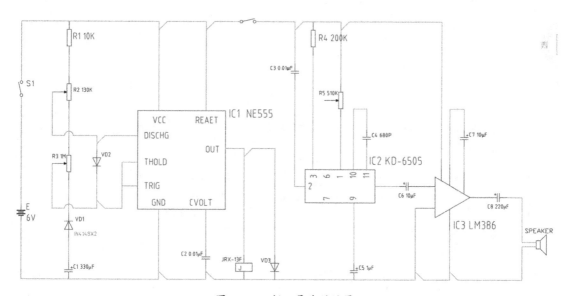

图 13-28　插入导线的结果

step 04　在【插入导线/线号】面板中单击【插入 T 形点标记】按钮，在有角度的 T 形标记位置处更改为 T 形点标记（在导线交点处单击），更改结果如图 13-29 所示。

step 05　单击【线号】按钮，依次为 IC1 和 IC3 集成电路接线端子添加标记。至此，完成了电子仿声驱鼠器电路原理图的绘制，最终结果如图 13-30 所示。

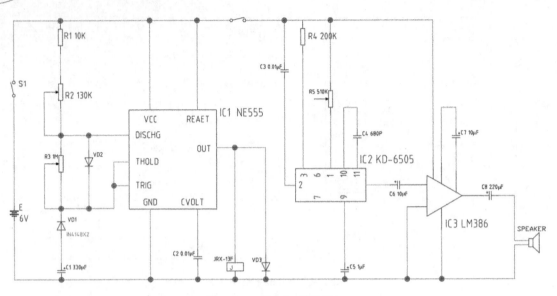

图 13-29　插入 T 形点标记

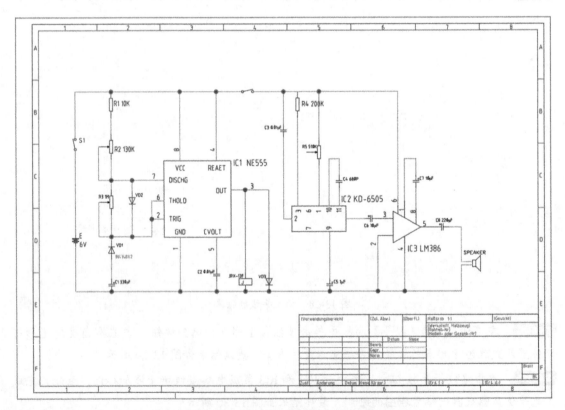

图 13-30　电子仿声驱鼠器电路原理图

第 14 章
电气控制电路设计案例

本章内容

电气原理图用来表明设备电气的工作原理和各电器元件的作用,以及相互之间的关系。电气原理图一般由主电路、控制电路、配电电路等几部分组成。
通过学习本章介绍的电气控制原理图的绘制方法和技巧,用户可以进一步理解 AutoCAD Electrical 元件插入及导线绘制命令,并提高综合应用能力,能根据图样的"个性"特征采取合理的方法,高效、高质地绘制图样。

知识要点

- ☑ 控制电气简介
- ☑ CA6140 型卧式车床电气设计
- ☑ X62W 型铣床电气设计

14.1 控制电气简介

控制电气作为电路中的一个重要单元,对电路功能的实现起着至关重要的作用。无论是机械电气电路、汽车电气电路,还是变电工程电路,控制电气都占据着核心位置。虽然控制电气作为一个单元在每个电路中都交织存在,但本书仍然把它单独作为一章进行详细阐述。

人们所熟知的最简单的控制电气是由电磁铁、低压电源、开关、继电器等组成的。针对不同的被控对象,控制电气的组成部分也不一样。以反馈控制电气电路为例,为了提高通信和电子系统的性能指标,或者实现某些特定的要求,必须采用自动控制方式。由此,各种类型的反馈控制电路便应运而生,也成为现在应用较为广泛的控制电气图之一。在反馈控制电气电路中,比较器、控制信号发生器、可控器件和反馈网络共同构成了一个反馈闭合回路,如图14-1所示。

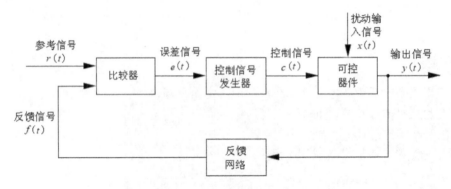

图14-1 反馈控制电气电路

由于各种控制电气电路的组成元器件、原理和方法及功能不同,因此相应地出现了各种类型的控制电气电路图。

14.1.1 电气原理图

电气原理图用来表明设备电气的工作原理及各电器元件的作用,以及相互之间的关系。电气原理图一般由主电路、控制电路、配电电路等几部分组成。图14-2所示为某三相异步电动机的点动控制电路。

其工作原理如下:合上开关S,三相电源被引入控制电路,但电动机还不能启动。按下按钮SB,接触器KM线圈通电,衔铁吸合,常开主触点接通,电动机定子接入三相电源启动运转。松开按钮SB,接触器KM线圈断电,衔铁松开,常开主触点断开,电动机因断电而停转。

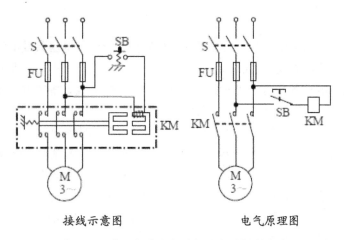

图 14-2 某三相异步电动机的点动控制电路

14.1.2 如何看电气控制电路图

看电气控制电路图的一般方法是先看主电路，再看辅助电路，并用辅助电路的回路研究主电路的控制程序。电气控制原理图一般分为主电路和辅助电路两部分。其中，主电路是电气控制线路中大电流流过的部分，包括从电源到电机之间相连的电器元件。而辅助电路是控制线路中除主电路之外的电路，其流过的电流比较小。

无论是线路设计还是线路分析，都是先从主电路入手的。主电路的作用是保证机床拖动要求的实现。从主电路的构成可分析出电动机或执行电器的类型、工作方式，以及启动、转向、调速、制动方面的控制要求与保护要求等内容。

- 分析控制电路：主电路各方面的控制要求是由控制电路来实现的，运用"化整为零""顺藤摸瓜"的原则，将控制电路按功能划分为若干局部控制线路，从电源和主令信号开始，经过逻辑判断，写出控制流程，以简便、明了的方式表达电路的自动工作过程。
- 分析辅助电路：辅助电路包括执行元件的工作状态显示、电源显示、参数测定、照明和故障报警等。这部分电路具有相对独立性，起辅助作用但又不影响主要功能。辅助电路中很多部分是受控制电路中的元件来控制的。
- 分析联锁与保护环节：生产机械对安全性、可靠性有很高的要求，实现这些要求，除了合理地选择拖动、控制方案，在控制线路中还设置了一系列电气保护和必要的电气联锁。在电气控制原理图的分析过程中，电气联锁与电气保护环节是非常重要的内容，不能遗漏。
- 总体检查：经过"化整为零"，逐步分析了每个局部电路的工作原理及各部分之间的控制关系之后，还必须用"集零为整"的方法检查整体的控制线路，看是否有所遗漏。特别是，要从整体的角度进一步检查和理解各控制环节之间的联系，以达到正确理解原理图中每个电气元件的作用。

1. 看主电路

（1）看清主电路中的用电设备。用电设备是指消耗电能的用电器具或电气设备，看图首先要看清楚有几个用电器，以及它们的类别、用途、接线方式及一些不同要求等。

（2）要弄清楚用电设备是用什么电器元件控制的。控制电气设备的方法很多，有的直接用开关控制，有的用各种启动器控制，有的用接触器控制。

（3）了解主电路中所用的控制电器及保护电器。前者是指除常规接触器之外的其他控制元件，如电源开关（转换开关及空气断路器）、万能转换开关。后者是指短路保护器件及过载保护器件，如空气断路器中电磁脱扣器及热过载脱扣器的规格，以及熔断器、热继电器和过电流继电器等元件的用途及规格。一般来说，对主电路做如上内容分析之后，即可分析辅助电路。

（4）看电源。要了解电源电压等级，是 380V 还是 220V，是从母线汇流排供电还是配电屏供电，还是从发电机组接出来的。

2. 看辅助电路

辅助电路包含控制电路、信号电路和照明电路。根据主电路中各电动机和执行电器的控制要求，逐一找出控制电路中的其他控制环节，将控制线路化整为零，按功能不同划分成若干局部控制线路进行分析。如果控制线路比较复杂，则先排除照明、显示等与控制关系不密切的电路，以便集中精力进行分析。

（1）看电源。首先，看清电源的种类，是交流还是直流。其次，看清辅助电路的电源是从什么地方接来的，以及其电压等级。电源一般是从主电路的两根相线上接来的，其电压为 380V。也有的是从主电路的一根相线和一根零线上接来的，电压为单相 220V。此外，也可以从专用隔离电源变压器接来，电压有 140V、127V、36V、6.3V 等。辅助电路为直流时，直流电源可从整流器、发电机组或放大器上接来，其电压一般为 24V、12V、6V、4.5V、3V 等。辅助电路中的一切电器元件的线圈额定电压必须与辅助电路电源电压一致。否则，电压低时电路元件不动作；电压高时，则会把电器元件线圈烧坏。

（2）了解控制电路中所采用的各种继电器、接触器的用途。如果采用了一些特殊结构的继电器，还需要了解它们的动作原理。

（3）根据辅助电路研究主电路的动作情况。分析了上面这些内容再结合主电路中的要求，就可以分析辅助电路的动作过程。控制电路总是按动作顺序画在 2 条水平电源线或 2 条垂直电源线之间。因此，也就可以从左到右或从上到下进行分析。对复杂的辅助电路，在电路中整个辅助电路构成一条大回路，在这条大回路中又分成几条独立的小回路，每条小回路控制一个用电器或一个动作。当某条小回路形成闭合回路有电流流过时，在回路中的电器元件（接触器或继电器）则动作，把用电设备接入或切除电源。在辅助电路中一般是靠按钮或转换开关把电路接通的。对于控制电路的分析必须随时结合主电路的动作要求来进行，只有全面了解主电路对控制电路的要求以后，才能真正掌握控制电路的动作原理，不可孤立地看待各部分的动作原理，而应注意各个动作之间是否有互相制约的关系，如电动机正反转之间应设有联锁等。

（4）研究电器元件之间的相互关系。电路中的一切电器元件都不是孤立存在的，而是相互联系、相互制约的。这种互相控制的关系有时表现在一条回路中,有时表现在几条回路中。

(5) 研究其他电气设备和电器元件,如整流设备、照明灯等。

14.2 案例一:CA6140型卧式车床电气设计

CA6140型卧式车床的结构具有典型的卧式车床布局,它的通用性程度较高,加工范围较广:适用于中小型的各种轴类和盘套类零件的加工;能车削内外圆柱面、圆锥面、各种环槽、成形面及端面;能车削常用的米制、英制、模数制及径节制这4种标准螺纹,也可以车削加大螺距和螺纹、非标准螺距及精密的螺纹;还可以进行钻孔、扩孔、铰孔、滚花和压光等工作。

CA6140型卧式车床电气控制线路由3个主要部分:第一部分是从电源到3台电动机的电路,称为主回路,这部分电路中流过的电流较大;第二部分是由接触器、继电器等组成的电路,称为控制回路;第三部分是照明及指示回路,由变压器次级供电,其中指示灯的电压为6.3V,照明灯的电压为36V。下面从主回路、控制回路和指示回路这3个部分详细说明CA6140型卧式车床控制线路的设计过程。

14.2.1 车床主回路设计

主回路主要表达3台交流异步电动机的供电情况、过载保护和接触器触点的放置等,相当于3台并联交流异步电动机的供电系统图。因此,可以借鉴三相交流异步电动机的控制系统图进行设计。

要绘制的CA6140型卧式车床主回路图如图14-3所示。

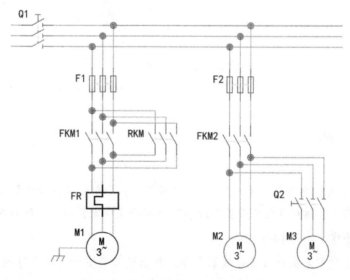

图14-3 CA6140型卧式车床主回路图

动手操练——绘制 CA6140 型卧式车床主回路图

step 01　启动 AutoCAD Electrical 2020，新建一个图形文件，进入电气设计环境中。

step 02　在【项目管理器】选项板中单击【新建项目】按钮，弹出【创建新项目】对话框。在【创建新项目】对话框的【名称】文本框中输入【CA6140型卧式车床电气】，单击【确定】按钮完成项目的创建，如图 14-4 所示。

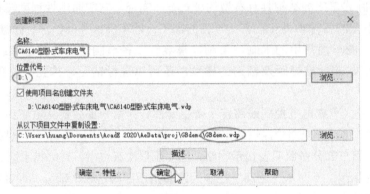

图 14-4　新建电气项目

step 03　在【项目管理器】选项板中单击【新建图形】按钮，输入图形文件名称并选择 A4 图纸模板，单击【确定】按钮完成图纸的创建，如图 14-5 所示。

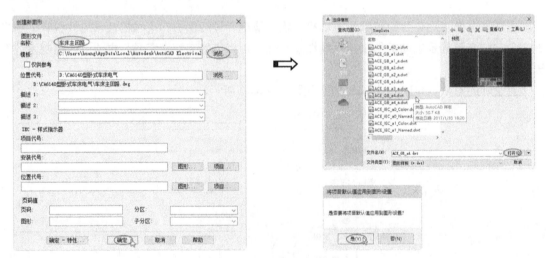

图 14-5　新建电气图纸

step 04　在【原理图】选项卡的【插入导线/线号】面板中单击【多母线】按钮，弹出【多导线母线】对话框，在该对话框中设置导线参数后单击【确定】按钮，然后在图纸中绘制车床主回路中的水平导线，如图 14-6 所示。

step 05　按 Enter 键重复执行【多母线】命令，然后绘制竖直方向的多导线，结果如图 14-7 所示。

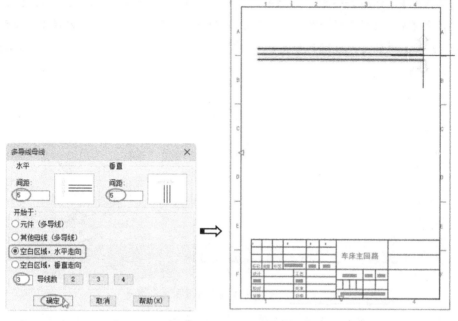

图 14-6　绘制水平导线

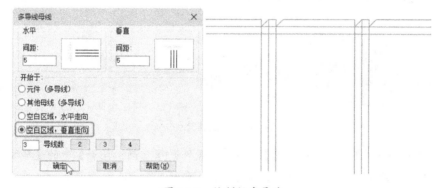

图 14-7　绘制竖直导线

step 06　可以发现，水平导线与竖直导线相交处并没有按照三线对三线的样式进行自动连接，而是统一从第一导线同时连接，这就需要手动修改导线连接点，同时将带角度的标记修改为 T 形点标记，如图 14-8 所示。

图 14-8　修改导线连接点和 T 形点标记

step 07 切换到【原理图】选项卡，在【插入元件】面板的【插入元件】列表中单击【图标菜单】按钮，弹出【插入元件】对话框。在【GB：原理图符号】界面中，将【断路器/隔离开关】|【三极隔离开关】中的【三极隔离开关】元件符号，以1倍的缩放比例插入水平导线的起始位置，如图14-9所示。

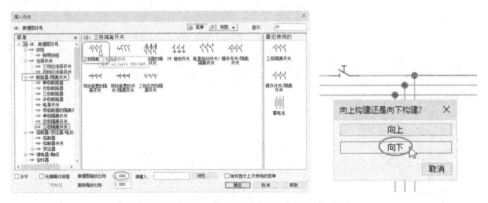

图14-9　插入【三极隔离开关】元件符号

step 08 插入【三极隔离开关】元件符号后发现开关控制方向反向了，因此需要单击【反转/翻转元件】按钮，反转元件符号，如图14-10所示。

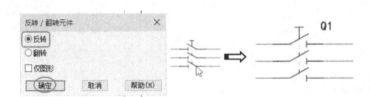

图14-10　反转元件

step 09 将【三相电机】、【热继电器】（【单线元件】|【电动机控制】中的【单极过载】）、【三极熔断器】等元件符号插入导线中，如图14-11所示。

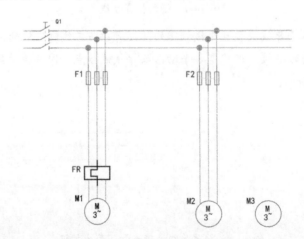

图14-11　插入【三相电机】、【热继电器】和【三极熔断器】元件符号

提示：
由于【GB：原理图符号】界面中没有所需的热继电器符号类型，因此临时插入【单极过载】符号，然后将其修改成【热继电器】元件符号。

step 10 在【GB：原理图符号】界面中，将【选择开关】|【三档位选择开关】中的【三极常开触点】元件符号插入导线中，插入3个【三极常开触点】元件符号，如图14-12所示。

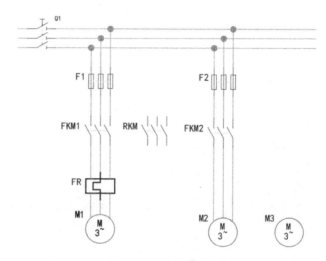

图14-12 插入3个【三极常开触点】元件符号

step 11 添加导线，连接常开触点开关和电机，如图14-13所示。

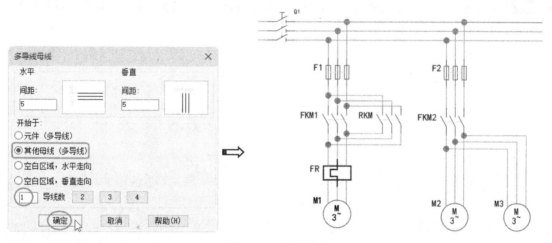

图14-13 添加导线

step 12 再插入一个【三极隔离开关】和【接地】元件符号，完成车床主回路图的绘制，结果如图14-14所示。

step 13 选中图纸中的所有元件符号和导线，单击鼠标右键，在弹出的快捷菜单中选择【剪贴板】|【带基点复制】命令，如图14-15所示。

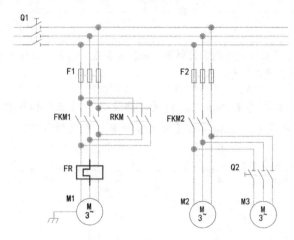

图 14-14 车床主回路图

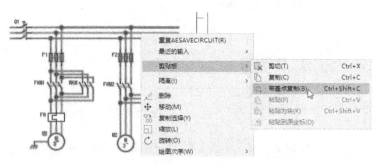

图 14-15 复制图形

step 14 在图形中选取一个点作为基点，然后执行右键菜单中的【剪贴板】|【粘贴为块】命令，将所选图形粘贴为块，如图 14-16 所示。

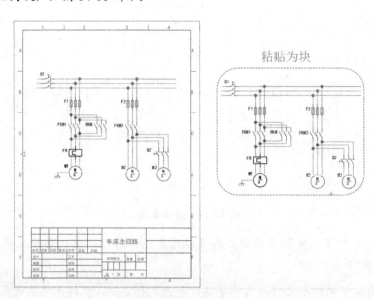

图 14-16 粘贴为块

第 14 章 电气控制电路设计案例

step 15 在【编辑元件】面板中单击【将回路保存到图标菜单】按钮，弹出【将回路保存到图标菜单】对话框。在该对话框的右上角单击【添加】下拉按钮，在弹出的下拉菜单中选择【新建回路】命令（见图 14-17），弹出【创建新回路】对话框。

图 14-17　【将回路保存到图标菜单】对话框

step 16 在【创建新回路】对话框中定义回路图标的名称与图像文件（单击【拾取】按钮在图纸中选取前面粘贴的块）路径后，单击【确定】按钮，将车床主回路保存在图标菜单中，如图 14-18 所示。

图 14-18　定义回路图标的名称和图像文件路径

14.2.2　车床控制回路设计

控制回路的作用是使车床中的电动机按切削运动的需要运转，控制各台电动机的启停、正反转等。控制线路设计的关键是设计主轴电动机正反转的自锁和互锁，CA6140 型卧式车床的互锁与三相交流异步电动机自锁方式类似，采用接触器的辅助触点作为互锁开关。

如图 14-19 所示，虚线框中的部分就是要绘制的车床控制回路图。

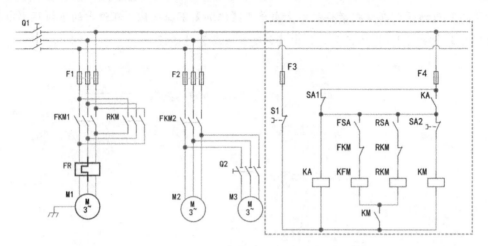

图 14-19 车床控制回路图

零压保护说明：FSA、RSA 和 SA1 是同一鼓形开关的常开、常开与常闭触点。当总电源打开时，SA1 闭合，KA 得电，其辅助触点闭合。当主轴正向或反向工作时，开关扳到 FSA 或 RSA，SA1 处于断开状态，KA 触点仍闭合，控制线路正常得电。如果主轴电动机在运转过程中突然停电，KA 断电释放，它的常开触点断开。如果车床恢复供电后，因 SA1 断开，控制线路不能得电，主轴不会启动，保证安全。

动手操练——绘制车床控制回路图

step 01 在【项目管理器】选项板中单击【新建图形】按钮，输入图形文件名称【车床控制回路】后选择 A3 图纸模板，然后单击【确定】按钮完成图纸的创建。此时，新建的【车床控制回路】图纸被自动激活。

step 02 在【原理图】选项卡的【插入元件】面板中单击【插入保存的回路】按钮，弹出【插入元件】对话框。在【GB：保存的用户自定义回路】视图列表中选择【车床主回路】块，如图 14-20 所示。

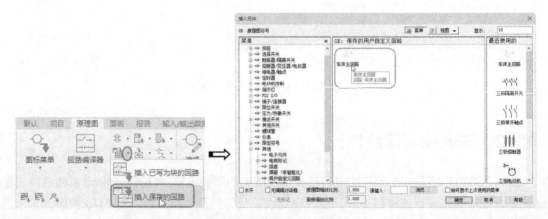

图 14-20 选取自定义的块

step 03 在弹出的【回路缩放】对话框中设置缩放比例为1.3，其余选项保留默认设置，单击【确定】按钮，完成主回路的插入，如图14-21所示。

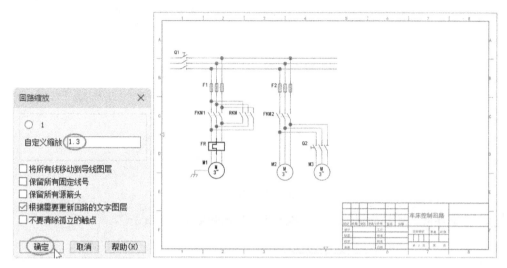

图14-21 插入主回路

step 04 切换到【原理图】选项卡，在【插入导线/线号】面板的【插入元件】列表中单击【导线】按钮，然后在图纸中接着车床主回路的3条导线继续绘制，绘制出控制回路的主导线，结果如图14-22所示。

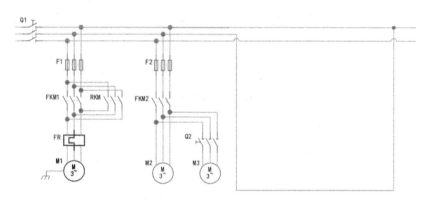

图14-22 绘制控制回路的主导线

step 05 在【原理图】选项卡的【插入元件】面板中单击【图标菜单】按钮，弹出【插入元件】对话框，在该对话框中将热继电器触点（【其他开关】|【拉拨开关，常开触点】和【通用开关，常闭触点】）、单极熔断器、手动按钮、交流接触器、继电器、继电器常闭触点及继电器常开触点等元件以1.3倍的比例一一插入图纸中，结果如图14-23所示。

提示：
相同的元件可以先插入一个，然后利用【复制元件】命令进行复制、粘贴，这样可以提高操作速度。

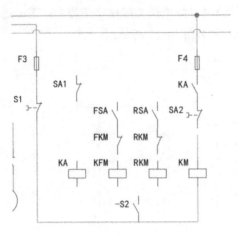

图 14-23 插入元件

step 06 添加导线，连接控制回路中的各元件，结果如图 14-24 所示。

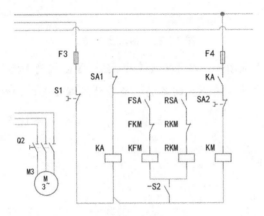

图 14-24 添加导线

step 07 添加 T 形标记，完成车床控制回路的设计，结果如图 14-25 所示。

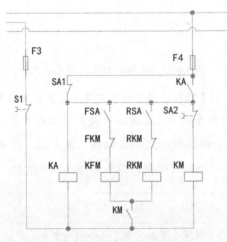

图 14-25 车床控制回路图

step 08 单击【保存】按钮 💾 保存项目。最后将主回路和控制回路保存到图形菜单中，按照前面介绍的方法自行完成。

14.2.3 照明指示回路设计

照明指示回路为整个机床提供总电源是否接通和照明功能，其设计相对较为简单，但是机床电气设计不可或缺的一部分。

如图 14-26 所示，虚线框中的部分就是要绘制的车床照明指示回路图。

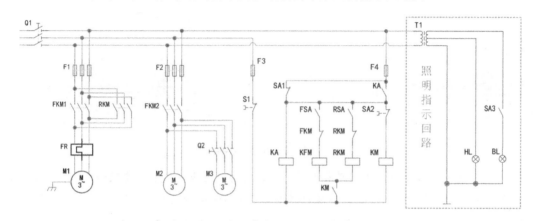

图 14-26 车床照明指示回路图

动手操练——绘制车床照明指示回路图

step 01 在【项目管理器】选项板中单击【新建图形】按钮，输入图形文件名称【车床照明指示回路】后选择 A3 图纸模板，单击【确定】按钮完成图纸的创建。此时，新建的【车床控制回路】图纸被自动激活。

step 02 在【原理图】选项卡的【插入元件】面板中单击【插入保存的回路】按钮，弹出【插入元件】对话框，在该对话框的【GB：保存的用户自定义回路】视图列表中选择【车床控制回路】块，如图 14-27 所示。

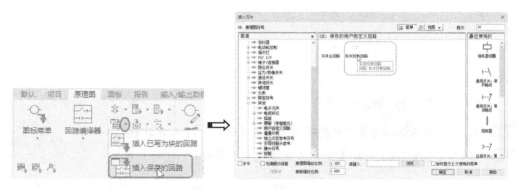

图 14-27 选取自定义的块

step 03 在弹出的【回路缩放】对话框中将【自定义缩放】设置为 0.75，其余选项保留默认设置，单击【确定】按钮，完成主回路和控制回路的插入，结果如图 14-28 所示。

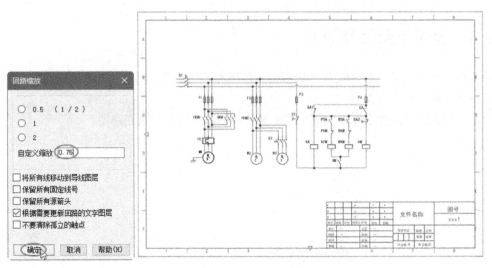

图 14-28 插入主回路和控制回路

step 04 通过图标菜单依次插入【单相变压器】、【常开触点开关】、【照明灯和接地】（需要手绘）元件符号（按 1.0 的比例，变压器可以按 0.9 的比例插入），结果如图 14-29 所示。

step 05 在【原理图】选项卡的【插入导线/线号】面板中单击【导线】按钮，然后在图纸中接着车床控制回路的 2 条导线继续绘制，绘制出照明指示回路的导线，结果如图 14-30 所示。

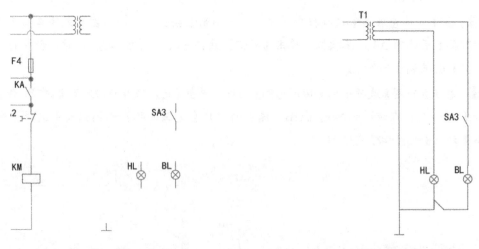

图 14-29 插入元件符号　　　　　　图 14-30 绘制导线

step 06 添加 T 形标记，完成车床照明指示回路的设计，结果如图 14-31 所示。

step 07 至此，完成了 CA6140 型卧式车床电气图纸的设计。

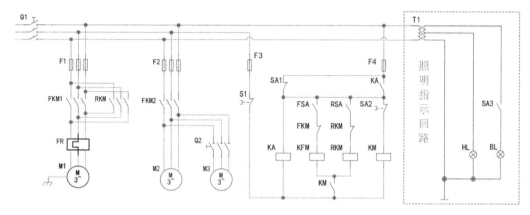

图 14-31 照明指示回路图

14.3 案例二：X62W 型铣床电气设计

铣床可以用来加工平面、斜面和沟槽，装上分度头还可以铣削直齿轮和螺旋面等。铣床的运动方式可以分为主运动、进给运动和辅助运动。由于铣床的加工范围广，运动形式多，因此其控制系统也比较复杂，主要特点如下。

- 中小型铣床一般采用三相交流异步电动机拖动。
- 其工艺形式有顺铣和逆铣，故要求主轴电动机能够正反转。
- 铣床主轴装有飞轮，停车时惯性较大，一般采用制动停车方式。
- 为了避免铣刀碰伤工件，要求启动时先使主轴电动机运转，然后才可以运转进给电动机；停车时，最好先停止进给电动机，后停止主轴电动机。

X62W 型铣床在铣床中具有代表性，下面以 X62W 型铣床为例讲解铣床电气图纸的设计全过程。X62W 型铣床电气图也包括主回路、控制回路和照明指示回路。

14.3.1 主回路设计

主回路包括 3 台三相交流异步电动机，分别为主轴电动机 M1、进给电动机 M2 和冷却泵电动机 M3。其中，主轴电动机 M1 和进给电动机 M2 要求能够正反转启动，主轴电动机 M1 的正反转由手动换向开关实现，进给电动机 M2 的正反向由交流接触器的辅助触点控制线路的接通与断开来实现。只有在主轴电动机 M1 接通时，才有必要打开冷却泵电动机 M3，冷却泵电动机 M3 的接通由手动开关控制。

本案例设计完成的 X62W 型铣床主回路图如图 14-32 所示。

主轴电动机 M1 的接通与断开由交流接触器 KM1 的主触点控制；为了防止主轴过载，在各相电流上装有热熔断器 FR1；主轴换向由手动换向开关 SA3 控制。

进给电动机 M2 要求正反转启动，因此利用 2 个交流接触器主触点轮流导通实现正反转功能。为了防止进给电动机过载，在各相电流上装有热熔断器。

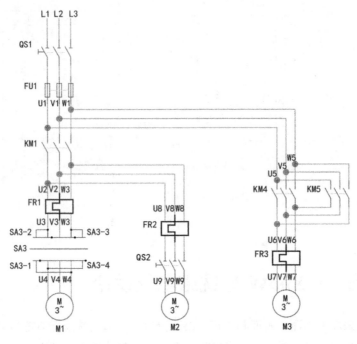

图 14-32　X62W 型铣床主回路图

冷却泵电动机 M3 位于主轴电动机 M1 驱动线路中交流接触器 KM1 主触点的下方，保证了只有在主轴电动机 M1 接通时，才可以手动打开冷却泵电动机 M3；为了防止冷却泵电动机 M3 过载，在各相电流上装有热熔断器，这样就完成了主回路的设计工作。

动手操练——绘制 X62W 型铣床主回路图

step 01　启动 AutoCAD Electrical 2020，新建一个图形文件，进入电气设计环境中。

step 02　在【项目管理器】选项板中单击【新建项目】按钮，弹出【创建新项目】对话框。在【创建新项目】对话框的【名称】文本框中输入【X62W 型铣床电气】，单击【确定】按钮完成项目的创建，如图 14-33 所示。

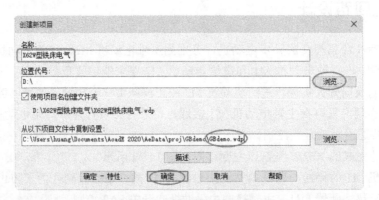

图 14-33　新建电气项目

step 03　在【项目管理器】选项板中单击【新建图形】按钮，输入图形文件名称后选择 A3

图纸模板,单击【确定】按钮完成图纸的创建,如图 14-34 所示。

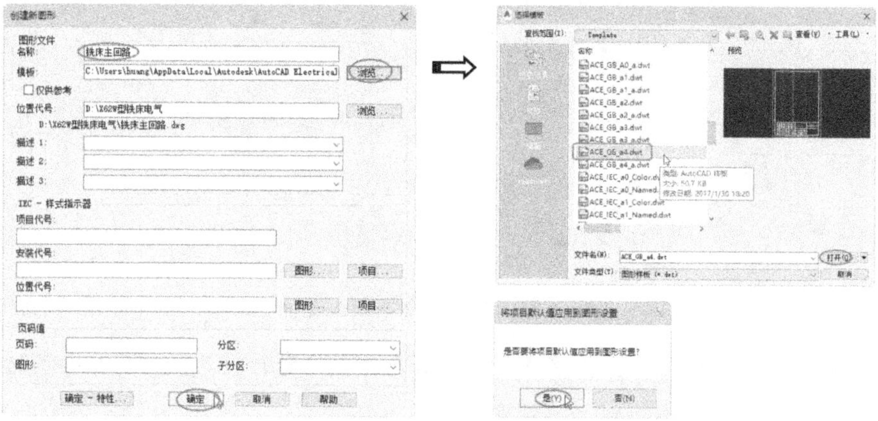

图 14-34 新建电气图纸

step 04 为了简化电气图的绘制步骤,这里通过单击【插入保存的回路】按钮 ,将 14.2 节 CA6140 车床电气项目中的【车床主回路】块以 1 倍的比例插入当前项目中,结果如图 14-35 所示。车床主回路中有一部分元件符号和线路可以放在铣床主回路中。

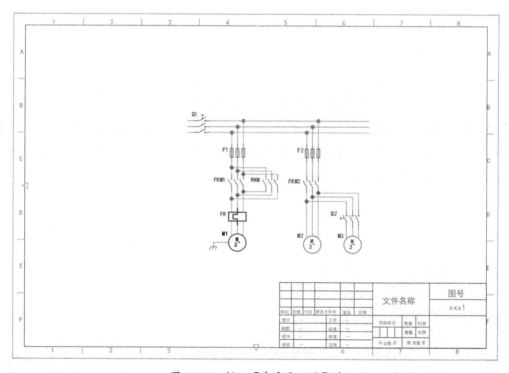

图 14-35 插入【车床主回路】块

step 05 选中回路块,在【默认】选项卡的【修改】面板中单击【分解】按钮 ,将块分解。然后删除部分导线和元件,结果如图 14-36 所示。

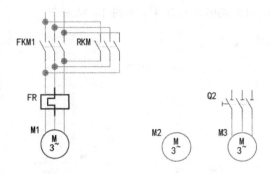

图 14-36　删除部分导线和元件

step 06　将余下的导线和元件重新摆放，并双击元件标记进行更改，对部分导线进行修改，结果如图 14-37 所示。

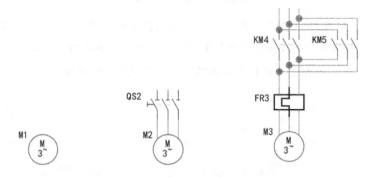

图 14-37　编辑导线和元件标记并整理位置

step 07　在【原理图】选项卡的【插入导线/线号】面板中单击【多母线】按钮，弹出【多导线母线】对话框，设置导线参数后单击【确定】按钮，然后在图纸中绘制主回路中主轴电动机 M1 三相电机的竖直导线，如图 14-38 所示。

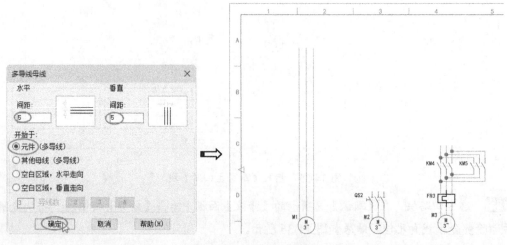

图 14-38　绘制竖直导线

step 08 按 Enter 键重复执行【多母线】命令，然后绘制其余多导线，并将带角度的标记更改为 T 形点标记，如图 14-39 所示。

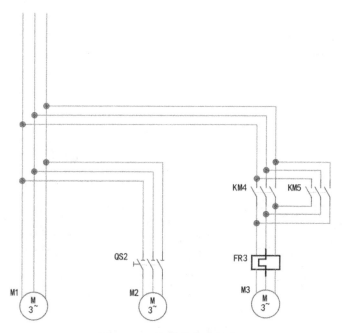

图 14-39 绘制其余多导线

> 提示：
>
> 如果在绘制导线时出现导线转弯的线路交叉问题，则需要及时在命令行中输入 F 并执行该命令，翻转导线，以符合要求，如图 14-40 所示。

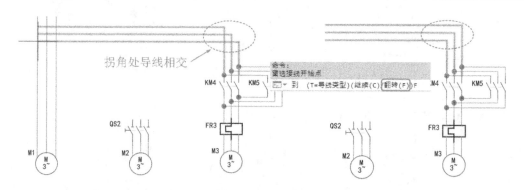

图 14-40 处理拐角处的导线交叉问题

step 09 切换到【原理图】选项卡，在【插入元件】面板的【插入元件】列表中单击【图标菜单】按钮，弹出【插入元件】对话框。在【GB：原理图符号】界面中，将三极隔离开关 QS1、三极熔断器 FU1、三极常开触点 KM1、手动换向开关 SA3（从源文件中导入）等元件符号插入导线中，结果如图 14-41 所示。

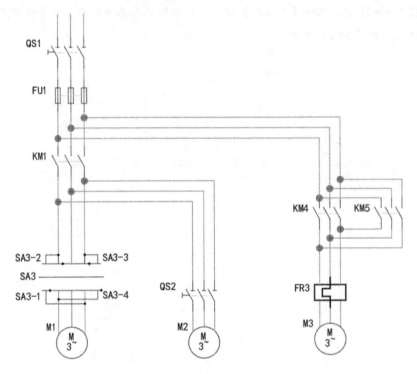

图 14-41 插入元件符号

step 10 将冷却泵电动机 M3 线路中的热继电器 FR3 复制到主轴电动机 M1 的主电机线路和进给电动机 M2 的驱动线路中,结果如图 14-42 所示。

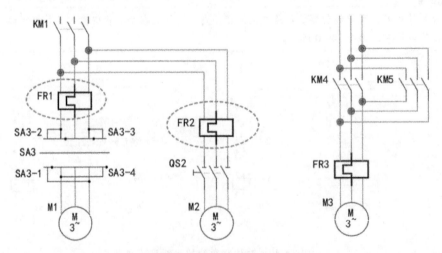

图 14-42 复制元件符号

step 11 在主轴电动机 M1 主电机驱动线路的前端以文字标记为 L1、L2 和 L3,表示总电源接线(总电源由接线端子、隔离开关 QS1 和熔断器 FU1 组成),最后完成其余元件接线处的文字标记,最终结果如图 14-43 所示。

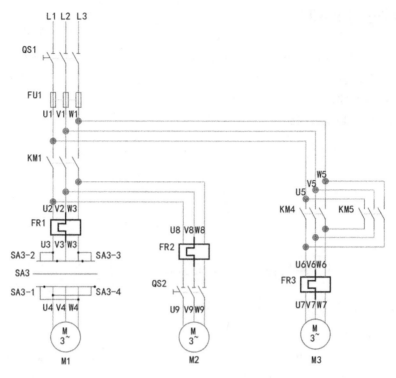

图 14-43 铣床主回路图

step 12 将铣床主回路图保存在图标菜单中,如图 14-44 所示。

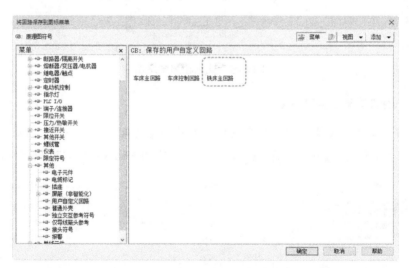

图 14-44 定义回路图标和回路名称

> **提示:**
> 当然,如果在同一项目中需要使用主回路图,或者在主回路图中接着绘制其他回路,也可以直接在项目中复制主回路图,复制后将作为新图纸。

14.3.2 控制回路设计

控制回路的作用是使铣床的各台电动机按规定运动的需要运转，控制各台电动机的启停、正反转、制动、启动程序等。其控制回路主要有电磁离合器控制线路、主轴电动机启动控制线路和快速进给控制线路。

要绘制的铣床控制回路图如图14-45所示。

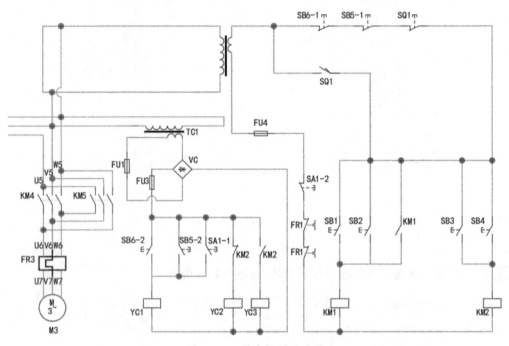

图 14-45　铣床控制回路图

动手操练——绘制铣床控制回路图

step 01 在【项目管理器】选项板中用鼠标右键单击【铣床主回路.dwg】图纸，在弹出的快捷菜单中选择【复制到...】命令，将【铣床主回路】另存为【铣床控制回路】，如图14-46所示。

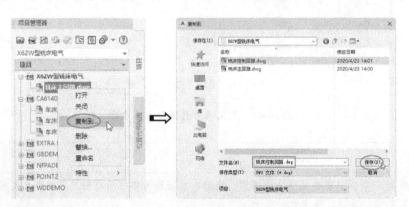

图 14-46　复制图纸

step 02 复制图纸后，项目中增加了命名为【铣床控制回路】的新图纸，然后用鼠标右键单击该图纸，并在弹出的快捷菜单中选择【打开】命令，将新图纸激活并打开。

step 03 在【原理图】选项卡的【插入导线/线号】面板中单击【导线】按钮，然后在图纸中绘制出控制回路中的主要导线，结果如图 14-47 所示。

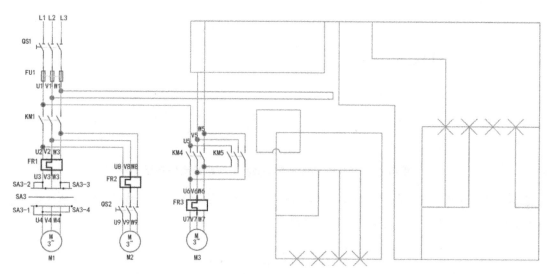

图 14-47　绘制控制回路中的主要导线

step 04 切换到【原理图】选项卡，在【插入元件】面板的【插入元件】列表中单击【图标菜单】按钮，弹出【插入元件】对话框。在【GB：原理图符号】界面中将组成变压器供电线路的熔断器 FU 元件符号以 1 倍的比例插入导线中（变压器 TC1 和整流桥 VC1 元件符号可以手动绘制，也可以从本案例的源文件中导入），结果如图 14-48 所示。

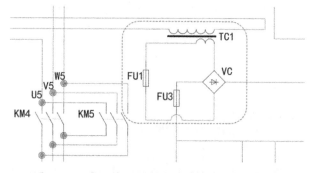

图 14-48　插入变压器供电线路的组成元件符号

step 05 将组成电磁离合器控制线路的电磁离合器 YC（用继电器线圈符号替代）、继电器常闭触点 KM、继电器常开触点 KM，以及瞬动型常开按钮 SB6-2、SB5-2、SA1-1 等元件符号插入导线中，结果如图 14-49 所示。

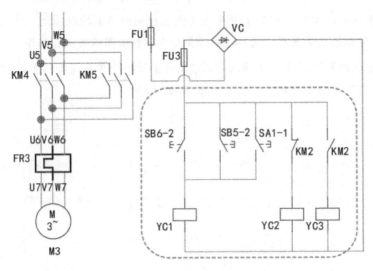

图 14-49 插入组成电磁离合器控制线路的元件符号

step 06 插入组成变压器控制线路的各元件符号，包括急停开关（以瞬动型常闭按钮代替）、热继电器触点、位置开关等，如图 14-50 所示。

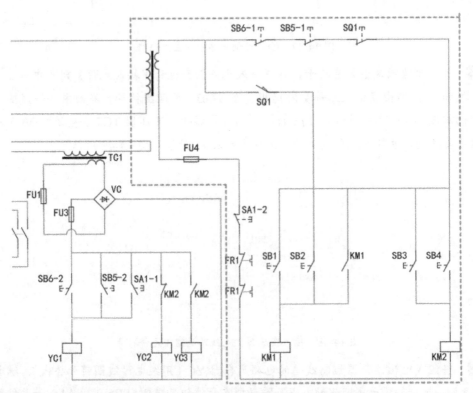

图 14-50 插入组成变压器控制线路的各元件符号

step 07 添加 T 形点标记和导线间隙，完成铣床控制回路的设计，结果如图 14-51 所示。

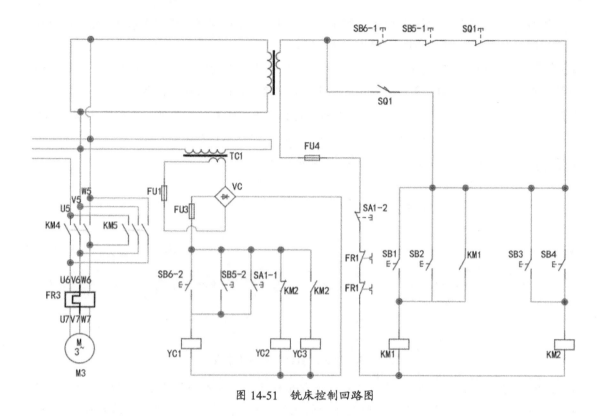

图 14-51 铣床控制回路图

14.3.3 照明指示回路设计

照明指示回路为整台机床提供总电源是否接通和照明功能，其设计相对较为简单，但是机床电气设计不可缺少的一部分。照明指示回路需要 24V 电源，因此需要设计一个 24V 变压器，变压器次级为照明灯供电；为了保护照明灯，回路中串联了熔断器，用手动开关控制灯的亮灭。如图 14-52 所示，虚线框中的部分就是照明指示回路。

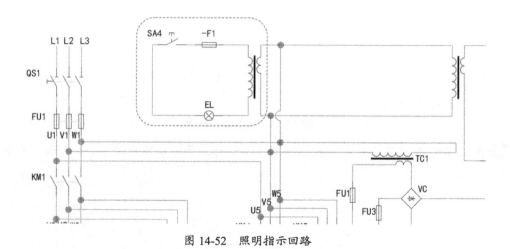

图 14-52 照明指示回路

照明指示回路部分的图形绘制比较简单，插入变压器、熔断器、照明指示灯、常开触点开关和导线组成一个单线回路即可，操作步骤如下。

step 01 在【项目管理器】选项板中用鼠标右键单击【铣床控制回路.dwg】图纸，在弹出的快捷菜单中选择【复制到...】命令，将【铣床控制回路】另存为【铣床指示照明】。

step 02 复制图纸后，项目中增加了命名为【铣床指示照明】的新图纸，然后用鼠标右键单击该图纸，并在弹出的快捷菜单中选择【打开】命令，将新图纸激活并打开。

step 03 先绘制照明指示回路的导线，结果如图 14-53 所示。

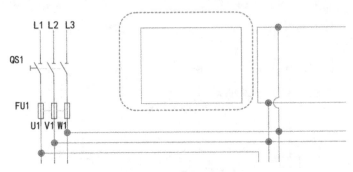

图 14-53　绘制照明指示回路的导线

step 04 将其他回路中的变压器、熔断器和常开触点开关等元件符号复制到照明指示回路的导线中，然后从图标菜单中插入照明指示灯元件符号，完成回路的设计，结果如图 14-54 所示。

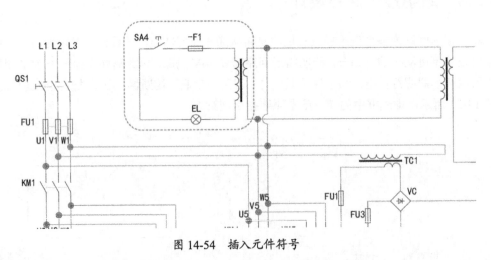

图 14-54　插入元件符号

step 05 至此，完成了 X62W 型铣床的电气图设计，最终结果如图 14-55 所示。最后保存项目。

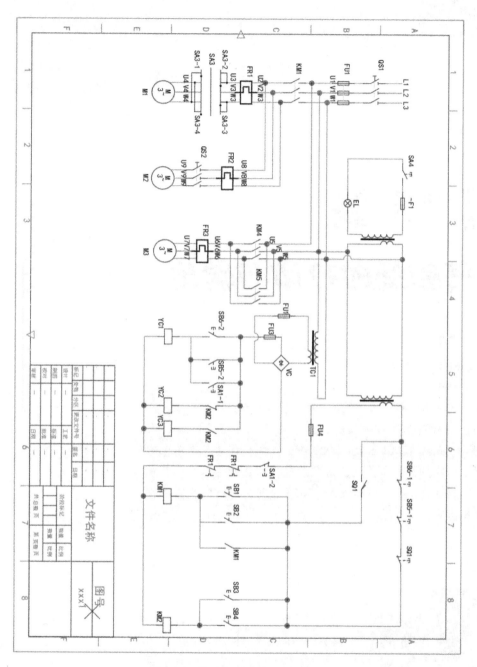

图 14-55 X6140 型铣床的电气图

第 15 章
电气图纸的打印与输出

本章内容

完成电气图纸的绘制工作以后,最终要将图形打印到图纸上,以便在电气施工阶段应用。由于前面已经介绍了 AutoCAD 2020 和 AutoCAD Electrical 2020 在电气线路设计与制图中的应用,而在图纸打印阶段,这两款软件的操作步骤又是基本相同的,因此本章以 AutoCAD 2020 为例,介绍电气图纸打印和输出的操作步骤。

知识要点

- ☑ 添加和配置打印设备
- ☑ 布局的使用
- ☑ 图形的输出设置
- ☑ 输出图形

15.1 添加和配置打印设备

要将绘制好的图形输出，需要先添加和配置打印图纸的设备。

动手操练——添加绘图仪

step 01 执行【文件】|【绘图仪管理器】命令，弹出的【Plotters】窗口如图 15-1 所示。

图 15-1 【Plotters】窗口

step 02 在打开的【Plotters】窗口中双击【添加绘图仪向导】图标，弹出【添加绘图仪-简介】对话框，如图 15-2 所示，单击【下一步】按钮。

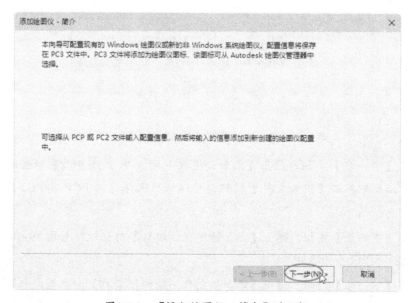

图 15-2 【添加绘图仪-简介】对话框

step 03 弹出的【添加绘图仪-开始】对话框如图 15-3 所示，该对话框的左边是添加新的绘图仪的步骤，前面标有三角符号的是当前步骤，可按向导逐步完成。

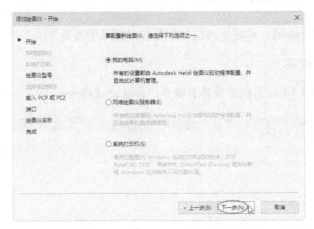

图 15-3 【添加绘图仪-开始】对话框

step 04 单击【下一步】按钮，弹出【添加绘图仪-绘图仪型号】对话框，在该对话框中设置绘图仪的【生产商】和【型号】，如图 15-4 所示，或者单击【从磁盘安装】按钮，从设备的驱动进行安装。

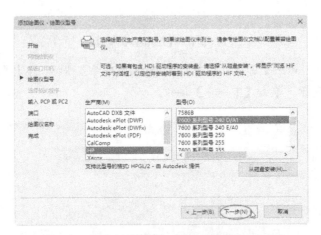

图 15-4 【添加绘图仪-绘图仪型号】对话框

step 05 单击【下一步】按钮，弹出【添加绘图仪-输入 PCP 或 PC2】对话框，如图 15-5 所示，在该对话框中单击【输入文件】按钮，可以从原来保存的 PCP 或 PC2 文件中输入绘图仪的特定信息。

step 06 单击【下一步】按钮，弹出【添加绘图仪-端口】对话框，如图 15-6 所示，在该对话框中可以选择打印设备的端口。

step 07 单击【下一步】按钮，弹出【添加绘图仪-绘图仪名称】对话框，如图 15-7 所示，在该对话框中可以输入绘图仪的名称。

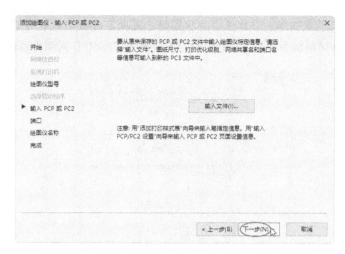

图 15-5 【添加绘图仪-输入 PCP 或 PC2】对话框

图 15-6 【添加绘图仪-端口】对话框

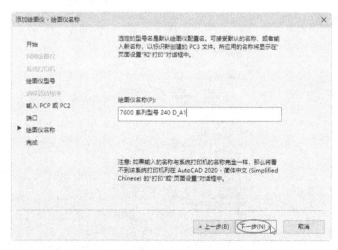

图 15-7 【添加绘图仪-绘图仪名称】对话框

step 08 单击【下一步】按钮，弹出【添加绘图仪-完成】对话框，如图15-8所示，单击【完成】按钮完成绘图仪的添加。如图15-9所示，添加一个【7600系列型号240 D_A1】绘图仪。

图15-8 【添加绘图仪-完成】对话框

图15-9 添加【7600系列型号240 D_A1】绘图仪

step 09 双击新添加的绘图仪【7600系列型号240 D_A1】图标，弹出【绘图仪配置编辑器】对话框，如图15-10所示。该对话框中有【常规】、【端口】和【设备和文档设置】这3个选项卡，可以根据需要重新配置。

图15-10 【绘图仪配置编辑器】对话框

1. 【常规】选项卡

切换到【常规】选项卡，如图 15-11 所示。

【常规】选项卡中各选项的含义如下。

- 绘图仪配置文件名：显示在【添加打印机】向导中指定的文件名。
- 说明：显示有关绘图仪的信息。
- 驱动程序信息：显示绘图仪驱动程序类型（系统或非系统）、名称、型号和位置、HDI 驱动程序文件版本号（AutoCAD 专用驱动程序文件）、网络服务器 UNC 名（如果绘图仪与网络服务器连接）、I/O 端口（如果绘图仪连接在本地）、系统打印机名（如果配置的绘图仪是系统打印机）、PMP（绘图仪型号参数）文件名和位置（如果 PMP 文件附着在 PC3 文件中）。

2. 【端口】选项卡

切换到【端口】选项卡，如图 15-12 所示。

图 15-11　【常规】选项卡

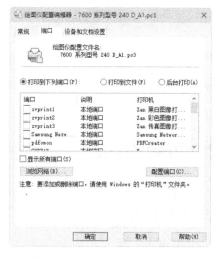

图 15-12　【端口】选项卡

【端口】选项卡中各选项的含义如下。

- 打印到下列端口：将图形通过选定端口发送到绘图仪。
- 打印到文件：将图形发送至【打印】对话框中指定的文件。
- 后台打印：使用后台打印实用程序打印图形。
- 端口列表：显示可用端口（本地和网络）的列表和说明。
- 显示所有端口：显示计算机上的所有可用端口，不管绘图仪使用哪个端口。
- 浏览网络：显示网络选择，可以连接到另一台非系统绘图仪。
- 配置端口：打印样式显示【配置 LPT 端口】对话框或【COM 端口设置】对话框。

3. 【设备和文档设置】选项卡

切换到【设备和文档设置】选项卡，控制 PC3 文件中的许多设置，如图 15-10 所示。
配置了新绘图仪之后，应在系统配置中将该绘图仪设置为默认的打印机。

从菜单栏中选择【工具】|【选项】命令，弹出【选项】对话框，切换到【打印和发布】选项卡，然后进行有关打印的设置，如图 15-13 所示。在【用作默认输出设备】的下拉列表中选择要设置为默认的绘图仪名称，如【7600 系列型号 240 D_A1.pc3】，确定后该绘图仪就是默认的打印机。

图 15-13 【打印和发布】选项卡

15.2 布局的使用

在 AutoCAD 2020 中，既可以在模型空间中输出图形，也可以在布局空间中输出图形，下面介绍关于布局的知识。

15.2.1 模型空间与布局空间

在 AutoCAD 中，可以在模型空间与布局空间中完成设计和绘图工作，大部分设计和绘图工作都是在模型空间中完成的，而布局空间是模拟手动绘图的空间，是为绘制平面图而准备的一张虚拟图纸，是二维空间的工作环境。从某种意义上来说，布局空间就是为布局图面、打印出图而设计的，我们还可在其中添加诸如边框、注释、标题和尺寸标注等内容。

在绘图区域底部有【模型】、【布局 1】和【布局 2】选项卡，如图 15-14 所示。

> **提示：**
>
> 打开的电气图纸是使用 AutoCAD Electrical 电气软件设计的，因此【布局】选项卡的名称会以图纸模板自动命名。例如，用鼠标右键单击【布局 1】选项卡，可以重命名此选项卡。另外，单击【新建布局】按钮 ，可以创建多个布局选项卡。

第 15 章 电气图纸的打印与输出

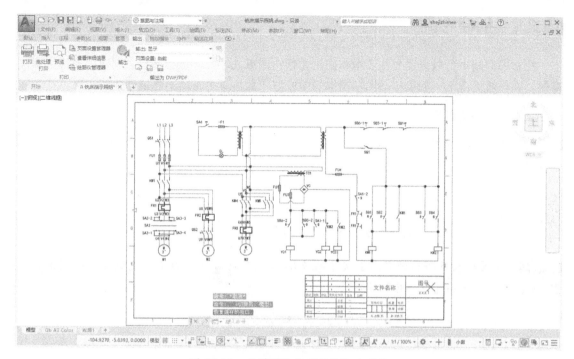

图 15-14 【模型】和【布局】选项卡

分别单击这些选项卡，就可以在不同空间之间进行切换，切换到布局选项卡的效果如图 15-15 所示。

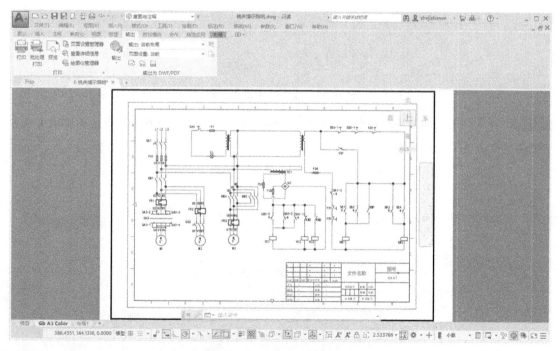

图 15-15 切换到布局选项卡

15.2.2 创建布局

在布局空间中可以设置一些环境布局，如指定图纸大小、添加标题栏、创建图形标注和注释等。在一般情况下，如果相同图幅图框的图纸打印数量不多时，不建议创建新布局。

动手操练——创建布局

step 01 从菜单栏中选择【插入】|【布局】|【创建布局向导】命令，弹出【创建布局－开始】对话框。

> **技巧点拨：**
> 也可以在命令行中输入 LAYOUTWIZARD，然后按 Enter 键。

step 02 在【输入新布局的名称】文本框中输入新布局名称，如【电气线路工程图】，如图 15-16 所示，单击【下一步】按钮。

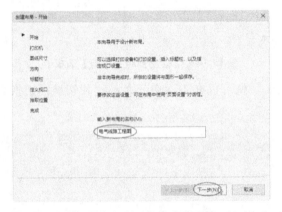

图 15-16　输入新布局的名称

step 03 弹出【创建布局－打印机】对话框，如图 15-17 所示，在该对话框中选择绘图仪（打印机），单击【下一步】按钮。

图 15-17　【创建布局－打印机】对话框

step 04 弹出【创建布局-图纸尺寸】对话框，该对话框用于选择打印图纸的大小和所用的单位，选中【毫米】单选按钮，选择图纸的大小，如【ISO A1（594.00×841.00毫米）】，如图15-18所示，单击【下一步】按钮。

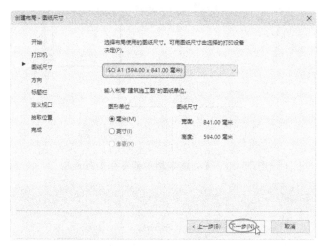

图15-18 【创建布局-图纸尺寸】对话框

step 05 弹出【创建布局-方向】对话框，用来设置图形在图纸上的方向，可以选中【纵向】或【横向】单选按钮，如图15-19所示，单击【下一步】按钮。

图15-19 【创建布局-方向】对话框

step 06 弹出【创建布局-标题栏】对话框，选择AutoCAD的建筑模板的标题栏样式选项，然后单击【下一步】按钮，如图15-20所示。

step 07 弹出【创建布局-定义视口】对话框，保留默认设置，如图15-21所示，单击【下一步】按钮。

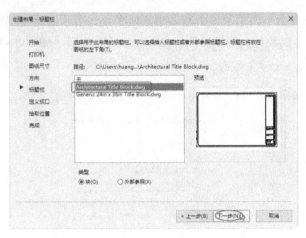

图 15-20 【创建布局-标题栏】对话框

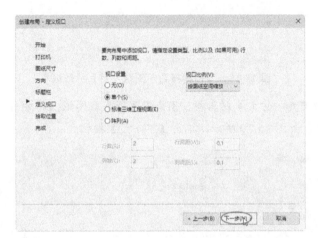

图 15-21 【创建布局-定义视口】对话框

step 08 弹出【创建布局-拾取位置】对话框，如图 15-22 所示，再单击【下一步】按钮。

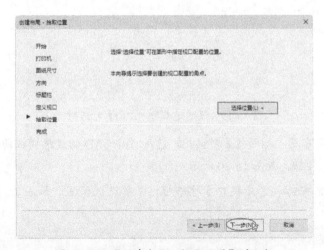

图 15-22 【创建布局-拾取位置】对话框

step 09 弹出【创建布局-完成】对话框，如图15-23所示，单击【完成】按钮。

图15-23 【创建布局-完成】对话框

step 10 创建好的【电气线路工程图】图纸布局如图15-24所示。

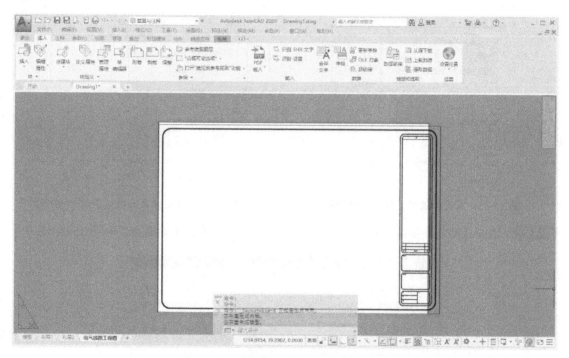

图15-24 【电气线路工程图】图纸布局

15.3 图形的输出设置

AutoCAD的输出设置包括页面设置和打印设置。页面设置和打印设置共同保证了图形输出的正确性。

15.3.1 页面设置

页面设置是打印设备和其他影响最终输出的外观与格式的设置的集合，可以修改这些设置并将其应用到其他布局中。在【模型】选项卡中完成图形的绘制之后，可以切换到【布局】选项卡开始创建要打印的布局。

动手操练——页面设置

打开【页面设置】对话框的具体步骤如下。

step 01 执行【文件】|【页面设置管理器】命令，或者在模型空间或布局空间中，用鼠标右键单击【模型】或【布局】切换按钮，在弹出的快捷菜单中选择【页面设置管理器】命令。

step 02 此时弹出的【页面设置管理器】对话框如图 15-25 所示，在该对话框中可以完成新建布局、修改原有布局、输入存在的布局和将某一布局置为当前等操作。

step 03 单击【新建】按钮，弹出【新建页面设置】对话框，如图 15-26 所示，在【新页面设置名】文本框中输入新建页面的名称，如【电气图】。

图 15-25 　【页面设置管理器】对话框 　　　　图 15-26 　【新建页面设置】对话框

step 04 单击【确定】按钮，进入【页面设置－电气线路工程图】对话框，如图 15-27 所示。

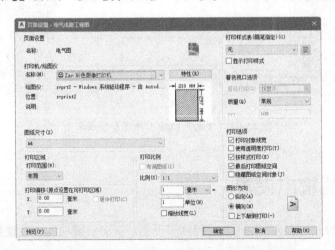

图 15-27 　【页面设置－电气线路工程图】对话框

step 05 在该对话框中,可以指定布局设置和打印设备设置并预览布局的结果。对于一个布局,可以利用【页面设置】对话框完成它的设置,虚线表示图纸中当前配置的图纸尺寸和绘图仪的可打印区域。设置完毕后,单击【确定】按钮确认。

【页面设置】对话框中各选项的功能如下。

1.【打印机/绘图仪】选项组

【名称】下拉列表列出了所有可用的系统打印机和 PC3 文件,可以从中选择一种打印机,指定为当前已配置的系统打印设备,以打印输出布局图形。

单击【特性】按钮可以弹出【绘图仪配置编辑器】对话框。

2.【图纸尺寸】选项组

在【图纸尺寸】选项组中,可以从标准列表中选择图纸尺寸,列表中可用的图纸尺寸由当前为布局所选的打印设备确定。如果配置绘图仪进行光栅输出,则必须按像素指定输出尺寸。通过使用绘图仪配置编辑器可以添加存储在绘图仪配置(PC3)文件中的自定义图纸尺寸。

3.【打印区域】选项组

在【打印区域】选项组中,可以指定图形实际打印的区域。在【打印范围】下拉列表中有【显示】、【窗口】【布局】和【范围】这 4 个选项,其中选中【窗口】选项,系统将关闭对话框返回绘图区,这时通过指定区域的两个对角点或输入坐标值来确定一个矩形打印区域,然后返回【页面设置】对话框。

4.【打印偏移】选项组

在【打印偏移】选项组中,可以指定打印区域自图纸左下角进行偏移。在布局中,指定打印区域的左下角默认在图纸边界的左下角,也可以在【X】、【Y】文本框中输入一个正值或负值来偏移打印区域的原点,在【X】文本框中输入正值时,原点右移;在【Y】文本框中输入正值时,原点上移。

在模型空间中,选中【居中打印】复选框,系统将自动计算图形居中打印的偏移量,将图形打印在图纸的中间。

5.【打印比例】选项组

在【打印比例】选项组中,控制图形单位与打印单位之间的相对尺寸。打印布局时的默认比例是 1:1,在【比例】下拉列表中可以定义打印的精确比例,选中【缩放线宽】复选框,将对有宽度的线也进行缩放。在一般情况下,图形中的各实体按图层指定的线宽来打印,不随打印比例缩放。

从【模型】选项卡打印时,默认设置为【布满图纸】。

6.【打印样式表】选项组

在【打印样式表】选项组中,可以指定当前赋予布局或视口的打印样式表。【名称】下拉列表中显示了可赋予当前图形或布局的当前打印样式。如果要更改包含在打印样式表中的打印样式定义，则单击【编辑】按钮，弹出【打印样式表编辑器】对话框，从中可以修改选中的打印样式的定义。

7. 【着色视口选项】选项组

在【着色视口选项】选项组中，可以选择若干用于打印着色和渲染视口的选项。可以指定每个视口的打印方式，并且可以将该打印设置与图形一起保存。还可以从各种分辨率（最大为绘图仪分辨率）中进行选择，并且可以将该分辨率设置与图形一起保存。

8. 【打印选项】选项组

在【打印选项】选项组中，可以确定线宽、打印样式及打印样式表等的相关属性。选中【打印对象线宽】复选框，打印时系统将打印线宽；选中【按样式打印】复选框，以便使用在打印样式表中定义的、赋予几何对象的打印样式来打印；选中【隐藏图纸空间对象】复选框，不打印布局环境（布局空间）对象的消隐线，即只打印消隐后的效果。

9. 【图形方向】选项组

在【图形方向】选项组中，可设置打印时图形在图纸上的方向。选中【横向】单选按钮，将横向打印图形，使图形的顶部在图纸的长边；选中【纵向】单选按钮，将纵向打印图形，使图形的顶部在图纸的短边；选中【上下颠倒打印】复选框，将使图形颠倒打印。

15.3.2 打印设置

当页面设置完成并预览效果后，如果满意就可以着手进行打印设置。下面以在模型空间出图为例，介绍打印前的设置。

在快速访问工具栏中单击【打印】按钮，打开【打印-模型】对话框，如图15-28所示。

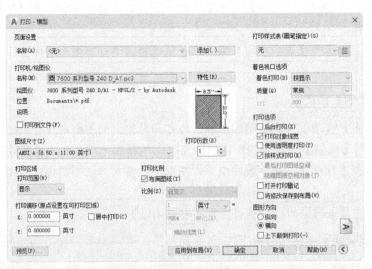

图 15-28 　【打印-模型】对话框

【页面设置】选项组中列出了图形中已命名或已保存的页面设置，可以将保存的这些页面设置作为当前页面设置，也可以单击【添加】按钮，基于当前设置创建一个新的页面设置，如图 15-29 所示。

图 15-29 【添加页面设置】对话框

其他选项与【页面设置】对话框中的相同，这里不再赘述。完成所有的设置后，单击【确定】按钮即可开始打印。

15.4 输出图形

准备好打印前的各项设置后，就可以输出图形，输出图形包括从模型空间输出图形和从布局空间输出图形。

15.4.1 从模型空间输出图形

从模型空间输出图形时，需要在打印时指定图纸尺寸。

动手操练——从模型空间输出图形

step 01 打开素材文件【铣床电气线路图.dwg】后，执行【打印】命令，弹出【打印】对话框。

step 02 在对话框中进行相应的打印设置。建议用户在模型空间中打印图纸时，【打印范围】最好设置为【窗口】，因为此方式最灵活，可以根据图纸的实际大小打印任何比例和尺寸的图纸，如图 15-30 所示。

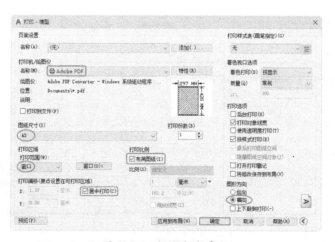

图 15-30 设置打印参数

step 03 选择【窗口】选项后，自动切换到模型空间中，通过光标绘制一个矩形框，使图纸边界完全包含在此矩形框内，以此作为打印范围，如图15-31所示。

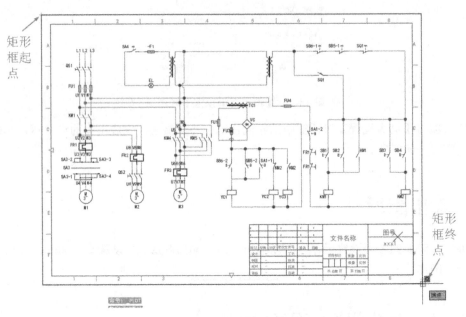

图15-31 绘制打印范围

step 04 绘制打印范围之后，单击【打印】对话框左下角的【预览】按钮，可以查看打印预览，如图15-32所示。

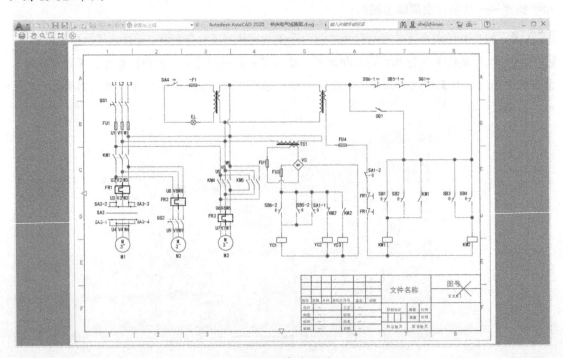

图15-32 打印预览

> **技巧点拨：**
>
> 当要退出时，在该预览界面中单击鼠标右键，在弹出的快捷菜单中选择【退出】命令，返回【打印】对话框，或者按 Esc 键退出。

step 05 单击【打印】对话框中的【确定】按钮，开始打印出图。当打印的下一张图样和上一张图样的打印设置完全相同时，打印时只需要直接单击【打印】按钮弹出【打印】对话框，然后在【页面设置】选项组的【名称】下拉列表中选择【上一次打印】选项，不必再进行其他的设置就可以打印出图。

15.4.2 从布局空间输出图形

要从布局空间中输出图形，必须先定义好布局空间，使其能够完全包容图纸。

动手操练——从布局空间输出图形

step 01 切换到【Gb A3 Color】选项卡，如图 15-33 所示。

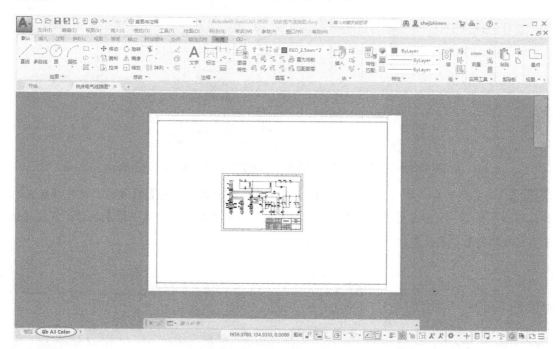

图 15-33 切换到【Gb A3 Color】选项卡

step 02 为布局空间定义打印范围。在【布局】选项卡中单击【页面设置】按钮，弹出【页面设置管理器】对话框。单击【新建】按钮，如图 15-34 所示，弹出【新建页面设置】对话框。

step 03 在【新建页面设置】对话框的【新页面设置名】文本框中输入【铣床电气线路图】，如图 15-35 所示。

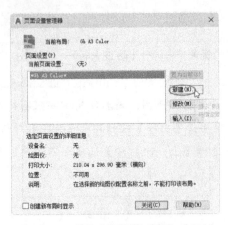

图 15-34 【页面设置管理器】对话框　　　图 15-35 【新建页面设置】对话框

step 04 单击【确定】按钮,弹出【页面设置 - Gb A3 Color】对话框,根据打印需求进行相关参数的设置,如图 15-36 所示。

图 15-36 在【页面设置 -Gb A3 Color】对话框中设置有关参数

step 05 设置完成后,单击【确定】按钮,返回【页面设置管理器】对话框。选中【铣床电气线路图】选项,单击【置为当前】按钮,将其置为当前布局。单击【关闭】按钮,完成【铣床电气线路图】布局的创建,如图 15-37 所示。

图 15-37 将【铣床电气线路图】布局置为当前

step 06 在布局空间中单击红色的视口线（实线表示），并将角点拖至图纸边界线（虚线表示）上与其重合，如图 15-38 所示。布局空间的图纸边界线是图纸打印的默认打印范围。

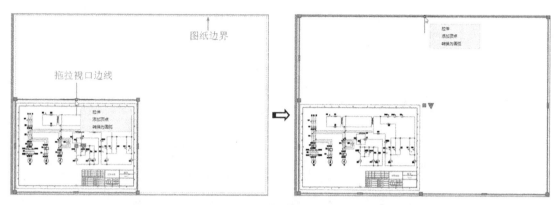

图 15-38　改变视口线位置

step 07 在红色视口线内部双击，激活视口中的视图。然后执行【视图】|【缩放】|【全部】命令，将图纸放大到整个窗口，如图 15-39 所示。

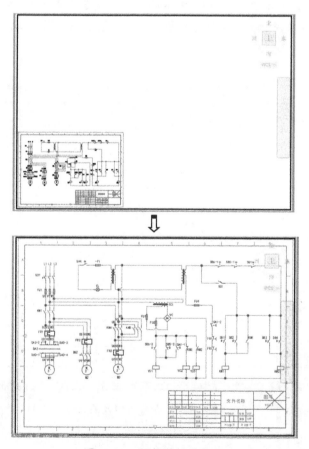

图 15-39　调整图纸的显示

step 08 单击【打印】按钮,弹出【打印 -Gb A3 Color】对话框,不需要重新设置,单击左下方的【预览】按钮,查看打印预览效果,如图 15-40 所示。

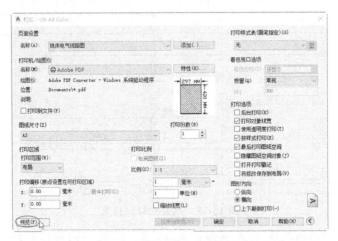

图 15-40 【打印 -Gb A3 Color】对话框

step 09 预览打印效果如图 15-41 所示。如果满意,在预览窗口中单击鼠标右键,在弹出的快捷菜单中选择【打印】命令,开始打印零件图。至此,输出图形的基本操作结束。

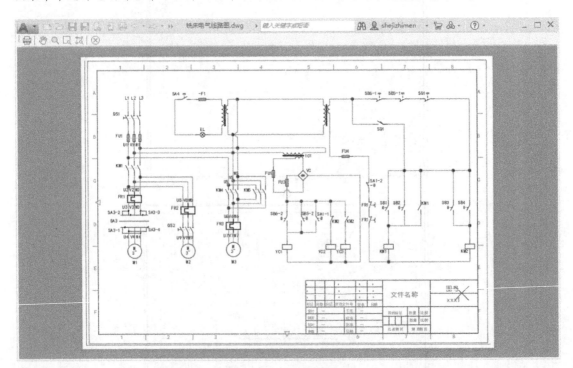

图 15-41 预览打印效果

附录 A
AutoCAD 2020 功能组合键

组 合 键	说 明	组 合 键	说 明
Alt+F11	显示 Visual Basic 编辑器	Ctrl+O	打开现有图形
Alt+F8	显示【宏】对话框	Ctrl+P	打印当前图形
Ctrl+0	切换【全屏显示】	Ctrl+Shift+P	切换【快捷特性】界面
Ctrl+1	切换【特性】选项板	Ctrl+Q	退出 AutoCAD
Ctrl+2	切换设计中心	Ctrl+R	在当前布局中的视口之间循环
Ctrl+3	切换【工具选项板】窗口	Ctrl+S	保存当前图形
Ctrl+4	切换【图纸集管理器】	Ctrl+Shift+S	显示【另存为】对话框
Ctrl+5	自定义	Ctrl+T	切换数字化仪模式
Ctrl+6	切换【数据库连接管理器】	Ctrl+V	粘贴 Windows 剪贴板中的数据
Ctrl+7	切换【标记集管理器】	Ctrl+Shift+V	将 Windows 剪贴板中的数据作为块进行粘贴
Ctrl+8	切换【快速计算器】选项板	Ctrl+X	将对象从当前图形剪切到 Windows 剪贴板中
Ctrl+9	切换【命令行】窗口	Ctrl+Y	取消前面的【放弃】动作
Ctrl+A	选择图形中未锁定或冻结的所有对象	Ctrl+Z	恢复上一个动作
Ctrl+Shift+A	切换组	Ctrl+[	取消当前命令
Ctrl+B	切换捕捉	Ctrl+\	取消当前命令
Ctrl+C	将对象复制到 Windows 剪贴板中	Ctrl+Page Up	移至当前选项卡左边的下一个布局选项卡
Ctrl+Shift+C	使用基点将对象复制到 Windows 剪贴板中	Ctrl+Page Down	移至当前选项卡右边的下一个布局选项卡
Ctrl+D	切换【动态 UCS】	F1	显示帮助
Ctrl+E	在等轴测平面之间循环	F2	切换文本窗口
Ctrl+F	切换执行对象捕捉	F3	切换 OSNAP
Ctrl+G	切换栅格	F4	切换 TABMODE
Ctrl+H	切换 PICKSTYLE	F5	切换 ISOPLANE
Ctrl+Shift+H	使用 HIDEPALETTES 和 SHOWPALETTES 切换选项板的显示	F6	切换 UCSDETECT
Ctrl+I	切换坐标显示	F7	切换 GRIDMODE
Ctrl+J	重复上一个命令	F8	切换 ORTHOMODE
Ctrl+K	插入超链接	F9	切换 SNAPMODE
Ctrl+L	切换正交模式	F10	切换极轴追踪
Ctrl+M	重复上一个命令	F11	切换对象捕捉追踪
Ctrl+N	创建新图形	F12	切换动态输入

附录 B
AutoCAD 2020 系统变量大全

外部命令快捷键

命　　令	执行内容	说　　明
CATAOG	DIR/W	查询当前目录所有的文件
DEL	DEL	执行 DOS 删除命令
DIR	DIR	执行 DOS 查询命令
EDIT	STARTEDIT	执行 DOS 编辑，执行文件 EDIT
SH		暂时离开 AutoCAD，将控制权交给 DOS
SHELL		暂时离开 AutoCAD，将控制权交给 DOS
START	START	激活应用程序
TYPE	TYPE	列表文件内容
EXPLORER	START ERPLORER	激活 Windows 下的程序管理器
NOTEPAD	START NOTEPAD	激活 Windows 下的记事本
PBRUSH	START PBRUSH	激活 Windows 下的画板

AutoCAD 2020 常用系统变量

A、B、C 字头命令		
快　捷　键	执 行 命 令	命令说明
A	ARC	圆弧
ADC	ADCENTER	AutoCAD 设计中心
AA	AREA	面积
AR	ARRAY	阵列
AV	DSVIEWER	鸟瞰视图
B	BLOCK	对话框式块建立
-B	-BLOCK	命令式块建立
BH	BHATCH	对话框式绘制图案填充
BO	BOUNDARY	对话框式封闭边界建立
-BO	-BOUNDARY	命令式封闭边界建立
BR	BREAK	截断
C	CIRCLE	圆
CH	PROPERTIES	对话框式对象特性修改
-CH	CHANGE	命令式特性修改
CHA	CHAMFER	倒角
CO	COPY	复制
COL	COLOR	对话框式颜色设定
CP	COPY	复制

续表

D 字头命令		
快 捷 键	执 行 命 令	命 令 说 明
D	DIMSTYLE	尺寸样式设定
DAL	DIMALIGNED	对齐式线性标注
DAN	DIMANGULAR	角度标注
DBA	BIMBASELINE	基线式标注
DCE	DIMCENTER	圆心标记
DCO	DIMCONTNUE	连续式标记
DDI	DIMDIAMETER	直径标注
DED	DIMEDIT	尺寸修改
DI	DIST	求两点之间的距离
DIMALI	DIMALIGNED	对齐式线性标注
DIMANG	DIMANGULAR	角度标注
DIMBASE	DIMBASELINE	基线式标注
DIMCONT	DIMCONTNUE	连续式标注
DIMDLA	DIMDIAMETER	直径标注
DIMED	DIMEDIT	尺寸修改
DIMLIN	DIMLINEAR	线性标注
DIMORD	DIMORDINATE	坐标式标注
DIMOVER	DIMOVERRRIDE	更新标注变量
DIMRAD	DIMRADIUS	半径标注
DIMSTY	DIMSTYLE	尺寸样式设定
DIMTED	DIMTEDIT	尺寸文字对齐控制
DIV	DIVIDE	等分布点
DLI	DIMLINEAR	线性标注
DO	DONUT	圆环
DOR	DIMORDINATE	坐标式标注
DOV	DIMORERRIDE	更新标注变量
DR	DRAWORDER	显示顺序
DRA	DIMRADIUS	半径标注
DS	DSETTINGS	打印设定
DST	DIMSTYLE	尺寸样式设定
DT	DTEXT	写入文字

续表

E、F、G 字头命令		
快 捷 键	执 行 命 令	命 令 说 明
E	ERASE	删除对象
ED	DDEDIT	单行文字修改
EL	ELLIPSE	椭圆
EX	EXTEND	延伸
EXP	EXPORT	输出文件
F	FILLET	倒圆角
FI	FILTER	过滤器
G	GROUP	对话框式选择集设定
-G	-GROUP	命令式选择集设定
GR	DDGRIPS	夹点控制设定
H、I、L、M 字头命令		
快 捷 键	执 行 命 令	命 令 说 明
H	BHATCH	对话框式绘制图填充
-H	HATCH	命令式绘制图案填充
HE	HATCHEDIT	编辑图案填充
I	INSERT	对话框式插入块
-I	-INSERT	命令式插入块
IAD	IMAGEADJUST	图像调整
IAT	IMAGEATTCH	并入图像
ICL	MIAGECLIP	截取图像
IM	IMAGE	贴附图像
-IM	-IMAGE	输入文件
LMP	IMPORT	输入文件
L	LINE	画线
LA	LAYER	对话框式图片层控制
-LA	-LAYER	命令式图片层控制
LE	LEADER	引导线标注
LEAD	LEADER	引导线标注
LEN	LENGTHEN	长度调整
LI	LIST	查询对象文件
LO	-LAYOUT	配置设定
LS	LIST	查询对象文件
LT	LINETYPE	对话框式线型加载
-LT	-LINETYPE	命令对线型加载

续表

H、I、J、K、L、M 字头命令		
快捷键	执行命令	命令说明
LTYPE	LINETYPE	对话框式线型加载
-LTYPE	-LINETYPE	命令式线型加载
LW	LWEIGHT	线宽设定
M	MOVE	搬移对象
MA	MATCHPROP	对象特性复制
ME	MEASURE	量测等距布点
MI	MIRROR	镜像对象
ML	MLINE	绘制多线
MO	PROPERTIES	对象特性修改
MT	MTEXT	多行文字写入
MV	MVIEW	浮动视口

O、P、R、S 字头命令		
快捷键	执行命令	命令说明
O	OFFSET	偏移复制
OP	OPTIONS	选项
OS	OSNAP	对话框式对象捕捉设定
-OS	-OSNAP	命令式对象捕捉设定
P	PAN	即时平移
-P	-PAN	两点式平移控制
PA	PASTESPEC	选择性粘贴
PE	PEDIT	编辑多段线
PL	PLINE	绘制多段线
PO	POINT	绘制点
POL	POLYGON	绘制正多边形
PR	OPTIONS	选项
PRCLOSE	PROPERTIESCLOSE	关闭对象特性修改对话框
PROPS	PROPERTIES	对象特性修改
PRE	PREVIEW	输出预览
PRINT	PLOT	打印输出
PS	PSPACE	图纸空间
PU	PURGE	肃清无用对象
R	REDRAW	重绘
RA	REDRAWALL	所有视口重绘
RE	REGEN	重新生成

续表

O、P、R、S 字头命令		
快 捷 键	执 行 命 令	命 令 说 明
REA	REGENALL	所有视口重新生成
REC	RECTANGLE	绘制矩形
REG	REGTON	二维面域
REN	RENAME	对话框式重命名
-REN	-RENAME	命令式重命名
RM	DDRMODES	打印辅助设定
RO	ROTATE	旋转
S	STRETCH	拉伸
SC	SCALE	比例缩放
SCR	SCRIPT	调入剧本文件
SE	DSETTINGS	打印设定
SET	SETVAR	设定变量值
SN	SNAP	捕捉控制
SO	SOLID	填实的三边形或四边形
SP	SPELL	拼字
SPE	SPLINEDIT	编辑样条曲线
SPL	SPLINE	样条曲线
ST	STYLE	字型设定

T、U、V、W、X、Z 字头命令		
快 捷 键	执 行 命 令	命 令 说 明
T	MTEXT	对话框式多行文字写入
-T	-MTEXT	命令式多行文字写入
TA	TABLET	数字化仪规划
TI	TILEMODE	图纸空间和模型空间认定切换
TM	TILEMODE	图纸空间和模型空间设定切换
TO	TOOLBAR	工具栏设定
TOL	TOLERANCE	公差符号标注
TR	TRIM	修剪
UN	UNITS	对话框式单位设定
-UN	-UNITS	命令式单位设定
V	VIEW	对话框式视图控制
-V	-VIEW	视图控制
W	WBLOCK	对话框式块写出
-W	-WBLOCK	命令式块写出

续表

T、U、V、W、X、Z字头命令		
快 捷 键	执 行 命 令	命 令 说 明
X	EXPLODE	分解
XA	XATTACH	贴附外部参考
XB	XBIND	并入外部参考
-XB	-XBIND	文字式并入外部参考
XC	XCLIP	截取外部参考
XL	XLINE	构造线
XR	XREF	对话框式外部参考控制
-XR	-XREF	命令式外部参考控制
Z	ZOOM	视口缩放控制

反侵权盗版声明

电子工业出版社依法对本作品享有专有出版权。任何未经权利人书面许可，复制、销售或通过信息网络传播本作品的行为；歪曲、篡改、剽窃本作品的行为，均违反《中华人民共和国著作权法》，其行为人应承担相应的民事责任和行政责任，构成犯罪的，将被依法追究刑事责任。

为了维护市场秩序，保护权利人的合法权益，我社将依法查处和打击侵权盗版的单位和个人。欢迎社会各界人士积极举报侵权盗版行为，本社将奖励举报有功人员，并保证举报人的信息不被泄露。

举报电话：（010）88254396；（010）88258888
传　　真：（010）88254397
E-mail：dbqq@phei.com.cn
通信地址：北京市海淀区万寿路 173 信箱
　　　　　电子工业出版社总编办公室
邮　　编：100036